Kohlhammer

Christian Schwarz/Ulrike Schwarz (Hrsg.)

Professionalisierung der Aus- und Fortbildung im Ehrenamt

Didaktik und Methodik in Einsatzorganisationen der nichtpolizeilichen Gefahrenabwehr

Verlag W. Kohlhammer

Dieses Werk einschließlich aller seiner Teile ist urheberrechtlich geschützt. Jede Verwendung außerhalb der engen Grenzen des Urheberrechts ist ohne Zustimmung des Verlags unzulässig und strafbar. Das gilt insbesondere für Vervielfältigungen, Übersetzungen, Mikroverfilmungen und für die Einspeicherung und Verarbeitung in elektronischen Systemen.

Die Wiedergabe von Warenbezeichnungen, Handelsnamen und sonstigen Kennzeichen in diesem Buch berechtigt nicht zu der Annahme, dass diese von jedermann frei benutzt werden dürfen. Vielmehr kann es sich auch dann um eingetragene Warenzeichen oder sonstige geschützte Kennzeichen handeln, wenn sie nicht eigens als solche gekennzeichnet sind.

Die Bilder stammen – wenn nicht anders angegeben – von den Autorinnen und Autoren.

1. Auflage 2025

Alle Rechte vorbehalten
© W. Kohlhammer GmbH, Stuttgart
Gesamtherstellung: W. Kohlhammer GmbH, Stuttgart

Print:
ISBN 978-3-17-037841-4

E-Book-Formate:
pdf: ISBN 978-3-17-037843-8
epub: ISBN 978-3-17-037844-5

Für den Inhalt abgedruckter oder verlinkter Websites ist ausschließlich der jeweilige Betreiber verantwortlich. Die W. Kohlhammer GmbH hat keinen Einfluss auf die verknüpften Seiten und übernimmt hierfür keinerlei Haftung.

Inhaltsverzeichnis

1	**Einleitung**	**7**
2	**Professionalisierung im Ehrenamt**	**15**
2.1	Entwicklung des Ehrenamts und ehrenamtlicher Arbeitsfelder	16
2.2	Ehrenamt in Einsatzorganisationen der nichtpolizeilichen Gefahrenabwehr	21
2.3	Notwendigkeit der Professionalisierung in Ehrenamtsorganisationen der nichtpolizeilichen Gefahrenabwehr	29
2.4	Struktur der Aus-, Fort- und Weiterbildung im Bereich der nichtpolizeilichen Gefahrenabwehr	36
2.5	Herausforderungen und aktuelle Tendenzen in der Aus-, Fort- und Weiterbildung der nichtpolizeilichen Gefahrenabwehr	39
3	**Handlungsorientierung: didaktische und methodische Grundlagen**	**45**
3.1	Kompetenzorientierte Didaktik	46
3.2	Handlungsorientierte Unterrichtsmethoden	49
3.2.1	Skills-Lab: Simulation und Fallarbeit	50
3.2.2	Cognitive Apprenticeship	53
3.2.3	Projektunterricht	54
3.2.4	Problem-based Learning	55
4	**Lernen und Lehren im Ehrenamt der nichtpolizeilichen Gefahrenabwehr**	**57**
4.1	Modelllernen und Selbstwirksamkeit	57
4.2	Die Macht von Geschichten	59
4.3	Empfehlungen für Lehr-/Lernarrangements im Ehrenamt	60
5	**Best-Practice-Ansätze zur Professionalisierung der Aus-, Fort- und Weiterbildung**	**63**
5.1	Handlungsorientierung im Unterrichtsalltag – Ein Blick hinter die Kulissen	77
5.2	Handlungsorientiertes Lernen in der Feuerwehrausbildung	88
5.3	Feuerwehrprofis üben für den Ernstfall	93

Inhaltsverzeichnis

5.4	»Aus der Praxis für die Praxis«: Das Bergwacht-Zentrum für Sicherheit und Ausbildung	110
5.5	Die Freistadt im Freistaat Bayern – Praktische Ausbildung an der Feuerwehrschule Geretsried	120
5.6	Qualität als Grundlage zum erfolgreichen Know-How-Transfer	129
5.7	Freiwilligenkoordination im Österreichischen Roten Kreuz	139
5.8	Personalentwicklung und Ausbildung bei der Feuerwehr Wels	146
5.9	Praktische Ausbildungssequenzen für die Feuerwehren Südtirols	156
5.10	Das Ausbildungskonzept zum DLRG-Strömungsretter	164
5.11	Interprofessionelle Simulation in der Notfallsanitäter-Ausbildung	172

6 Ein kurzes Resümee **180**

   Literaturverzeichnis **187**

1 Einleitung

Die öffentliche Sicherheit und Ordnung für die Menschen und das Gemeinwesen zu gewährleisten, ist eine der wichtigsten und vornehmsten Aufgaben eines jeden Staates, seiner Behörden und Institutionen. Der Schutz vor ganz unterschiedlichen Gefahren und Bedrohungen sowie die Fähigkeit, nach Unglücken Hilfe zu leisten und wieder sichere Verhältnisse herzustellen, ist Aufgabe der Gefahrenabwehr im Allgemeinen und des Bevölkerungsschutzes im Speziellen. Neben den alltäglichen Ereignissen, wie einer Erkrankung, einem Unfall, technisch bedingten Unglücksfällen, Bränden oder Explosionen führen vermehrt auch Bedrohungen durch Naturkatastrophen, klimatisch bedingte Ereignisse oder Terroranschläge dazu, dass Menschen Schutz und Hilfe durch die Einrichtungen der Gefahrenabwehr benötigen.

Hierbei ist zwischen der polizeilichen Gefahrenabwehr auf der einen und der nichtpolizeilichen Gefahrenabwehr auf der anderen Seite zu unterscheiden. Während die polizeiliche Gefahrenabwehr die Abwehr von Gefahren durch Polizei- und Ordnungsbehörden zum Gegenstand hat, umfasst die nichtpolizeiliche Gefahrenabwehr in erster Linie die Abwehr von Gefahren durch Institutionen wie Feuerwehren und anerkannten Hilfsorganisationen. In diesem Sinne bildet die nichtpolizeiliche Gefahrenabwehr neben den militärischen Streitkräften, der Polizei und den Nachrichtendiensten die vierte Säule innerhalb der staatlichen Sicherheitsarchitektur. Richtet man den Blick auf die gesamtgesellschaftliche Sicherheitsarchitektur, kommt als fünfte Säule noch die Wirtschaft und hier insbesondere die Betreiber von kritischer Infrastruktur hinzu (▶ Bild 1).

Im originären Zuständigkeitsbereich der nichtpolizeilichen Gefahrenabwehr können Gefahren von Schadenfeuern, Unglücksfällen und öffentlichen Notständen ausgehen, die durch Naturereignisse, Explosionen oder ähnlichen Vorkommnissen verursacht werden. Mit der nichtpolizeilichen Gefahrenabwehr im Kontext des Bevölkerungsschutzes unmittelbar verknüpft, ist auch der Rettungsdienst als öffentliches Organ Teil der staatlichen Daseinsvorsorge. Rettungsdienst gliedert sich allgemein in die Bereiche Notfallrettung und Krankentransport. Aufgabe der Notfallrettung ist es, bei Notfallpatienten am Notfallort lebensrettende Maßnahmen oder Maßnahmen zur Verhinderung schwerer gesundheitlicher Schäden durchzuführen und ggf. ihre Transportfähigkeit herzustellen. Die Patienten werden mit Spezialfahrzeugen, die mit notfallmedizinisch geschultem ärztlichen und nichtärztlichen Rettungsfachpersonal besetzt sind, unter Aufrechterhaltung der Transportfähigkeit

1 Einleitung

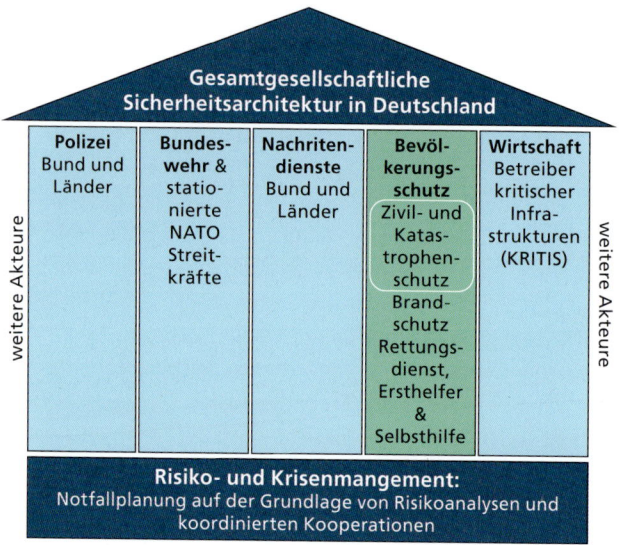

Bild 1: *Gesamtgesellschaftliche Sicherheitsarchitektur in Deutschland (Quelle: Mitschke/Karutz 2017, S. 97 zit. n. Lara/Gerhold 2020, S. 25)*

und Vermeidung weiterer Schäden in eine weiterführende medizinische Versorgungseinrichtung (in der Regel das nächstgelegene geeignete Krankenhaus) transportiert. Für den qualifizierten Krankentransport, d. h. die Beförderung und Betreuung von Erkrankten, Verletzten oder sonstigen hilfsbedürftigen Personen, die keine Notfallpatienten sind, werden ebenfalls Transportmittel, z. B. Krankenkraftwagen (KTW=Krankentransportwagen) bereitgehalten und mit geschultem nichtärztlichem Rettungs(fach)personal besetzt.

Weiterhin zu berücksichtigen im Kontext der nichtpolizeilichen Gefahrenabwehr, oftmals auch unmittelbar in den jeweiligen Landesrettungsdienstgesetzen gesetzlich geregelt, sind darüber hinaus noch diverse Spezialbereiche wie die Einsatzfelder der Wasserrettung sowie der Berg- und Höhlenrettung. Hierbei geht es im Grunde jeweils darum, verletzte, erkrankte oder hilflose Personen aus Gefahrenlagen in Gewässern bzw. im Gebirge, im unwegsamen Gelände und in Höhlen zu retten, sowie die medizinische Versorgung dieser Personen am Einsatzort und bis zur Übergabe an den Land- oder Luftrettungsdienst zu gewährleisten. Oder selbst durch die jeweiligen Einheiten dieser Spezialeinsatzkräfte für eine Versorgung und einen Transport für die weitere Versorgung in eine geeignete Behandlungseinrichtung zu sorgen.

1 Einleitung

Im föderalen Aufbau der Bundesrepublik Deutschland ist die nichtpolizeiliche Gefahrenabwehr weitestgehend Angelegenheit der einzelnen Bundesländer. Die Zuständigkeit der Länder umfasst neben dem Brandschutz, der technischen Hilfeleistung und dem Rettungsdienst auch den Bevölkerungsschutz bei Natur-, technisch bedingten oder Umweltkatastrophen (Katastrophenschutz). Hingegen gilt für den Bevölkerungsschutz bei bewaffneten Konflikten (Zivilschutz) eine ausschließliche Gesetzgebungskompetenz des Bundes. Der Gesetzesvollzug im Zivilschutz erfolgt durch die Länder sowie ergänzend durch das Bundesamt für Bevölkerungsschutz und Katastrophenhilfe (BBK) als selbständige Bundesoberbehörde. Die zivil-militärische Zusammenarbeit ist mit ihrem zivilen Anteil ebenfalls Gegenstand der nichtpolizeilichen Gefahrenabwehr. Diese fällt entsprechend der Aufteilung von Zivil- und Katastrophenschutz in den Zuständigkeitsbereich sowohl des Bundes wie auch der Länder.

Prinzipiell sehr ähnliche Verhältnisse und Regelungen im gesamten Themenfeld der Gefahrenabwehr und des Bevölkerungsschutzes findet man auch in den deutschsprachigen Nachbarländern Österreich, Schweiz und der autonomen Provinz Südtirol, weshalb an dieser Stelle weitere Detaillierungen für die genannten Länder nicht durchgeführt werden. Alle hier beschriebenen Grundlagen für das Feuerwehrwehrwesen und das System der Hilfsorganisationen sind im gesamten deutschsprachigen Raum prinzipiell sehr ähnlich.

Um die Sicherheit der Menschen in der Bundesrepublik Deutschland zu gewährleisten, hat sich über viele Jahre ein durchaus komplexes integriertes Hilfeleistungssystem etabliert, in dem die unterschiedlichen Verwaltungsebenen von Bund, Ländern und Kommunen mit den Feuerwehren, Hilfsorganisationen und der Bundesanstalt Technisches Hilfswerk (THW) zusammenwirken. Während im Bereich der polizeilichen Gefahrenabwehr in Deutschland nahezu ausschließlich hauptberuflich tätige Kräfte ihren Dienst versehen, ist die Situation im Bereich der nichtpolizeilichen Gefahrenabwehr deutlich anders. Die kommunalen Feuerwehren mit etwas mehr als 1,1 Millionen Feuerwehrfrauen und -männern sind das eigentliche Rückgrat der örtlichen Gefahrenabwehr und basieren zum allergrößten Teil auf ehrenamtlichen Feuerwehrdienstleistenden. Sie nehmen mit den Aufgabenbereichen Brandschutz, Technische Hilfeleistung und ABC-Gefahrenabwehr auch im Katastrophenschutz die Aufgaben wahr, die den Kommunen bereits über die Brandschutzgesetze der Länder als Pflichtaufgaben zugewiesen sind. Oftmals fallen darunter auch noch Aufgaben der erweiterten Ersten Hilfe, um gerade in eher dünn besiedelten Bereichen das sog. therapiefreie Intervall bei lebensbedrohlichen Erkrankungen oder Verletzungen (z. B.

1 Einleitung

Schlaganfall, Herzinfarkt, spritzende Blutungen etc.) zu verkürzen, bis letztlich medizinisch qualifiziertes Personal des Rettungsdienstes die Versorgung übernehmen kann.

Hauptberuflich tätige Kräfte bei den Feuerwehren findet man in der Regel in Städten ab 100 000 Einwohnern, da erst ab dieser Größe in den meisten Brandschutzgesetzen in Deutschland überhaupt eine gesetzliche Verpflichtung besteht, hauptberufliches Personal für den Feuerwehrdienst einzusetzen. Viele Berufsfeuerwehren in Deutschland, insbesondere diejenigen nördlich des Mains, sind neben ihren klassischen Aufgaben im Feuerwehrdienst mit entsprechend medizinisch qualifiziertem Personal auch fest im Rettungsdienst eingebunden oder sogar der eigentliche Träger des Rettungsdienstes in der jeweiligen Gebietskörperschaft. Rechnet man dann noch die Einsatzkräfte der Militärfeuerwehren (Bundeswehrfeuerwehren und ausländische Streitkräfte) sowie die hauptberuflichen Werkfeuerwehren hinzu, die aufgrund gesetzlicher Regelungen besondere Gefahren und Risiken (Chemieindustrie, Automobilindustrie, Verkehrsflughäfen usw.) in speziellen Industrie-, Produktions- und Infrastrukturbereichen abzudecken haben, kann man in Deutschland von etwa 80 000 hauptberuflichen Feuerwehreinsatzkräften ausgehen. Das bedeutet im Gegenzug, dass die große Masse der über einer Million tätigen Feuerwehreinsatzkräfte den Feuerwehrdienst ehrenamtlich, also freiwillig versieht, aber dennoch für die staatliche Daseinsvorsorge hoheitliche Aufgaben zu vollziehen hat.

Die privaten Hilfsorganisationen (Deutsches Rotes Kreuz, Johanniter-Unfallhilfe, Malteser-Hilfsdienst, Arbeiter-Samariter-Bund, Deutsche Lebensrettungsgesellschaft) sind in Deutschland neben den Feuerwehren ein sehr wichtiger und zentraler Akteur im gesamten Spektrum des Rettungsdienstes. In manchen Bundesländern wie beispielsweise in Baden-Württemberg und Bayern sind sie in diesem Themenfeld sogar gesetzlich fixiert die eigentlichen Hauptakteure. Ferner haben sie sich gegenüber den Landesregierungen mit ihrem Personal und ihren Einsatzmitteln zur Mitwirkung im Katastrophenschutz verpflichtet. So bringen sich bundesweit ca. 600 000 ehren- und hauptamtliche Helferinnen und Helfer in die staatlichen Strukturen der Gefahrenabwehr ein. Im Katastrophenfall verstärken diese Organisationen den Rettungsdienst der Kreise und kreisfreien Städte. Sie gewährleisten darüber hinaus innerhalb des Katastrophenschutzes den Sanitätsdienst sowie die Betreuung von Patientinnen/Patienten und sonstigen betroffenen Personen. Neben den privaten Hilfsorganisationen gibt es noch diverse private Unternehmen, die privatwirtschaftlich im Themenfeld Rettungsdienst, also sowohl in der Notfallrettung als auch im qualifizierten Krankentransport, tätig sind. Auch hier gibt es gegenüber diversen

1 Einleitung

Landesregierungen die Verpflichtung oder zumindest das Angebot, im Katastrophenschutz mit Personal und Einsatzmitteln mitzuwirken.

Betrachtet man die Personalstärke der im Rettungsdienst hauptberuflich tätigen Personen in den privaten Hilfsorganisationen und den privatwirtschaftlich tätigen Unternehmen, so kann man in Deutschland von einer Zahl von etwa 60 000 Menschen ausgehen. Wie zuvor auch im Feuerwehrsegment, stellt somit den Großteil der etwa 600 000 Helferinnen und Helfer ehrenamtliches Personal dar, das auch in diesem Kontext mit hoheitlichen Aufgaben der Gefahrenabwehr und des Bevölkerungsschutzes betraut ist.

Deutschland sowie die angrenzenden Länder im deutschsprachigen Raum sind in der nichtpolizeilichen Gefahrenabwehr im Allgemeinen und im Bevölkerungsschutz im Speziellen auch im internationalen Vergleich gut aufgestellt. Insbesondere durch das nahezu flächendeckende Netz an ehrenamtlichen Einsatzkräften in Verbindung mit einer nicht unerheblichen Anzahl an hauptberuflichen Einsatzkräften, sind wir in unseren Ländern bisher sehr gut in der Lage, das alltägliche Einsatzgeschehen zu bewerkstelligen aber auch bei Großschadenslagen und Katastrophen schnell und flexibel Ressourcen zu mobilisieren und bedarfsorientiert einzusetzen. Aber die Welt und die menschliche Gesellschaft ändern sich kontinuierlich und rasant, sie werden zunehmend komplexer und dynamischer. Megatrends wie der Klimawandel, die Digitalisierung, die Urbanisierung, die Globalisierung (um nur einige zu nennen) haben massive Einflüsse auch auf die Herausforderungen für die Gefahrenabwehr. Damit unmittelbar einhergehende Veränderungen für das persönliche Lebens- oder auch Arbeitsumfeld jeder einzelnen Person in unserer Gesellschaft in Verbindung mit dem demografischen Wandel in Europa und in den deutschsprachigen Ländern im Besonderen, bringen auch für die Einrichtungen der Gefahrenabwehr bisher nicht gekannte Problemstellungen.

Um mit den zuvor beschriebenen Herausforderungen im Kontext der immer komplexeren Einsatzszenarien sowie den anzuwendenden Einsatztaktiken, -konzepten und -techniken auch zukünftig Schritt halten zu können, kommt zweifellos dem Thema der Aus-, Fort- und Weiterbildung der Führungs- und Einsatzkräfte der Gefahrenabwehr eine absolut zentrale Rolle zu. Lebenslanges oder lebensbegleitendes Lernen ist eben nicht mehr nur ein Schlagwort im rein beruflichen, universitären oder schulischen Kontext. Vielmehr betrifft es alle Lebensbereiche, insbesondere auch solche, in denen Einsatzorganisationen im Rahmen der öffentlichen Daseinsvorsorge haupt- oder ehrenamtlich Gefahrenabwehr betreiben.

1 Einleitung

Gerade für den deutschsprachigen Raum (Deutschland, Österreich, Südtirol und Schweiz) haben wir bereits gezeigt, dass von Seiten des zuständigen Landesgesetzgebers zum Großteil oder sogar ausschließlich ehrenamtliche Einsatzorganisationen (Feuerwehren, Hilfsorganisationen, Bergrettung, Wasserrettung etc.) mit der Gefahrenabwehr betraut sind. Insbesondere die Einsatz- und Führungskräfte in diesen Organisationen stehen zunehmend in einem immer größeren Spannungsfeld: einerseits den Anforderungen ihrer eigenen persönlichen sowie beruflichen Situationen nachzukommen und andererseits ihre hochverantwortlichen ehrenamtlichen Aufgaben und hoheitlichen Tätigkeiten zum Schutz der Bevölkerung in teilweise sehr komplexen Schadenslagen zu erfüllen.

Lebenslanges Lernen sowie das Erfordernis sich immer wieder persönlich und fachlich »upzudaten« sind heute keine beliebige Option mehr, sondern vielmehr zu einem unverrückbaren Muss und einer Selbstverständlichkeit in den verschiedensten Berufsfeldern und Lebensbereichen geworden. Und zweifellos gelten diese Anforderungen im Besonderen auch für den Bereich des Ehrenamts. Dies gerade und insbesondere dann, wenn es um die hochverantwortlichen und hoheitlichen Tätigkeiten zum Schutz der Bevölkerung in den Organisationen der nichtpolizeilichen Gefahrenabwehr geht. Längst sind das für unsere Gesellschaft so wichtige und unverzichtbare »soziale Engagement« und das sog. »Herzblut« für ehrenamtliche Betätigung oft nicht mehr ausreichend. Zahlreiche Diskussionen um die Professionalisierung des Ehrenamts u. a. in sozialen Feldern, zeigen, dass die oben formulierte Erwartungshaltung einer »professionellen Hilfe- und Dienstleistung« auch in ehrenamtlichen Tätigkeitsfeldern längst in unserer Gesellschaft angekommen ist. Für manche Berufe besteht auch eine Weiterbildungspflicht, wie etwa bei Berufskraftfahrerinnen/Berufskraftfahrern oder Ärztinnen/Ärzten (von Hippel/Kulmus/Stimm 2019, S. 15). Insofern ist es nur eine Frage der Zeit, bis in der Gesellschaft und in den Einsatzorganisationen der Gefahrenabwehr die Frage offen diskutiert werden muss, ob und wie Gefahrenabwehr im ehrenamtlichen Kontext speziell vor dem Hintergrund der lebenslangen Anforderungen in der Aus-, Fort- und Weiterbildung noch geleistet werden kann.

Um es an dieser Stelle klar zu sagen: Für das integrierte und flächendeckende Hilfeleistungssystem in den deutschsprachigen Ländern, das uns gerade gegenüber den anderen europäischen Staaten auszeichnet, und dort eben nicht den Regelfall darstellt, wäre eine Gefahrenabwehr ohne Einsatz von ehrenamtlichen Kräften definitiv ein gravierender Rückschritt. Da sich eine Flächendeckung und damit Sicherstellung von sehr kurzen Eingriffszeiten und Hilfsfristen in der nichtpolizeilichen Gefahrenabwehr allein mit hauptamtlichen Einsatzkräften schon allein aus finan-

1 Einleitung

ziellen Gründen nicht erzielen lässt, wären massive negative Einflüsse auf eine wirklich flächendeckend zeitgerechte alltägliche Gefahrenabwehr die unausweichliche Folge. Und darüber hinaus käme es unweigerlich zu einer massiven Schwächung der Einsatzfähigkeit und Durchhaltefähigkeit der Gefahrenabwehr auch im Bereich der Großschadenlagen und Katastrophen, die ihrerseits meist davon gekennzeichnet sind, dass über längere Zeit ein massives Aufgebot an Einsatzpersonal und Einsatzmitteln benötigt wird. Ohne massives ehrenamtliches Einsatzpotential aus den einschlägigen Einsatzorganisationen sind derartige Einsatzszenarien eindeutig nur sehr unzureichend oder gar nicht zu bewältigen, was unzählige Ereignisse in der Vergangenheit aber auch erst jüngst die verheerenden Starkregen- und Hochwasserereignisse im Juli 2021 in Rheinland-Pfalz und Nordrhein-Westfalen, die schweren Waldbrandereignisse in Südeuropa im Sommer 2021 oder die uns jahrelang fordernde Covid-19-Pandemie sowie die Hochwasserlage zum Jahresende 2023 in einigen Teilen in Deutschland wieder einmal mehr sehr eindrucksvoll belegen. Blickt man in die Zukunft und fokussiert alleine auf das uns herausfordernde Thema des Klimawandels mit seinen Erscheinungsformen der Extremwetterereignisse, so ist klar, dass wir als Gesellschaft gut beraten sind, neben umfangreichen präventiven Maßnahmen, alles zu tun, u. a. auch die Gefahrenabwehr in unseren Ländern handlungs- und leistungsfähig aufzustellen, und auf dem jeweiligen Stand der Technik zu halten. Ohne ein starkes ehrenamtliches Element werden alle Versuche eine schlagkräftige, auch längerfristig durchhaltefähige sowie finanzierbare Gefahrenabwehr aufzustellen, keinen Erfolg haben.

Die Aus-, Fort- und Weiterbildung in den Einsatzorganisationen der nichtpolizeilichen Gefahrenabwehr ist dabei eines der ganz zentralen Handlungsfelder, das sehr wesentlich und entscheidend dazu beitragen kann, dass auch in Zukunft genügend qualifiziertes, engagiertes und motiviertes Einsatzpersonal im haupt- und ehrenamtlichen Segment zur Verfügung steht, um die zuvor genannten Herausforderungen für unsere Gesellschaft zu meistern. Dazu braucht es einerseits kluge, innovative und bedarfsgerechte Konzepte, wie es gelingen kann, gerade im ehrenamtlichen Kontext die Führungs- und Einsatzkräfte mit Handlungskompetenz auszustatten, zu motivieren und auch zu fordern. Und andererseits ist auch dafür zu sorgen, dass die Erfordernisse für eine Tätigkeit in einer Organisation der Gefahrenabwehr auch noch mit den jeweils eigenen beruflichen und privaten Kontexten vereinbar bleiben.

Die Tätigkeit als Führungs- und Einsatzkraft in einer Organisation der Gefahrenabwehr ist prinzipiell sehr stark vom praktischen Tun geprägt. Gefahrenabwehr in diesem Sinne ist keine abstrakte akademische Tätigkeit. Letztendlich kommt es bei

1 Einleitung

den Einsatz- und Führungskräften in erster Linie auf Handlungskompetenz im konkreten Einsatzfall an. War in den letzten Jahren und Jahrzehnten oftmals ein sehr »theorielastiges« und »verschultes« Herangehen bis hin zur regelrechten »Schräubchenkunde« bei der Vermittlung von Lehrinhalten zu verzeichnen, gibt es mehr und mehr den Trend, den Fokus auf das Konzept der Handlungsorientierung und Kompetenzvermittlung zu legen und die Lehrinhalte von unnötigem Ballast zu befreien. Analog also zu den Ansätzen, die bereits seit mehreren Jahren im Bereich der dualen Berufsausbildung zu finden sind und im Grunde auch die Erkenntnisse der modernen Gehirnforschung widerspiegeln.

Vor diesem Hintergrund müssen Überlegungen dazu angestellt werden, unter welchen Rahmenbedingungen der erwachsene Mensch, der neben seinem Ehrenamt, seinen Beruf und häufig auch seine Familie »managen« muss, denn überhaupt so lernen kann, dass ein hoher Theorie-Praxis-Transfer gewährleistet werden kann, um die notwendige Handlungskompetenz und Handlungssicherheit im Themenfeld der Gefahrenabwehr zu erlangen. Lernen im Erwachsenenalter bedarf im Allgemeinen, aber insbesondere vor dem Hintergrund von zu erwerbenden Handlungskompetenzen, besonderer methodischer und didaktischer Überlegungen. Die Orientierung an Handlungsfähigkeit braucht zunächst handlungsorientierte Unterrichtsmethoden, die auf kompetenzorientierter Didaktik basieren. Aber Lernen im Erwachsenenalter muss weitere besondere Aspekte berücksichtigen, auf denen aufbauend wissenschaftliche Empfehlungen für Lernsequenzen mit Handlungsorientierung gestaltet werden sollten. Diesen Themen widmen sich Kapitel 3 und 4 dieses Buches.

Im Anschluss daran, zeigen diverse Best-Practice-Ansätze aus verschiedenen Organisationen der nichtpolizeilichen Gefahrenabwehr im deutschsprachigen Raum auf, wo Professionalisierung und Exzellenz im Ehrenamt ansetzen kann, um auch den zukünftigen Herausforderungen gerecht zu werden. Es wird sich zeigen, dass in diesen Ansätzen die Kompetenz lösungsorientiert und eigenständig zu handeln im Fokus steht.

2 Professionalisierung im Ehrenamt

Wer über Ehrenamt schreiben will, muss zunächst eine Auseinandersetzung mit dem Begriff vornehmen, der Basis aller Diskussionen ist. Will also Ehrenamt in seinem Kern definiert werden, so müssen verschiedene Begriffsbestimmungen betrachtet werden. Eine dieser Definitionen lässt sich z. B. im staatlichen Rahmengesetz Nr. 266 vom 11. August 1991 der autonomen Provinz Südtirol finden (Südtiroler Landesverwaltung: Autonome Provinz Bozen 2022):

»…Als ehrenamtliche Tätigkeit gilt jene, die freiwillig und ehrenamtlich ohne – auch nur indirekte – Gewinnabsicht und ausschließlich aus Solidarität und sozialem Bewusstsein geleistet wird. Für die ehrenamtliche Tätigkeit darf auf keinen Fall eine Vergütung entrichtet werden, auch nicht vom Hilfeempfänger/von der Hilfeempfängerin. Dem ehrenamtlichen Mitarbeiter/Der ehrenamtlichen Mitarbeiterin dürfen nur von der jeweiligen Organisation die tatsächlichen Kosten für die durchgeführte Tätigkeit erstattet werden, und zwar in dem von der Organisation vorher festgesetzten Rahmen.«

Aus anderer Sicht wird wesentlich kürzer und pragmatischer definiert, was Ehrenamt ausmacht (AOK-Bundesverband; Verein für Soziales Leben e.V.). So wird unter diesem Standpunkt Ehrenamt als eine Tätigkeit bezeichnet, die freiwillig, ohne Vergütung für eine gemeinnützige oder am Allgemeinwohl orientierte Organisation geleistet wird. Ein Verweis darauf, wie schwer der Begriff Ehrenamt auch in empirischen Studien zu definieren und abzugrenzen ist, findet sich in der Zeitbudgetstudie des Statistischen Bundesamts (Statistisches Bundesamt 2005, S. 312). Es wird festgestellt, dass zwar Begriffe wie bürgerschaftliches Engagement, Bürgerengagement, Freiwilligenarbeit, Ehrenamt usw. synonym, aber mit jeweils anderen zugrunde liegenden Definitionen genutzt werden.

Der Kern und damit die Übereinstimmung in verschiedenen Definitionen von Ehrenamt, lässt sich als freiwilliges und unentgeltliches Engagement für das Gemeinwohl festhalten (AOK-Bundesverband). Ergänzend dazu ist aber auch festzustellen, dass die ehrenamtliche Tätigkeit keine speziellen Vorkenntnisse im jeweiligen Bereich benötigt. Interesse und die Bereitschaft dazu zu lernen, sind hinreichende, aber auch notwendige Basisfaktoren für die ehrenamtliche Betätigung. Vor dem Hintergrund dieser Definition erfolgt also hier folgend eine Auseinandersetzung mit der Entwicklung des Ehrenamts allgemein und im Bereich der Feuerwehr bzw. der Feuerlöschgeschichte im Speziellen. Darüber hinaus wird ein Überblick über ehrenamtliche Arbeitsfelder gegeben (▶ Kapitel 2.1). Das Ehrenamt in den Einsatzorganisationen der nichtpolizeilichen Gefahrenabwehr wird eingehender unter ▶ Kapitel 2.2 betrachtet, um sich in ▶ Kapitel 2.3 der Notwendigkeit zur Professionalisierung bei der Aus-, Fort- und Weiterbildung in diesen Organisationen zu widmen. Anschließend werden in ▶ Kapitel 2.4 zunächst die Strukturen der Aus-, Fort- und Weiterbildung in den diesen Ehrenamtsorganisationen beleuchtet. Abschließend werden in ▶ Kapitel 2.5 Herausforderungen und aktuelle Tendenzen der Aus-, Fort- und Weiterbildung im Bevölkerungsschutz beschrieben.

2.1 Entwicklung des Ehrenamts und ehrenamtlicher Arbeitsfelder

Die Bedeutung des Ehrenamts war geschichtlich immer sehr groß und hat im Laufe der Zeit zunehmendes Gewicht im gesellschaftlichen Zusammenleben erhalten. So war der individuelle Beitrag zum allgemeinen Wohl unverzichtbarer Bestandteil eines sinnerfüllten Lebens – sei es in der abendländischen Tradition, der klassischen Antike oder im Christentum (AOK-Bundesverband). In der griechischen Antike beispielsweise sollten sich (männliche) Bürger für das Gemeinwesen nicht nur interessieren, sondern sich auch engagieren und in den anberaumten Versammlungen über verschiedene Belange der Stadt diskutieren. Dieses Engagement für das Gemeinwohl war auch im Römischen Reich und dann später in den italienischen Städterepubliken einerseits stark gefordert, andererseits auch stark ausgeprägt. Auch die Brandbekämpfung nahm ihren Anfang bei den Römern, um den Stadtbränden in Rom Einhalt gebieten zu können. Diese ersten privaten Feuerwehren im 1. Jahrhundert v. Chr. arbeiteten zum Vorteil ihrer Besitzer und bestanden teilweise auch aus Sklaven. In Europa wurde der Brandschutz erst mit den wachsenden Städten im Mittelalter und der daraus resultierenden erhöhten Gefahr für Stadtbrände wieder interessant und man wendete sich dem Brandschutz erneut zu. Aber auch im Mittelalter geschah dieser Brandschutz nicht freiwillig, sondern stellte eine rechtliche Verpflichtung für jede Bürgerin/jeden Bürger dar (feuerfakten.de). In diesen Anfängen der Feuerlöschgeschichte kann von Ehrenamt weniger die Rede sein, wenn wir unsere im vorliegenden Buch getroffene Definition von Ehrenamt zu Grunde legen.

Dass das Interesse am Gemeinwohl und das Engagement zunehmend an Bedeutung gewann, zeigt sich auch daran, dass bereits während der Frühen Neuzeit der

2.1 Entwicklung des Ehrenamts und ehrenamtlicher Arbeitsfelder

ehrenamtliche Dienst am Gemeinwesen formalisiert und institutionell verankert wurde (Wikipedia 2021 a). So war die Mitbestimmung der Bürger etwa in der Preußischen Städteordnung von 1808 festgeschrieben. Die preußische Städteverordnung legte sogar fest, dass die Bürger zur Übernahme öffentlicher Stadtämter verpflichtet werden konnten, ohne dafür Entgelt zu beanspruchen. Dass diese Verpflichtung dem grundsätzlichen Gedanken eines freiwilligen Engagements diametral entgegensteht, sei hier kritisch angemerkt, könnte aber darauf verweisen, wie stark der Bedarf an ehrenamtlich Tätigen war, wenn sogar eine Verpflichtung dazu für erforderlich gehalten worden war (Wikipedia 2021 a).

Dass ehrenamtliches Engagement in der Zivilgesellschaft unverzichtbar (AOK-Bundesverband) ist, lässt sich u. a. auch daran ablesen, dass in Deutschland im Jahr 2013 das »Gesetz zur Stärkung des Ehrenamts« in Kraft getreten ist (Bundesanzeiger Verlag GmbH). In der Gesetzesbegründung ist u. a. zu lesen (Deutscher Bundestag 2012):

»Bürgerschaftliches Engagement hilft wirtschaftliches Wachstum, gesellschaftliche Integration, Wohlstand sowie stabile demokratische Strukturen auch für die Zukunft zu erhalten und zu verbessern. In Zeiten knapper öffentlicher Kassen gewinnt die Förderung und Stärkung der Zivilgesellschaft an Bedeutung, denn die öffentliche Hand wird sich wegen der unumgänglichen Haushaltskonsolidierung auf ihre unabweisbar notwendigen Aufgaben konzentrieren müssen... Bürgerschaftliches Engagement ist Ausdruck einer freiheitlichen Gesellschaft, in der Bürgerinnen und Bürger freiwillig einen solidarischen Beitrag für die Gemeinschaft leisten. Die gesetzlichen Rahmenbedingungen sollen daher so weiterentwickelt werden, dass sich eine aktive Zivilgesellschaft besser entfalten kann...«

Erste Ursprünge der modernen Sozialarbeit fanden sich bereits Mitte bis Ende des 18. Jahrhunderts. Hier engagierten sich ehrenamtliche Helfer in offiziellen und organisierten Systemen der Armenfürsorge und Armenpflege. Damit entstand eine Frühform des sozialen Ehrenamts, wie es auch heute in verschiedenen Bereichen anzutreffen ist. Grundlagen für die modern organisierte Sozialarbeit wurden in der zweiten Hälfte des 19. Jahrhunderts durch ehrenamtlich Tätige in der kommunalen Armenpflege weiterentwickelt (Heimgartner/Anastasiadis 2011; Schnölzer 2009). Auch für die Entstehung der Feuerwehr wie wir sie heute kennen, war das 18. Jahrhundert überaus bedeutsam, obwohl festgehalten werden muss, dass die vermutlich erste Berufsfeuerwehr weltweit schon 1686 in Wien gegründet wurde. Ende des 18. Jahrhunderts entstand die erste Freiwillige Feuerwehr in Deutschland und ab

Mitte des 18. Jahrhunderts erfolgte schließlich eine Gründungswelle Freiwilliger Feuerwehren. Die erste Berufsfeuerwehr wie wir sie heute kennen, wurde 1851 in Berlin gegründet (feuerfakten.de).

Die Rolle der Geschlechter im Hinblick auf die Ausübung ehrenamtlicher Tätigkeiten unterliegt bis heute einer interessanten Entwicklung. In der griechischen Antike waren es vor allem Männer, die gefordert waren, für das Gemeinwohl einzutreten. In der preußischen Städteverordnung standen zwar Ehrenbeamte den ehrenamtlichen Tätigkeiten im sozial-karitativen Bereich vor, die Arbeit wurde dann aber in diesem Bereich von Frauen geleistet. Die stärkere Eingebundenheit von Frauen im sozialen Ehrenamt fand sich auch in den Ursprüngen der modernen Sozialarbeit (Statistisches Bundesamt 2005, S. 312). Frauen haben zudem aber auch zu allen Kriegs- und Krisenzeiten immer wieder den Feuerwehrdienst übernommen, auch wenn beispielsweise in Bayern erst vor 50 Jahren die gesetzliche Möglichkeit geschaffen wurde, dass Frauen in die Feuerwehr eintreten dürfen (Brandwacht Bayern 2016).

Nach wie vor sind Frauen im Bereich der nichtpolizeilichen Gefahrenabwehr unterrepräsentiert, was regelmäßig zum Anlass für Maßnahmen zur Erhöhung des Frauenanteils (Brandwacht Bayern 2016) genommen wird, so z. B. auch 2020 durch die Kampagne »Hamburgs junge Heldinnen« (Jugendfeuerwehr Hamburg 2020.). Mit Stand 31.12.2019 waren in Deutschland nur etwa 10 % der aktiven Mitglieder der Freiwilligen Feuerwehr weiblich. Weitaus geringer fällt der weibliche Anteil an der Gesamtbelegschaft bei Werkfeuerwehren und Berufsfeuerwehren aus (▶ Bild 2). In den Jugendfeuerwehren der Freiwilligen Feuerwehr beträgt der weibliche Anteil an der Belegschaft beinahe 30 % (Deutscher Feuerwehrverband).

Die Zeitbudgetstudie für die Jahre 2001/2002 hält zur Geschlechterverteilung im Ehrenamt fest, dass Männer insgesamt mehr Zeit im Ehrenamt verbringen als Frauen und sich auch stärker engagieren (Statistisches Bundesamt 2005, S. 313). Insgesamt dürfte das Ergebnis der Zeitbudgetstudie aber die Rollenverteilung von Frau und Mann in unserer Gesellschaft widerspiegeln.

Die Tätigkeitsfelder im ehrenamtlichen Bereich sind sehr breit angelegt. Konkrete Tätigkeiten wären z. B. die Betreuung alter oder kranker Menschen, der Einsatz bei der Freiwilligen Feuerwehr und beim Technischen Hilfswerk (THW), bei der Jugendhilfe, als Trainer in Sportvereinen, Unterstützung in Tierheimen, die Übernahme politischer oder kirchlicher Ehrenämter, Hilfe für Flüchtlinge oder Obdachlose aber auch Tätigkeiten in Unternehmen (z. B. Betriebsrat) oder in Schulen (Elternvertretung, Schulverein…). Es lässt sich zusammenfassen, dass insbesondere in den Feldern

2.1 Entwicklung des Ehrenamts und ehrenamtlicher Arbeitsfelder

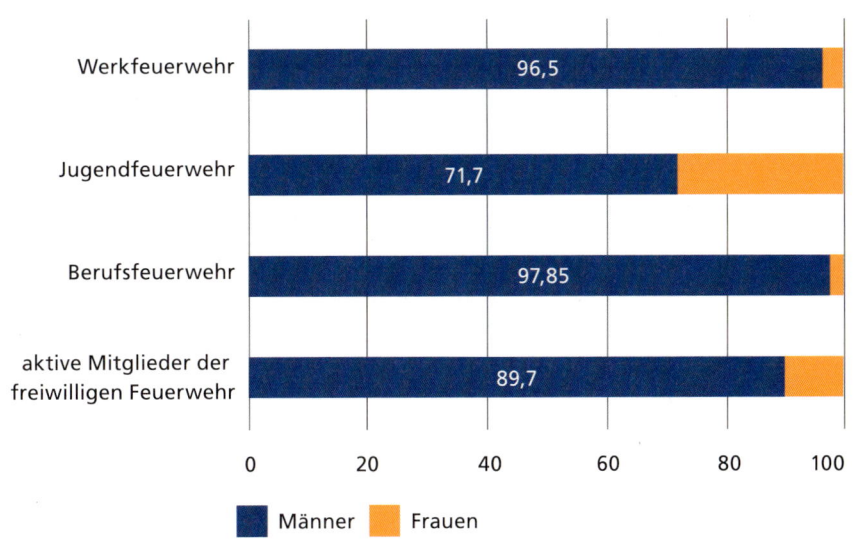

Bild 2: *Frauenanteil in der Feuerwehr (in %) (Quelle: Deutscher Feuerwehrverband)*

Soziales, Sport, Bildung (Erwachsenenbildung, Schule, Kindergarten), Umwelt- und Naturschutz, Politik, Kultur und Musik, Tierschutz, Justiz sowie bei den Behörden und Organisationen mit Sicherheitsaufgaben (BOS) Tätigkeitsfelder für ehrenamtliches Engagement zu finden sind (Verein für Soziales Leben e. V.; AOK-Bundesverband). Wird der Zeitaufwand betrachtet, der für die Ehrenämter in der Bevölkerung ab 10 Jahren aufgewendet wird, lässt sich anhand der Zeitbudgetstudie erkennen, dass an der Spitze des ehrenamtlichen Engagements der Einsatz im sportlichen Bereich steht. Danach folgen Einsatzbereiche im kirchlichen Umfeld, in Kultur und Musik, in einer politischen Interessenvertretung (Partei, Gemeinderat, politische Initiativen...) oder im breiten Feld sozialer Tätigkeiten. Ein größerer Teil der von Männern aufgewandten Ehrenamtszeiten fließt in berufliche Interessenvertretungen, Umwelt- und Naturschutz sowie in das Feld der Unfall- oder Rettungsdienste oder der Freiwilligen Feuerwehr (Statistisches Bundesamt 2005, S. 313-314).

»In Deutschland engagieren sich etwa 30 Millionen Menschen ehrenamtlich. Für viele ist es ein Akt der Nächstenliebe, andere verbinden damit ein Hobby oder nutzen es, um neue Kontakte zu knüpfen. Die Beweggründe sind so vielfältig wie die Möglichkeiten« (AOK-Bundesverband). Fragt man nach den Motiven für die ehrenamtliche Tätigkeit, so ist in Deutschland der Freiwilligensurvey eine sehr lohnenswerte Informationsquelle. Der Deutsche Freiwilligensurvey (FWS) ist eine repräsentative

2 Professionalisierung im Ehrenamt

Befragung, die seit 1999 alle fünf Jahre durchgeführt wird, und damit die umfassendste und detaillierteste quantitative Erhebung zum bürgerschaftlichen Engagement in Deutschland. Der FWS stellt die wesentliche Grundlage der Sozialberichterstattung zum freiwilligen Engagement in der Bundesrepublik Deutschland dar. Das freiwillige Engagement und die Bereitschaft zum Engagement von Personen ab 14 Jahren werden in Telefoninterviews detailliert erhoben (Bundesministerium für Familie, Senioren, Frauen und Jugend 2022). Das Setzen von Hilfsangeboten für Menschen, für das Gemeinwohl oder für die Gesellschaft, gehört ganz oben auf die Liste der Motive für ehrenamtliche Tätigkeit (▶ Bild 3). Für fast 95 % der Befragten steht bei der Ausübung im Ehrenamt Spaß an erster Stelle. Eben weil das Ehrenamt einen gewissen Teil der Freizeit einnimmt, sollte der Spaß an der Sache nicht zu kurz kommen (dazu auch AOK-Bundesverband).

Bild 3: *Motive für das Engagement von ehrenamtlich Tätigen (in %; Mehrfachnennungen) (Quelle: Bundesministerium für Familie, Senioren, Frauen und Jugend 2022)*

Es muss aber auch festgestellt werden, dass Ehrenämter nicht nur für Gesellschaft und Mitmenschen von Bedeutung sind. Auch für die ehrenamtlich tätige Person selbst kann freiwilliges Engagement einen hohen Beitrag zur Entwicklung der eigenen Persönlichkeit und der Erweiterung des Horizonts bedeuten. Eigene Fähigkeiten und Talente sowie die Möglichkeit, diese auszuleben, können durch ehrenamtliches Engagement gefördert werden. Ebenso lassen sich bedeutsame soziale Kompetenzen ausbilden und neue soziale Kontakte knüpfen (AOK-Bundesverband). Zusammenfassend lässt sich sagen, dass Ehrenamt für das Gemeinwohl einerseits und für die Herausbildung von Kompetenzen beim ehrenamtlich tätigen Individuum andererseits schon in der Vergangenheit von immenser Bedeutung war. Diese Bedeutung hat zugenommen, in vielen Bereichen können Leistungen in aktuellen Formen nur deshalb angeboten werden, weil es Menschen gibt, die ein Ehrenamt ausüben. Über frühes ehrenamtliches Engagement entstanden ab Mitte des 18. Jahrhunderts dann auch in verschiedenen Bereichen ehrenamtliche und berufliche Strukturen so wie wir sie heute kennen.

2.2 Ehrenamt in Einsatzorganisationen der nichtpolizeilichen Gefahrenabwehr

Die Zugehörigkeit und Mitarbeit in der Freiwilligen Feuerwehr oder in den freiwilligen Hilfsorganisationen im Bevölkerungsschutz sind ein Ehrenamt – ja im wahrsten Sinne des Wortes »EHRENAMT«. Diese Ehrenämter sind tief in der gesellschaftlichen Struktur verwurzelt. Unzählige Feuerwehrkameradinnen und -kameraden sowie Helferinnen und Helfer in den Hilfsorganisationen beweisen täglich aufs Neue, dass es für sie eine Ehre ist, anderen professionell und rasch zu helfen. Die Motivation für diese – oftmals über die persönlichen Leistungsgrenzen hinausreichenden Taten – findet sich vielfach in der fühlbaren Genugtuung wieder, jemandem geholfen zu haben. Der »unbezahlbare Lohn« ist ein zwar seltenes, aber von Herzen kommendes »Dankeschön« von Betroffenen und die Tatsache, einem professionellen Team, dessen Fundament auf Kameradschaft und unbedingtem Zusammenhalt aufgebaut ist, anzugehören. Personalplanung war früher noch nicht erforderlich, da sich das Selbstverständnis des ehrenamtlichen Engagements daraus ergeben hat, dass die Eltern, Großeltern oder Geschwister – als gestandene Ehrenamtler – für Tochter oder Sohn Vorbild und Grund genug waren, der Feuerwehr oder den Hilfsorganisationen beizutreten und über viele Jahrzehnte auch die Treue zu halten. Das Erreichen desjenigen Lebensjahres, das als gesetzliches Mindesteintrittsalter in eine dieser Einsatzorganisationen gilt, war für sehr viele der »Generation-X« heiß ersehnt und lange erwartet.

Das war einmal so. Soziale Medien, Präferenzen des Freundeskreises, das unkoordinierte Werben um Zutritte zu unterschiedlichen Organisationen und Vereinen, beginnend mit dem Eintritt in die Grundschule oder bereits noch früher im Kindergarten, sind nur wenige Begleitumstände, die zeigen, dass sich »die Freiwillige Feuerwehr« oder »die Hilfsorganisationen« längst am Markt der konkurrierenden

Freizeitangebote befinden. Die Selbstverständlichkeit eines Beitrittes ergibt sich nicht mehr als Resultat des Stolzes darüber, dass Eltern, Großeltern oder die älteren Geschwister auch die jeweilige Einsatzuniform tragen oder getragen haben. Vielmehr müssen sich die Einsatzorganisationen kluge und innovative Strategien ausdenken, sich immer wieder auch selber hinterfragen und den Kurs nachjustieren, um auch in Zukunft bei kompetenten und engagierten Ehrenamtlichen zu punkten und somit den Nachwuchs und die Einsatzfähigkeit in der Gefahrenabwehr und im Bevölkerungsschutz zu gewährleisten.

Um zu verstehen, welche Aufgaben die genannten Organisationen zu bewältigen haben, vor welchen Herausforderungen sie stehen, und von welchem Potential an Einsatzkräften wir sprechen, soll im Folgenden zunächst anhand von ausgewählten Organisationen ein Einblick in das konkrete ehrenamtliche Engagement von Einsatzorganisationen der nichtpolizeilichen Gefahrenabwehr gegeben werden. Ein exemplarischer Blick auf den Freistaat Bayern als eines von 16 Bundesländern in Deutschland zeigt, dass sich dort ca. 326 000 aktive Feuerwehrleute, davon rund 315 000 ehrenamtlich, um den Brandschutz und den technischen Hilfsdienst bei Unglücksfällen sowie Notständen im Land kümmern. Sie leisten Feuerwehrdienst in rund 7 500 Freiwilligen Feuerwehren und 7 Berufsfeuerwehren der bayerischen Städte und Gemeinden, sowie in circa 161 Werk- und 52 Betriebsfeuerwehren. Erkennbar über die letzten Jahre ist, dass die Anzahl der weiblichen Dienstleistenden mit über 32 000 Feuerwehrfrauen kontinuierlich zunimmt (Bayerisches Staatsministerium des Innern, für Sport und Integration). In den Freiwilligen Feuerwehren in Bayern leisten Gemeindebewohner, aber auch Personen, die in einer Gemeinde einer regelmäßigen Beschäftigung oder Ausbildung nachgehen, zwischen dem vollendeten 18. und dem vollendeten 65. Lebensjahr in der Regel ehrenamtlich Feuerwehrdienst. Jugendliche können sich ab dem vollendeten zwölften Lebensjahr als Feuerwehranwärter einbringen. Über die Aufnahme neuer Feuerwehrleute sowie Jugendlicher entscheidet in jedem Einzelfall die Kommandantin/der Kommandant der örtlichen Feuerwehr. Diese/dieser prüft dabei auch die körperliche und geistige Eignung der Bewerber/-innen.

Mehr und mehr geht in den einzelnen Bundesländern auch der Trend dahin, in den Freiwilligen Feuerwehren bereits Kinder im Vorschulalter bzw. im Grundschulalter im Rahmen sog. Kinder- oder Minifeuerwehren für die Feuerwehr zu begeistern. In Bayern können nach Art. 7 des Bayerischen Feuerwehrgesetzes (BayFwG) bei den Freiwilligen Feuerwehren Kindergruppen für Minderjährige ab dem vollendeten 6. Lebensjahr gebildet werden. In den meisten Fällen verspricht man sich dadurch eine

2.2 Ehrenamt in Einsatzorganisationen

sehr frühe Bindung der Mitglieder an die Feuerwehr, zudem möchte man auch dem demographischen Wandel frühzeitig entgegentreten. Der »Wettbewerb« zwischen den verschiedenen Jugendverbänden besteht auch in diesem Alterssegment. Viele Jugendverbände wie das Jugendrotkreuz oder das THW nehmen Kinder schon seit vielen Jahren in diesem frühen Alter auf. Für Jugendfeuerwehren lag das Aufnahmealter bis vor kurzem bei zwischen 12 und 14 Jahren. Zusätzlich bietet nun die Einrichtung einer Kinderfeuerwehrgruppe für viele Feuerwehren eine interessante Möglichkeit der Brandschutzerziehung und Öffentlichkeitsarbeit.

Sehr ähnlich lassen sich auch in Österreich die Verhältnisse in Bezug auf das Feuerwehrwesen beschreiben. So ist – wie in Deutschland – das System der Freiwilligen Feuerwehren in Österreich dominierend. Neben 4 462 Freiwilligen Feuerwehren gibt es nur insgesamt in sechs größeren Städten (Graz, Innsbruck, Klagenfurt, Linz, Salzburg und Wien) echte Berufsfeuerwehren. Daneben gab es 2022 insgesamt 312 Betriebsfeuerwehren in Betrieben, die hauptsächlich auf ehrenamtliches bzw. nebenberufliches Personal aufbauen, darunter auch einige Großbetriebe, die wiederum in ihren Betriebsfeuerwehren hauptamtliches Personal einsetzen. Nach der Statistik des Österreichischen Bundesfeuerwehrverbandes für das Jahr 2022, umfasse das österreichische Feuerwehrwesen einen Stand an aktiven Feuerwehrdienstleistenden von 259 005 Personen (Zuwachs gegenüber 2021 + 1 675) sowie eine nicht aktive Reserve von 57 503 Personen (-207 zu 2021). Rund 99 % dieser Personen versehen ihren Dienst freiwillig, also ehrenamtlich (Österreichischer Bundesfeuerwehrverband). Die Anzahl der Frauen in der Feuerwehr lag im Jahr 2022 bei 30 926 Personen (+ 2 819 zu 2021), die Feuerwehrjugend umfasste einen Stand von 33 775 Personen (+ 3 384 zu 2021). Feuerwehrdienst in der Fläche wird in Österreich in der Masse also ebenfalls ehrenamtlich von der ortsansässigen Bevölkerung geleistet. Die Ortsfeuerwehren spielen neben dem abwehrenden Brandschutz auch die zentrale Rolle im Katastrophenschutz und im technischen Hilfsdienst sowie bei ABC-Einsätzen. Jede Gemeinde ist nach dem jeweiligen Feuerwehrgesetz verpflichtet, den örtlichen Brandschutz und Gefahrenschutz auszuführen. Die einzelnen Feuerwehren sind eigenständig und müssen sich an die jeweiligen Landesgesetze und Dienstordnungen der Landesfeuerwehrverbände halten. Rechtlich ist das Feuerwehrwesen wie auch in Deutschland Angelegenheit der einzelnen Bundesländer. Dementsprechend sind auch die Organisationsformen in den einzelnen Bundesländern zwar ähnlich, aber in Nuancen durchaus etwas verschieden. Während zum Beispiel in Kärnten die Ortsfeuerwehr als Hilfsorgan der Gemeinde untersteht, ist in Niederösterreich und dem Burgenland jede einzelne Freiwillige Feuerwehr als Körperschaft des öffentlichen Rechts eine juristische Person.

Die Feuerwehren in Südtirol (Landesverband der Freiwilligen Feuerwehren Südtirols 2023) sind hauptsächlich als Freiwillige Feuerwehren innerhalb des Landesverbandes der Freiwilligen Feuerwehren Südtirols organisiert. Diese gewährleisten flächendeckend in ganz Südtirol den Personen- und Sachschutz bei Bränden und anderen Notfällen. Die Feuerwehren gliedern sich in 306 Freiwillige Feuerwehren, 1 Berufsfeuerwehr in Bozen und 3 Betriebsfeuerwehren. Insgesamt haben die Freiwilligen Feuerwehren rund 18 000 Mitglieder. Davon sind etwa 13 000 aktive Feuerwehrleute und deutlich über 1 000 in Feuerwehrjugendgruppen gemeldet. Zusätzlich zählen auch noch Ehrenmitglieder, Mitglieder außer Dienst und Fahrzeugpatinnen als Mitglieder. Aus dem gesetzlichen Auftrag heraus (Landesgesetz Nr. 15 vom 18. Dezember 2002) ist die Feuerwehr so organisiert, dass sie innerhalb von maximal 5 bis 10 Minuten einen Einsatzort erreichen kann. Das wird durch die vielen Freiwilligen Feuerwehren in den einzelnen Orten erreicht. Die Südtiroler Freiwilligen Feuerwehren werden des Weiteren in Abschnitte, Bezirke und einen Landesverband gegliedert. Die Finanzierung der örtlichen Feuerwehr erfolgt durch die öffentliche Hand, gewinnorientierte Veranstaltungen (z. B. Feuerwehrfeste) und private Spenden. Überörtliche Einrichtungen werden nur mit öffentlichen Mitteln finanziert. Der Notruf 112 (seit 17. Oktober 2017 – zuvor 115) aller neun Bezirksverbände ist zur Landesnotrufzentrale in Bozen geschaltet, die dann je nach Alarmstufe und dazugehörigem Alarmplan die einzelnen Feuerwehren per Funkmeldeempfänger, Sirene oder Bluebox verständigt. Der Landesverband der Freiwilligen Feuerwehren Südtirols betreibt in Vilpian zwischen Bozen und Meran die Landesfeuerwehrschule.

Auch Hilfsorganisationen wie das Deutsche Rote Kreuz (DRK), der Malteser Hilfsdienst (MHD), der Arbeiter-Samariter-Bund (ASB) oder die Johanniter-Unfallhilfe (JUH) werden von ehrenamtlichem Engagement getragen. Exemplarisch sei hier ein Blick auf das DRK gerichtet. Ehrenamtlich Engagierte und hauptamtlich Beschäftigte setzen sich auf allen Ebenen für Benachteiligte und Menschen in Notlagen ein. Das DRK ist im Inland zum einen Spitzenverband der Freien Wohlfahrtspflege und zum anderen ›freiwillige Hilfsgesellschaft der deutschen Behörden im humanitären Bereich‹ mit gesetzlich bestätigten Aufgaben (Deutsches Rotes Kreuz; DRK-Gesetz 2019). Der Verein ist föderal organisiert und gliedert sich in Ortsvereine sowie Kreis- und Landesverbände. Damit wird dem Subsidiaritätsprinzip gefolgt, nach dem Aufgaben, soweit es möglich ist, vor Ort wahrgenommen werden sollen. Mehr als drei Millionen fördernde Mitglieder hat das DRK. Im Verband sind zudem an die 450 000 ehrenamtlich Aktive in den verschiedensten Sparten engagiert. Die eigentliche ehrenamtliche Basis der Hilfsorganisation stellen die sogenannten Gemeinschaften des Deutschen Roten Kreuzes dar. Als Gemeinschaften gelten die Bereit-

2.2 Ehrenamt in Einsatzorganisationen

schaften, die Bergwacht, das Deutsche Jugendrotkreuz, die Wasserwacht und die Wohlfahrts- und Sozialarbeit (Deutsches Rotes Kreuz). Es gibt im Deutschen Roten Kreuz auch zahlreiche weitere Formen der ehrenamtlichen Arbeit außerhalb der Rotkreuz-Gemeinschaften. Beispielsweise sind dies Arbeitskreise und Selbsthilfegruppen für Patienten oder die ehrenamtliche Mitarbeit im Hausnotruf oder Rettungsdienst und diverse andere Möglichkeiten. Ein breites Tätigkeitsfeld für ehrenamtliches Personal stellt auch der sog. Fahrdienst dar. Im unterstützenden Einsatz im Fahrdienst stehen beispielsweise die Begleitung und der Transport von hilfebedürftigen Kindern, Jugendlichen und Erwachsenen im Vordergrund. Ergänzt wird dieser Arbeitsbereich durch verwaltungstechnische Aufgaben und die Pflege der Fahrzeuge.

Über viele Landesgesetze ist das DRK sowie die anderen Hilfsorganisationen wie Malteser Hilfsdienst (MHD), Johanniter Unfallhilfe (JUH) oder Arbeiter Samariter Bund (ASB) in den Rettungsdienst, Katastrophenschutz bzw. allgemein in den Bevölkerungsschutz einbezogen oder sogar explizit beauftragt (Rettungsdienstgesetz Baden-Württemberg; Rettungsdienstgesetz Bayern). Der Rettungsdienst ist dabei ein besonders verantwortungsvoller Gesundheitsberuf bei den Hilfsorganisationen. Er wird mittlerweile zu einem großen Teil von hauptamtlichen Mitarbeiterinnen und Mitarbeitern getragen (Notfallsanitäterinnen/Notfallsanitäter, Rettungsassistentinnen/Rettungsassistenten und Rettungssanitäterinnen/Rettungssanitäter), da auch in diesem Segment der medizinischen Notfallversorgung in den letzten Jahren eine erhebliche Professionalisierung stattgefunden hat, was sich insbesondere auch mit der Einführung des 3-jährigen Berufsbildes Notfallsanitäter im Jahr 2014 ergeben hat. Das Notfallsanitätergesetz (Notfallsanitätergesetz – NotSanG) verlangt von allen Betreibern von Rettungswagen in der Notfallrettung, dass diese Fahrzeuge sukzessive mit mindestens einer Notfallsanitäterin/einem Notfallsanitäter (3-jährige Berufsausbildung) und einer Rettungssanitäterin/einem Rettungssanitäter besetzt sein müssen. In der Übergangszeit (von Bundesland zu Bundesland unterschiedlich) findet man auch noch den Beruf der Rettungsassistentin/des Rettungsassistenten, der aber je nach landesweiter Umsetzung des Notfallsanitätergesetzes nach und nach abgelöst wird (Hamburgisches Rettungsdienstgesetz). Während in der Vergangenheit gerade von den Hilfsorganisationen auch in diesem Segment mit sehr viel ehrenamtlichen Personal gearbeitet wurde, wird das zukünftig aufgrund des deutlichen Sprungs im Rahmen der beruflichen Qualifizierung deutlich eingeschränkter möglich sein. Zumindest die Tätigkeit als Rettungssanitäterin/Rettungssanitäter (Fahrdienst, Fahrerin/Fahrer des Rettungswagens) ist realistisch aber auch im Rahmen einer ehrenamtlichen Tätigkeit abzuleisten. Das Berufsbild einer Notfallsanitäterin/eines Notfallsanitäters, die/der in gewissem Umfang auch ärztliche Kompetenzen beispielsweise in der Gabe gewisser Notfallmedikamente besitzt, wird nur schwerlich ehrenamtlich abbildbar sein. Der Einsatz im Rettungsdienst selbst ist mit einer hohen körperlichen und mentalen Belastung verbunden. Ehrenamtliche Angehörige werden beispielsweise im DRK zu Beginn zur Rettungssanitäterin/zum Rettungssanitäter oder -helferin/-helfer ausgebildet und unterstützend zu den hauptamtlichen Kräften eingesetzt. Die notwendige Qualifizierung der Ehrenamtlichen und der Einsatz auf den Rettungsfahrzeugen kann je nach Bundesland und Landesrettungsdienstgesetz etwas unterschiedlich sein.

Um das ehrenamtliche Engagement innerhalb der Hilfsorganisationen zu erhalten und auch den Erhalt der Qualifikation zu ermöglichen, wird von den Trägern des Rettungsdienstes in Deutschland (in der Regel Landkreise und kreisfreie Gemeinden), im Rahmen von entsprechenden Vergabeverfahren auch ermöglicht, dass ein gewisser Anteil an Personal auch durch den Einsatz von ehrenamtlichen Einsatzkräften erbracht werden kann. Hier zeigt sich sehr gut, dass natürlich auch die verantwortlichen Behörden sowie die zuständigen Gesetzgeber Interesse haben, Gefahrenabwehr auch bei lebensbedrohlichen Notfällen, wie Herzinfarkt, Schlaganfall und schweren Unfällen, in einem gewissen Maß ehrenamtlich zu ermöglichen. Auf der anderen Seite wird aber auch klar, dass gerade an die Qualifizierung, d. h. an Aus-, Fort- und Weiterbildung hohe Anforderungen gestellt werden.

Die Bundesanstalt Technisches Hilfswerk (THW) wurde 1950 als Zivilschutzorganisation des Bundes aufgestellt. Das THW, beheimatet im Geschäftsbereich des Bundesministeriums des Innern, ist eine auf ehrenamtliches Engagement basierende Einrichtung, in der etwa 80 000 ehrenamtliche Kameradinnen und Kameraden ihren Dienst in den Ortsverbänden ausüben. Davon sind 16 000 Kinder und Jugendliche in entsprechenden Mini- und Jugendgruppen organisiert. Rund 2 000 hauptamtliche Mitarbeiter sind in den Regionalstellen, den Dienststellen der Landesverbände, der THW-Leitung und den Ausbildungszentren beschäftigt. Sie übernehmen ausschließlich Verwaltungsaufgaben in der internen Behördenstruktur des THW. Unter anderem unterstützen sie die Koordination der Aus- und Weiterbildung und überwachen den aktuellen Ausbildungsstand der Einheiten (Bundesanstalt Technisches Hilfswerk). Herzstück des THW bilden die 668 über das Bundesgebiet verteilten Ortsverbände mit ihren insgesamt 713 Technischen Zügen, die den Akteuren der Gefahrenabwehr bei Bedarf zur Verfügung stehen, grundsätzlich auch für Anforderer aus dem Ausland. Verteilt sind diese 668 Ortsverbände auf 66 Regionalbereiche mit ihren hauptamtlichen Regionalstellen, welche sich wiederum auf acht Landesverbandesdienststellen verteilen. Dazu gibt es drei Ausbildungszentren des THW mit den Standorten Hoya, Neuhausen a. d. Fildern und, seit 2019,

2.2 Ehrenamt in Einsatzorganisationen

den neuen Standort Brandenburg/Havel. Über diesen steht die THW Leitung in Bonn mit dem Präsidenten des THW an der Spitze.

Neben der typischen Technischen Hilfe (Orten, Retten, Bergen, Räumen), der Deichverteidigung und Führungsunterstützung rücken immer weiter auch die Aufgabenfelder Notfallversorgung bei Ausfall kritischer Infrastruktur und, wie auch die Pandemielage gezeigt hat, die Logistik in den Vordergrund. Zur Erfüllung der vielfältigen Aufgaben hat das THW sog. Technische Züge aufgestellt. Diese gliedern sich in einen Zugtrupp, eine Bergungsgruppe und mindestens eine Fachgruppe, bestehen aber im Regelfall aus mindestens drei Gruppen. Pro Regionalbereich stehen zusätzlich ein Fachzug Führung/Kommunikation und ein Fachzug Logistik zur Verfügung (Bundesanstalt Technisches Hilfswerk).

Die DLRG (Deutsche Lebensrettungsgesellschaft) präsentiert sich als die weltweit größte freiwillige Organisation der Wasserrettung (DLRG). Über 1,8 Millionen Mitglieder und Förderer sind in der DLRG engagiert. Die DLRG wurde im Jahr 1913 in Leipzig gegründet, um Menschen vor dem Ertrinken zu retten. Die wichtigsten Aufgaben sind dabei die Schwimm- und Rettungsschwimmausbildung, die Aufklärung über Wassergefahren und der Wasserrettungsdienst. Die DLRG ist föderal aufgebaut und entspricht im Prinzip der Aufbauorganisation der Bundesrepublik Deutschland. Es gibt auch bei der DLRG die Bundesebene. Den Bundesländern entsprechen dann die 18 Landesverbände. Die Kreise und kreisfreien Städte spiegeln sich in den Bezirken oder Kreisverbänden wieder. Die Gemeinden und Städte sind wiederum in den rund 2 000 Ortsgruppen bzw. Ortsvereinen organisiert. Das einzelne Mitglied ist Mitglied in der Ortsgruppe oder im Ortsverband und zugleich Mitglied im Bezirk, im Landesverband und im Bundesverband.

Im Bereich öffentliche Gefahrenabwehr wurden in den letzten Jahren innerhalb der DLRG die bisherigen Einsatzbereiche Katastrophenschutz und Schnelleinsatzgruppen (SEG) zusammengeführt. Dieser Fachbereich besteht – wie alle Fachbereiche in der DLRG – aus ehrenamtlich tätigen, aktiven Einsatzkräften der DLRG. Die DLRG ist fester Bestandteil der Katastrophenschutz-Konzepte aller deutschen Bundesländer. Im Zusammenspiel mit Organisationen wie THW, Feuerwehren, Ordnungsbehörden, DRK, ASB und anderen trägt auch die DLRG ihren Teil zur Bewältigung von Großschadenslagen bei. Hierfür stehen über 100 Wasserrettungszüge, mehr als 2 700 Einsatztaucher sowie ca. 1 300 Motorrettungsboote zur Verfügung.

2   Professionalisierung im Ehrenamt

Aufgrund der föderalen Katastrophenschutzsysteme der Bundesländer ist eine Einheitlichkeit bei der Stärke und Ausstattung von Wasserrettungseinheiten nicht gewährleistet. Dies bedeutet, dass sich die Stärke und Ausstattung der DLRG Einheiten aus den verschiedenen Bundesländern unterscheiden kann. Die Schnelle Einsatzgruppe-Wasserrettung (SEG-WR) wird bei Notfällen am und im Wasser alarmiert und hat vor allem in Regionen mit stark frequentierten Gewässern ohne Wachstation einen hohen Stellenwert. In einigen Bundesländern sind die Aufgaben, Stärke und Ausrüstung einer SEG Wasserrettung im jeweiligen Rettungsdienstgesetz verankert. Die zuständigen Rettungsleitstellen oder Funkleitstellen lösen den Alarm für eine SEG aus. Sie lenken, koordinieren und überwachen alle Einsätze.

Typische Einsatzmuster sind z. B. die Suche und Rettung Ertrinkender, die Abwendung von Umweltgefahren am und im Wasser, die Bergung von Leichen oder Fahrzeugen aus dem Wasser, Eisrettung und Einsatz im Katastrophenschutz. Die SEG sind speziell für die Wasserrettung mit Motorrettungsbooten, Eisrettungsschlitten, Tauchgeräten und speziellem Rettungsgerät ausgerüstet. Die Ausrüstung der meisten SEG ist nicht standardisiert und richtet sich nach den lokalen Besonderheiten und Bedürfnissen. Bei taktischen Erfordernissen können mehrere Wasserrettungsgruppen oder Schnelle Einsatzgruppen-Wasserrettung zu einem Wasserrettungszug (WRZ) unter einheitlicher Führung zusammengefasst werden. Die Umsetzung erfolgt gemäß der Rahmenvorgabe in den jeweiligen Bundesländern. Diese enthalten die Komponenten Boot und Tauchen und werden unter einheitlicher Führung zu Wasserrettungszügen (WRZ) zusammengefasst. Ergänzend kommen Fachgruppen (z. B. Technik, Logistik, Sanität, Strömungsrettung, Betreuung, Verpflegung, Umweltgefahren etc.) zum Einsatz (DLRG).

Einen sehr speziellen Sonderrettungsbereich, der an dieser Stelle kurz vorgestellt werden soll, stellen die Bergwachten in Deutschland dar (Deutsches Rotes Kreuz 2023). Die Bergwacht in Deutschland ist eine Gemeinschaft des Deutschen Roten Kreuzes (DRK Bergwacht) und ist hauptsächlich im Bergrettungsdienst und im Naturschutz tätig. Die Hilfsorganisation stellt in Deutschland zu über 90 % den Rettungsdienst aus dem unwegsamen Gelände des Deutschen Mittel- und Hochgebirges sowie an Einsatzschwerpunkten sicher. Der Einsatzort im Gebirge ist sicherlich einer der schönsten, doch auch eine besondere Herausforderung. Die Einsatzorte sind oftmals mit Einsatzfahrzeugen nicht erreichbar oder erfordern eine langwierige Anfahrt, das Gelände ist steil und schwierig. Alle Beteiligten sind der Witterung ausgesetzt und die notfallmedizinische Versorgung von Patienten ist besonders schwierig. Dennoch erwarten Patienten zeitnah eine fachgerechte Behandlung, die dem Stand der Technik und der Notfallmedizin entspricht. Die

2.3 Notwendigkeit der Professionalisierung

Bergwacht rettet im Frühjahr und Sommer überwiegend Wanderer, Bergsteiger und Gleitschirmflieger. In den Wintermonaten konzentrieren sich die Einsätze stark auf Wintersportler und die Lawinenrettung. Ganzjährig führt die Bergwacht Luftrettung und Seilbahn-Evakuierung durch. Fast 13 000 Menschen benötigen jedes Jahr eine notfallmedizinische Versorgung durch die ehrenamtlichen Retterinnen und Retter der Bergwacht. Das sind 1 083 pro Monat oder mehr als 35 pro Tag. Um diesen Herausforderungen gerecht zu werden, engagieren sich in den Hoch- und Mittelgebirgen Deutschlands 12 000 Bergretterinnen und Bergretter Tag für Tag. Die Bergwacht ist also Teil des Rettungsdienstes und des Katastrophenschutzes sowie der Veranstaltungsabsicherung, sie ist aber auch Naturschutzorganisation (Deutsches Rotes Kreuz 2023).

Aus der Kernaufgabe »Rettung aus unwegsamem Gelände« haben sich im Laufe der Jahre zahlreiche Spezialeinsatzgebiete entwickelt. Heute deckt die Bergwacht als Teil des komplexen Hilfeleistungssystems des Deutschen Roten Kreuzes zahlreiche Einsatzszenarien (z. B. Einsatz in Hochwassergebieten) ab, die nicht ursprünglich zu den Aufgabenfeldern der Bergwacht gehörten. Zudem wird gerade im Bereich der Bergwacht und den in dieser Organisation ehrenamtlich tätigen Mitgliedern aufgrund der hochspezifischen Einsatzszenarien klar, warum auch im Ehrenamt eine Professionalisierung unabdingbar ist.

2.3 Notwendigkeit der Professionalisierung in Ehrenamtsorganisationen der nichtpolizeilichen Gefahrenabwehr

Es lässt sich aufgrund der vorangestellten Erläuterungen deutlich erkennen, dass eine sehr große Zahl an ehrenamtlich tätigen Menschen in Einsatzorganisationen der nichtpolizeilichen Gefahrenabwehr im deutschsprachigen Bereich von der Forderung nach Professionalisierung in diesen Segmenten betroffen ist. Nehmen wir unsere Definition aus Kapitel 2 heran, wonach Ehrenamt freiwillig, unentgeltlich und ohne spezielles Wissen für den ausgeübten Bereich zum Wohl der Allgemeinheit ausgeübt wird, so muss folgerichtig die Frage gestellt werden, ob und warum es für ein ehrenamtliches Engagement in manchen Bereichen Aus-, Fort- und Weiterbildung braucht bzw. dies auch zwingend erforderlich ist. Gerade weil nicht nur das Ehrenamt freiwillig ist, sondern auch die Teilnahme an Veranstaltungen im Rahmen der Erwachsenenbildung grundsätzlich als freiwillig anzusehen ist, ist eine Begründung für die Forderung nach Professionalisierung sowie die verpflichtende Teilnahme an Aus-, Fort- und Weiterbildungen im ehrenamtlichen Bereich des Bevölkerungsschutzes sorgfältig zu argumentieren. Es muss aber auch vorweg festgestellt werden, dass nicht nur die Professionalisierung im Ehrenamt der nichtpolizeilichen Gefahrenabwehr in einem deutlichen Spannungsfeld zwischen »Wollen« und »Müssen« steht, sondern dies für andere Bereiche ebenfalls zutrifft (Beck 1986; von Hippel/Kulmus/Stimm 2019, S. 15).

Betrachtet man »weiche« Ehrenamtsfelder – wie das der sozialen Arbeit oder den Tierschutz – so reicht für die Ausübung des Ehrenamts in diesen Themenfeldern regelhaft die persönliche Eignung und die Freude an der ehrenamtlich ausgeübten Tätigkeit. Insbesondere auch sozial-kommunikative Kompetenzen sind hier von sehr großer Bedeutung, jedoch braucht es normalerweise keine sonstigen speziellen Qualifikationen. Warum das für die ehrenamtliche Tätigkeit in Einsatzorganisationen der nichtpolizeilichen Gefahrenabwehr nicht gelten kann, lässt sich anhand von Besonderheiten des Ehrenamts in diesem Bereich darstellen. So muss zuallererst festgestellt werden, dass diese Einsatzorganisationen einen originären staatlichen Sicherheitsauftrag zu erfüllen haben und die darin tätigen Führungs- und Einsatzkräfte in ihrem Wirken gegenüber der Allgemeinheit hoheitlich tätig werden, d. h. oftmals als sog. Eingriffsverwaltung gegenüber den Bürgern im Rahmen eines Über- und Unterordnungsverhältnisses auftreten und auch Bürgerrechte aufgrund gesetzlicher Legitimation einschränken oder beschneiden können, falls es für den Einsatz erforderlich ist. Gemeinhin kann man in diesem Kontext also von sicherheitsrelevanten Ämtern und Ehrenämtern sprechen und die darin handelnden Akteure handeln als Amtsträger im Auftrag von staatlichen oder kommunalen Institutionen. Einsatzorganisationen und die darin ehrenamtlich tätigen Personen der nichtpolizeilichen Gefahrenabwehr erfüllen also einen staatlichen Sicherheitsauftrag, der natürlich wie jedwedes staatliche Handeln auch der rechtlichen Überprüfung standhalten muss. Gemeinhin sind also die Tätigkeitsbereiche der Einsatzorganisationen durch zahlreiche rechtliche Vorschriften (Gesetze, Verordnungen, Verwaltungsvorschriften, Richtlinien etc.) geregelt, die wiederum klare Vorgaben zur notwendigen Qualifikation im Rahmen der Aus-, Fort- und Weiterbildung mit sich bringen.

Eine weitere Besonderheit der Tätigkeit der Einsatzorganisationen der nichtpolizeilichen Gefahrenabwehr liegt in den besonderen Einsatzanlässen, Einsatzszenarien und Tätigkeitsfeldern begründet. Bei den Einsätzen handelt es sich oftmals um besonders gefahrengeneigte Tätigkeiten, die auch mit zahlreichen Gefahren und Risiken insbesondere für das körperliche oder seelische Wohlbefinden der Einsatz-

2.3 Notwendigkeit der Professionalisierung

kräfte einhergehen können. Allen Organisationen gemeinsam ist ihre wichtigste und zentralste Aufgabe, nämlich das Retten von Menschen und damit die Erhaltung von Leben und Gesundheit der Bürgerinnen und Bürger.

Es ist schnell einzusehen, dass gerade das Retten von Menschenleben im Kontext der Notfallrettung (d. h. Rettungsdienst und Krankentransport), nach klaren rechtlichen Vorgaben zur Qualifikation verlangt, da hier schließlich mit dem höchstwertigen Rechtsgut in unserer Gesellschaft, also dem Leben und der Gesundheit im wahrsten Sinne »hantiert« wird. Wie in den Ausführungen zuvor dargelegt, wird in vielen Rettungsdienstbereichen in Deutschland zur Besetzung von Rettungswagen oder Krankenwagen neben vorwiegend hauptamtlichem Personal, auch ehrenamtlichen Angehörigen der Hilfsorganisationen ermöglicht, ihren hochverantwortlichen Dienst in diesem Segment zusammen mit dem hauptamtlichen Personal durchzuführen. In Deutschland findet man seit der Einführung der 3-jährigen Berufsausbildung zum Notfallsanitäter im ehrenamtlichen Bereich vorwiegend die Qualifikation Rettungssanitäter, die auch für ehrenamtlich tätige Personen in einem sinnvollen Zeithorizont leistbar und erreichbar ist. Die einzelnen Bundesländer haben deshalb anhand ihrer jeweiligen Rettungsdienstgesetze in der Regel eine Rechtsverordnung zur Ausbildung und Prüfung von Rettungssanitätern erlassen, die von und zwischen den Bundesländern musterhaft erarbeitet und abgestimmt wurde. Die Regelung gilt selbstverständlich analog für haupt- und ehrenamtliches Personal. Aufgrund der Einführung des neuen Berufsbildes Notfallsanitäter hat der Bund-Länder-Ausschuss Rettungswesen bereits im Februar 2019 eine neue Musterverordnung über die Ausbildung und Prüfung von Rettungssanitäterinnen und Rettungssanitätern (RettSan-APrV) verabschiedet und zur Umsetzung in den Bundesländern empfohlen. Die meisten Bundesländer haben eine Umsetzung bereits vollzogen oder sind gerade dabei diese Musterverordnung in das jeweilige Landesrecht umzusetzen.

In der Hessischen Ausbildungs- und Prüfungsordnung für Rettungssanitäterinnen und Rettungssanitäter (APORettSan Nr. 40 – Gesetz- und Verordnungsblatt für das Land Hessen – 26. Oktober 2021) werden sowohl hinsichtlich des Ausbildungsziels (§ 1) als auch hinsichtlich des Ausbildungsgegenstandes und des Ausbildungsumfangs (§ 2) keinerlei Unterschiede hinsichtlich der Qualifikation für ehrenamtliches oder hauptamtliches Personal gemacht. Gerade in den medizinisch dominierten Ehrenämtern ist es aufgrund der steten Weiterentwicklung der Wissenschaft und Technik unabdingbar, auch zur Fort- und Weiterbildung entsprechende Regelungen zu erlassen. Das Hamburgische Rettungsdienstgesetz (HmbRDG v. 30. Oktober 2019) macht z. B. dezidierte Ausführungen zur Fortbildung der im Rettungsdienst tätigen Personen (§ 10, Abs. 1): »Wer Aufgaben des Rettungsdienstes wahrnimmt, ist verpflichtet, für eine regelmäßige Fortbildung des eingesetzten nichtärztlichen Personals zu sorgen. Die Fortbildung im Umfang von jährlich mindestens 30 Stunden hat sich darauf zu richten, dass das Personal den jeweils aktuellen medizinischen, organisatorischen und technischen Anforderungen des Rettungsdienstes gerecht wird«. Auch hier gibt es keinerlei Unterscheidung zwischen den ehrenamtlich oder hauptamtlich tätigen Personen. Man erkennt an den gewählten Beispielen also sehr gut, dass auch für ehrenamtlich tätiges Personal klare Anforderungen im Sinne einer Professionalisierung ihres Tätigkeitsbereichs aufgestellt werden.

Ähnlich verhält es sich auch mit Vorgaben und Vorschriften in anderen ehrenamtlichen Tätigkeitsfeldern der Organisationen der nichtpolizeilichen Gefahrenabwehr, beispielsweise den Feuerwehren. Regelungen zur Qualifikation finden sich wiederum in Gesetzestexten oder einschlägig vom jeweils zuständigen Ministerium erlassenen Rechtsverordnungen oder Verwaltungsvorschriften, so z. B. in Mecklenburg-Vorpommern über die Laufbahnen, die Dienstgrade und die Ausbildung für Freiwillige Feuerwehren, Pflicht- und Werkfeuerwehren (Feuerwehrlaufbahn-, Dienstgrad- und Ausbildungsverordnung – FwLDAVO M-V). Die in der Verordnung beschriebene Feuerwehrdienstvorschrift 2 »Ausbildung der Freiwilligen Feuerwehren« bildet als Mustervorschrift die gemeinsame Klammer der Aus- und Fortbildung der Freiwilligen Feuerwehren in Deutschland. Sie wurde im Auftrag des Ausschusses für Feuerwehren, Katastrophenschutz und zivile Verteidigung (AFKzV, einem Gremium der Innenministerkonferenz der Länder) von der Projektgruppe Feuerwehrdienstvorschriften erarbeitet und wird dort auch regelmäßig fortgeschrieben. Neben den Lehrinhalten zu einzelnen Lehrgängen finden sich dazu auch dezidierte Stundenvorgaben und ein Stoffverteilungsplan. Die Feuerwehrdienstvorschrift 2 wird von den Bundesländern im Rahmen einer Rechtsverordnung, einer Verwaltungsvorschrift oder einer Richtlinie erlassen und verbindlich für die Feuerwehren eingeführt.

Dass es einen hohen Ausbildungsstand auch gerade im ehrenamtlichen Bereich der Feuerwehr braucht, lässt sich aber nicht nur mit den gesetzlich fixierten Vorschriften und der besonderen Rolle der Ehrenamtlichen im Rahmen der Gefahrenabwehr begründen, vielmehr liegt es auch an den sehr hohen fachlichen, gesundheitlichen und persönlichen Besonderheiten, die der Feuerwehrdienst an die Angehörigen der Feuerwehren stellt sowie das besondere und immer komplexere Umfeld, in dem Feuerwehrdienst und Gefahrenabwehr heutzutage stattfinden muss. Sehr transparent lässt sich das auch am Beispiel einer Großstadtfeuerwehr, nämlich der Feuerwehr Hamburg darstellen (Schwarz 2022). Die Freie und Hansestadt Hamburg

2.3 Notwendigkeit der Professionalisierung

ist mit fast 1,9 Millionen Einwohnern die zweitgrößte Stadt in Deutschland. Sie ist als Stadtstaat ein Bundesland der Bundesrepublik Deutschland, also Land und Kommune zugleich. Die Fläche des Stadtstaates umfasst 755 qkm, wovon 61 qkm aus Wasserfläche bestehen – das sind 8 % der gesamten Stadtfläche. Den 3 069 ha großen Wasserflächen des Hafens kommt dabei die höchste wirtschaftliche Bedeutung zu. Mehr als tausend Jahre nach der Hafengründung ist Hamburg mit den Nachbargemeinden heute das wichtigste Handels- und Wirtschaftszentrum in Nordeuropa. Der Hamburger Hafen ist nicht nur Deutschlands größter Universalhafen, sondern auch ein wichtiger Verteilerpunkt für den Warenhandel zwischen Nord- und Ostsee. Wirtschaftlich und wissenschaftlich ist die Metropole vor allem im Bereich der Luft- und Raumfahrttechnik, der Biowissenschaften und der Informationstechnik sowie für die Konsumgüterbranche und als Medienstandort bedeutend. Mit renommierten Forschungseinrichtungen wie beispielsweise dem DESY in Hamburg oder dem Bernhard-Nocht-Institut für Tropenmedizin gibt es Einrichtungen mit Weltruhm. Hamburg wird nach den gegenwärtigen Prognosen erstmals 2031 die Marke von zwei Millionen Einwohnern überschreiten. Bis 2035 soll die Bevölkerungszahl auf über 2,03 Millionen Menschen wachsen. Das hat selbstverständlich auch auf die Einrichtungen und Organisationen der Gefahrenabwehr erhebliche Auswirkungen.

Aufgabe der Feuerwehr Hamburg ist die Abwehr von Brand-, Explosions- oder Umweltgefahren, die Bekämpfung von Feuern, die technische Hilfeleistung in Not- und Unglücksfällen sowie der vorbeugende Brandschutz. Sie wirkt mit im Katastrophenschutz und ist für die Kampfmittelräumung zuständig. Die Feuerwehr engagiert sich auch in der Brandschutzerziehung und -aufklärung. Sie stellt die Notfallrettung und den Krankentransport in Hamburg sicher und gewährleistet einen öffentlichen Rettungsdienst auf hohem Niveau. Zur Feuerwehr gehört auch die Feuerwehrakademie mitsamt einer Berufsfachschule für Notfallsanitäter (BFSNotSan). Die Gesamtverantwortlichkeit über die Feuerwehr Hamburg ist im Amt Feuerwehr zusammengeführt und beim Amtsleiter der Feuerwehr gebündelt. Das Amt Feuerwehr ist Teil der Behörde für Inneres und Sport (BIS), also der Fachbehörde, die insbesondere Aufgaben im Bereich der öffentlichen Sicherheit und Ordnung wahrnimmt (in einem Flächenstaat vergleichbar mit dem jeweiligen Landesinnenministerium). Die zwei wesentlichen Säulen der Feuerwehr Hamburg sind die Berufsfeuerwehr und die insgesamt 86 Freiwilligen Feuerwehren. Die Feuerwehr Hamburg ist nach der Berliner Feuerwehr die zweitgrößte deutsche Feuerwehr. Sie umfasst mittlerweile nahezu 3 500 hauptamtliche Mitarbeiterinnen und Mitarbeiter. Mit Stand zum 31.12.2021 waren davon 3 060 Personen Feuerwehrbeamte bzw. Beschäftigte im Rettungsdienst, also dem Einsatzdienst angehörig. Flächendeckende

Gefahrenabwehr in einer Millionenmetropole ist aber auch ohne eine starke Freiwillige Feuerwehr nicht denkbar. In den 86 Freiwilligen Feuerwehren befanden sich mit Stand 31.12.2021 2 660 aktive Mitglieder. Zudem machen in den aktuell 66 Jugendfeuerwehren Hamburgs mittlerweile über 1 000 Jugendliche Dienst. Weiterhin gibt es an die 150 Kinder in unseren Minifeuerwehren. Zählt man noch die etwa 1 200 Angehörigen der Ehrenabteilung der Freiwilligen Feuerwehren hinzu, ergibt sich eine Großorganisation mit weit über 8 000 Angehörigen, die natürlich primär für die Gefahrenabwehr in der Stadt zuständig ist, aber auch diverse gesellschaftliche und pädagogische Verpflichtungen in der Gesellschaft übernommen hat (Schwarz 2022).

Die Ausführungen zu den Herausforderungen für eine Großstadtfeuerwehr sind sicherlich eingängig und es sollte klar sein, dass damit für das haupt- und ehrenamtliche Personal auch sehr hochwertige Anforderungen an die Aus-, Fort- und Weiterbildung zu stellen sind. Selbstverständlich lassen sich die Anforderungen in ähnlicher Art und Weise nicht nur für Ballungszentren, sondern auch für ländliche Bereiche formulieren, da sich auch dort neben normaler Wohnbebauung diverse sonstige Gefahrenpotentiale wie Gewerbetriebe, Handel, Forschung oder Industrie sowie zahlreiche Verkehrsadern auf der Straße, der Schiene oder auf dem Wasser wiederfinden. Bürger (Steuerzahler) erwarten ganz egal wo im Land, zu jeder Zeit, und an jedem Ort schnellstmögliche qualifizierte Hilfe in Notsituationen. Und dabei ist es völlig unerheblich, von wem diese Hilfe letztlich geleistet wird, der Bürger macht hier keinen Unterschied zwischen hauptamtlichen und ehrenamtlichen Einsatzkräften.

Wie zuvor erwähnt, handelt sich bei den Tätigkeiten und Einsatzszenarien der Einsatzorganisationen der nichtpolizeilichen Gefahrenabwehr sehr oft um gefahrengeneigte und risikobehaftete Tätigkeitsfelder, bei denen auch die körperliche Unversehrtheit der Einsatzkräfte nicht vollständig gewährleistet werden kann. Das ist auch der Grund, warum die Träger der gesetzlichen Unfallversicherung ein sehr umfangreiches Regelwerk aufgestellt haben, um die Versicherten auch im Einsatzfall bestmöglich abzusichern. Auch hier spielt das Thema der Aus-, Fort- und Weiterbildung eine zentrale Rolle. Deshalb werden neben der fachlichen Eignung auch sehr weitgehende Regelungen in Bezug auf die gesundheitliche Eignung getroffen, so z. B. in der Vorschrift der Deutschen Gesetzlichen Unfallversicherung (DGUV Vorschrift 49), der sog. Unfallverhütungsvorschrift Feuerwehren (§ 6, Abs. 1): »Die Unternehmerin oder der Unternehmer darf Feuerwehrangehörige nur für Tätigkeiten einsetzen, für die sie körperlich und geistig geeignet sowie fachlich befähigt sind...«

2.3 Notwendigkeit der Professionalisierung

oder (§ 8, Abs. 2): »Die Feuerwehrangehörigen sind im Rahmen der Aus- und Fortbildung über die möglichen Gefahren und Fehlbeanspruchungen im Feuerwehrdienst sowie über die Maßnahmen zur Verhütung von Unfällen und Gesundheitsgefahren regelmäßig zu unterweisen…«. In der DGUV-Regel 105-049, die letztlich weitergehende textliche Erläuterungen zur UVV Feuerwehr liefert, wird dazu u. a. ausgeführt:

»…Die fachlichen Voraussetzungen erfüllt, wer für die jeweiligen Aufgaben ausgebildet ist und seine Kenntnisse durch regelmäßige Übungen und Organisation von Sicherheit und Gesundheitsschutz 21 erforderlichenfalls durch zusätzliche Aus- und Fortbildung erweitert. Dies gilt insbesondere für Atemschutzgeräteträgerinnen und Atemschutzgeräteträger, Taucherinnen und Taucher, Maschinistinnen und Maschinisten, Bedienerinnen und Bediener von Hubrettungsgeräten, Motorsägenführerinnen und Motorsägenführer, Höhenretterinnen und Höhenretter…«

Die Akteure der Einsatzorganisationen der nichtpolizeilichen Gefahrenabwehr werden also regelhaft als Amtsträger und damit als verlängerte Arme von staatlichen oder kommunalen Institutionen tätig. Das bedeutet, dass jedes Handeln dieser Personen auch vor den einschlägigen Rechtsnormen (Gesetzen, Verordnungen etc.) standhalten muss und in einem Rechtsstaat natürlich auch jederzeit rechtlich überprüfbar ist. Besonders augenscheinlich wird dieser Aspekt, wenn es zu einem gesundheitlichen Schaden oder gar zum Tod bei einer zu rettenden Person aufgrund der Rettungsmaßnahmen der Einsatzkräfte kommt, oder wenn die Einsatzkräfte selber Schaden nehmen. Auch hier wird im Rahmen von strafrechtlichen Ermittlungen durch die Ermittlungsbehörden immer wieder die Frage nach der Qualifikation und fachlichen Eignung der eingesetzten Rettungskräfte im Fokus stehen. Ein tragischer Fall, der die Ausführungen noch einmal sehr drastisch bestätigt, hat sich im Juli 2022 in Sinzing im Landkreis Regensburg zugetragen (Hegemann 2022). Dort wurde die benachbarte Feuerwehr aus Lappersdorf angefordert, um den Rettungsdienst mit ihrer Drehleiter beim Transport einer adipösen Patientin zu unterstützen. Die 75-Jährige musste medizinisch behandelt werden und sollte ins Krankenhaus gebracht werden. Aus eigener Kraft schaffte die schwer übergewichtige Seniorin den Weg nicht mehr aus dem Dachgeschoß ihres Wohnhauses in Sinzing. Zur Unterstützung des Rettungsdienstes war deshalb die Drehleiter aus Lappersdorf angerückt. Es war nicht der erste Einsatz von Feuerwehr und Rettungsdienst bei der übergewichtigen Frau. Die Helfer kannten also die Örtlichkeiten bereits. Wie die Staatsanwaltschaft berichtete, wurde die Seniorin auf einer Schleifkorbtrage aus einem Dachfenster an die Drehleiterbesatzung übergeben. Nach ersten Erkenntnissen der

Staatsanwaltschaft klappte dabei der Korb um 90 Grad ab. Die Patientin stürzte aus 5,40 Meter auf den Boden und starb noch an der Unfallstelle.

Im Auftrag von Staatsanwaltschaft und Kriminalpolizei wurde das Unglück in einem technischen Sachverständigen-Gutachten geprüft. Laut diesem Sachverständigengutachten bestehe der Anfangsverdacht, dass die Geschädigte bei der Rettung in falscher Position in die Schleifkorbtrage verbracht wurde, sodass sich der Kopf am Fußteil der Trage befand. Dies habe dazu geführt, dass sich der Schwerpunkt der Schleifkorbtrage an der Drehleiter hängend verlagerte, so dass die Geschädigte aus der Trage glitt und zu Boden stürzte. Zudem seien vier vorhandene quer verlaufende Sicherungsgurte nicht verwendet worden.

Aufgrund des Ergebnisses der Vorermittlungen wurde von der Staatsanwaltschaft Regensburg ein Ermittlungsverfahren gegen acht beteiligte Feuerwehrangehörige eingeleitet und beim Amtsgericht Regensburg die am Dienstag vollzogenen Durchsuchungsbeschlüsse erwirkt. Ziel der Durchsuchungen sei die Abklärung der Ausbildung der beteiligten Feuerwehrangehörigen und der Kommandostrukturen. Die weiterhin laufenden Ermittlungen sollen klären, ob und inwieweit einzelnen Beteiligten fahrlässiges Handeln zur Last gelegt werden kann (PNP.de 2023). Gegen Zahlung eines fünfstelligen Geldbetrags soll das Ermittlungsverfahren wegen fahrlässiger Tötung gegen eine ranghohe Führungskraft aus der Feuerwehr nach Angaben der Staatsanwaltschaft nun aktuell eingestellt werden (Wochenblatt 2023).

2.4 Struktur der Aus-, Fort- und Weiterbildung im Bereich der nichtpolizeilichen Gefahrenabwehr

Regelmäßige Aus-, Fort- und Weiterbildung muss sicherstellen, dass die Qualität der Arbeit der Einsatzorganisationen im Bevölkerungsschutz auch in einer immer komplexer werdenden Welt weiterhin auf höchstem Niveau gewährleistet ist und die Angehörigen der einzelnen Organisationen dadurch ihre Aufgaben zum Schutz und zur Hilfe der Bevölkerung sicher und erfolgreich erfüllen können. Das gesamte Ausbildungswesen musste sich schon immer an den Anforderungen, die an die jeweiligen Organisationen gestellt werden, orientieren und messen lassen. Verbesserungen waren dabei niemals Selbstzweck, sondern dringende Maßnahmen zur Erreichung und zum Erhalt der erforderlichen Schlagkraft von Einsatzorganisationen. Aus- Fort- und Weiterbildung ist – wie das gesamte Ehrenamt in den Einsatzorganisationen an sich auch – eine Herzenssache. Allerdings reicht es in heutiger Zeit

2.4 Struktur der Aus-, Fort- und Weiterbildung

längst nicht mehr aus, dass die Angehörigen der Organisationen im Bereich der nichtpolizeilichen Gefahrenabwehr ihren Aufgaben allein mit Herz nachkommen. Sie müssen sich in hochkomplexen rechtlichen Rahmenbedingungen zurechtfinden, werden insofern mental oftmals höchst gefordert, müssen ihren gesamten Verstand sowie ihr Wissen und ihre Kompetenzen einsetzen, um letztlich einen unfallfreien Einsatzerfolg in komplexen Einsatzsituationen zu garantieren. Egal zu welchem Einsatz die Organisationen der Gefahrenabwehr gerufen werden, die Betroffenen erwarten hochprofessionelle Hilfe mit modernstem Gerät und größtem persönlichen Einsatz. Dies wird aber auch in Zukunft in einer immer komplexeren und schnelllebigeren Welt nur möglich sein, wenn bestens ausgebildete Angehörige der Organisationen der nichtpolizeilichen Gefahrenabwehr Hilfe bringen. Das zu gewährleisten, ist letztlich Aufgabe einer professionellen Aus-, Fort- und Weiterbildung.

In Bezug auf die Aus- und Fortbildung der Feuerwehrdienstleistenden ergibt sich in Deutschland folgendes und in den einzelnen Bundesländern meist übereinstimmendes Bild. Die Gemeinden haben im Grundsatz zunächst in eigener Verantwortung sicherzustellen, dass die Einsatz- und Führungskräfte ihrer Feuerwehren die erforderliche Aus- und Fortbildung auf örtlicher Ebene erhalten. Hierfür müssen die Gemeinden Ausbildungsveranstaltungen abhalten. In Bayern bestimmt insofern das Bayerische Feuerwehrgesetz (BayFwG) die Kommandantin/den Kommandanten auch zur Leiterin/zum Leiter der örtlichen Feuerwehrausbildung. In Ergänzung zur kommunalen Aufgabe wird in Bayern auch dem Landkreis in Form des Kreisbrandrates eine Verantwortung für Ausbildungsveranstaltungen auf örtlicher Ebene übertragen. In Ergänzung zur Standortausbildung, die auf örtlicher Ebene stattfindet (Gemeinde oder Landkreis), existiert in den einzelnen Bundesländern jeweils mindestens eine Landesfeuerwehrschule als Einrichtung des jeweiligen Bundeslandes. In Bayern mit insgesamt drei Standorten in Würzburg, Regensburg und Geretsried, haben diese nach den einschlägigen Rechtsgrundlagen insbesondere die Aufgabe, Feuerwehrdienstleistende der Freiwilligen Feuerwehren, der Pflichtfeuerwehren und Werkfeuerwehren sowie besondere Führungsdienstgrade im Brandschutz und im technischen Hilfsdienst auszubilden, soweit eine Ausbildung am Standort nicht möglich ist oder nicht ausreicht. In Bayern wie in den meisten anderen Bundesländern in Deutschland auch, existiert für die Angehörigen der Feuerwehren ein Freistellungsanspruch gegenüber dem Arbeitgeber zu Aus- und Fortbildungsveranstaltungen. Im Gegenzug hat der Arbeitgeber gegenüber der Kommune den Anspruch, dass für die entgangene Arbeitsleistung die Lohnfortzahlung durch die jeweilige Gemeinde zu erfolgen hat. In der Regel halten Feuerwehren ihre Aus- und Fortbildungsveranstaltungen auf örtlicher Ebene oder auf Ebene des Landkreises meist in den

Abendstunden oder an Wochenenden ab, um das Thema der Lohnfortzahlung zu umgehen. Veranstaltungen an den Landesfeuerwehrschulen finden in den meisten Fällen an Werktagen statt und fallen deshalb in der Regel in die Verpflichtung der Lohnfortzahlung durch die Kommunen.

Ähnlich wie in Deutschland gibt es auch in Österreich in jedem der neun Bundesländer eine Feuerwehrschule. Sie führen unterschiedliche Bezeichnungen wie »Feuerwehrausbildungszentrum«, »Feuerwehr- und Zivilschutzschule«, »Feuerwehr- und Sicherheitszentrum« oder »Landesfeuerwehrschule« und sind großteils Einrichtungen der Landes-Feuerwehrverbände. Im Zuge eines Zertifizierungsprojektes der Feuerwehrschulen wurden auch gemeinsame Ziele entwickelt, die sich im Wesentlichen mit der Sicherung einer am Stand der Technik, Taktik und Pädagogik ausgerichteten Aus- und Weiterbildung der Feuerwehrmitglieder, der Organe (Feuerwehr-Führungskräfte) und externer Verantwortungsträger beschreiben lassen. Die österreichischen Landesfeuerwehrverbände unterstützen die einzelnen Feuerwehren in der Ausbildung und Ausrüstung. Außerdem werden Dienstanweisungen und Standards bezüglich Ausrüstung, Bekleidung usw. vorgegeben. Zudem werden über die Landesfeuerwehrverbände in aller Regel auch die Zuschüsse an die Feuerwehren vom Land oder Bund abgewickelt. In aller Regel werden auch in Österreich die Grundausbildungslehrgänge der Feuerwehrdienstleistenden in den Ortsfeuerwehren oder auf Ebene des Bezirks (vergleichbar Landkreis) durchgeführt. Weiterführende Lehrgänge und Spezial- sowie Führungslehrgänge werden durch die jeweiligen Landesfeuerwehrschulen angeboten. Anders als in Deutschland investiert in Österreich ein Großteil der Feuerwehrangehörigen Urlaubstage für die Teilnahme an Lehrgängen und Kursen der Landesfeuerwehrschulen. Ein Verdienstentgang in Form einer Lohnfortzahlung wird nicht vergütet. Für die Dauer der Lehrveranstaltungen werden die Teilnehmer in aller Regel im Internat der jeweiligen Schule kostenfrei untergebracht und sie erhalten freie Verpflegung.

Wie bei den Feuerwehren, so hat die Aus-, Fort- und Weiterbildung auch bei anderen Hilfsorganisationen einen hohen Stellenwert. Exemplarisch sei an dieser Stelle ein Blick auf das Bayerische Rote Kreuz (BRK) mit seinen Bildungseinrichtungen gelegt, die entweder vom Landesverband, den Bezirksverbänden oder den Kreisverbänden betrieben werden. Bildung ist im BRK eine Querschnittsaufgabe, die alle Bereiche im Bayerischen Roten Kreuz betrifft und auch erreichen soll (Bayrisches Rotes Kreuz). Dazu gehört die regelmäßige Aus- und Fortbildung im Ehrenamt, die Breitenausbildung der Bevölkerung, die Berufsausbildung, die berufliche Fort- und Weiterbildung. Der Bezirksverband Schwaben des Bayerischen Roten Kreuzes unterhält in

Schwabmünchen eine eigene Bildungsstätte. Dort sind die Berufsfachschule für Notfallsanitäter, die rettungsdienstliche Bildung und die verbandliche Bildung beheimatet (Bayrisches Rotes Kreuz-Bezirksverband Schwaben). Ein weiteres exemplarisches Beispiel ist die Berufsfachschule für Notfallsanitäter des Bayerischen Roten Kreuzes in Burghausen, die vom BRK Kreisverband Altötting betrieben wird (Bayrisches Rotes Kreuz-Kreisverband Altötting).

In den Bildungsstätten finden sich in der Regel Seminar- und Praxisräume ebenso wie spezielle Simulationsräume und Nachbauten eines Rettungswagens. In den beiden Berufsfachschulen wird nicht nur die Ausbildung zum Notfallsanitäter angeboten (Bayrisches Rotes Kreuz). Zahlreiche Lehrgänge und individuelle Simulationstrainings gehören zum Ausbildungs-Angebot. Simulationen ermöglichen dabei den Einblick in verschiedene Einsatzlagen wie etwa Verkehrsunfälle, Geburten, Intensivtransport oder Herzinfarkt. Eine Simulation ermöglicht die Überwindung der Künstlichkeit einer Situation und bindet die Teilnehmer rasch und realistisch ins Szenario ein. Das Debriefing, die Nachbearbeitung der Simulation, wird als Standard betrachtet und gehört obligat zum Training. Die Ausbildungseinrichtungen stehen dem hauptamtlichen aber auch dem ehrenamtlichen Personal zur Verfügung. Einen umfassenden Überblick über sämtliche Bildungseinrichtungen im Bevölkerungsschutz findet sich in einer Publikation des Bundesamtes für Bevölkerungsschutz und Katastrophenhilfe (Lara/Gerhold 2020).

2.5 Herausforderungen und aktuelle Tendenzen in der Aus-, Fort- und Weiterbildung der nichtpolizeilichen Gefahrenabwehr

Die qualifizierte Aus-, Fort- und Weiterbildung der Einsatz- und Führungskräfte der nichtpolizeilichen Gefahrenabwehr ist eine unabdingbare Voraussetzung für eine effektive und effiziente Einsatzbewältigung. Besonders in Zeiten zunehmend komplexer Schadenslagen und auch völlig neuer Bedrohungslagen wird der Bildung in der Gefahrenabwehr mehr und mehr Relevanz beigemessen. Auch und gerade in diesem Segment ist pädagogisch kompetentes Handeln von hoher Bedeutung.

Das Ziel aller mit dieser Aufgabe befassten Akteure muss darin bestehen, die unterschiedlichen Zielgruppen von Bildungsangeboten bestmöglich auf ihre Aufgaben in komplexen Einsatzsituationen vorzubereiten. Unabhängig von den aufgeführten Herausforderungen sind die etablierten Aus-, Fort- und Weiterbildungsangebote für ehrenamtliches Einsatzpersonal insbesondere vor allem von der Herausforderung geprägt, in relativ kurzer Zeit Fachwissen bzw. Kenntnisse sowie praktische Fertigkeiten und Fähigkeiten zu vermitteln. In den Bildungseinrichtungen wird daher regelhaft besonderer Wert daraufgelegt, dass das Lehrpersonal eine hohe Fachkompetenz auf der Basis eigener praktischer Erfahrungen in der Gefahrenabwehr besitzt. Häufig kommen nach wie vor didaktische Modelle zur Anwendung, die, in vor allem durch die Ausbilder gesteuerten Lehr- und Lernprozessen über eine weitgehend frontal und unidirektional gestaltete Informationsvermittlung, den Lernenden die erforderlichen Kenntnisse und Fertigkeiten vermitteln sollen (Karutz/Mitschke 2018 a; 2018 b).

Ehrenamtliche Angehörige der Einsatzorganisationen der Gefahrenabwehr stehen heutzutage für die Teilnahme an Lehrveranstaltungen zeitlich meist nur eingeschränkt zur Verfügung, da ihre Aus-, Fort- und Weiterbildung neben der eigentlichen beruflichen oder sonstigen Tätigkeit stattfinden muss. Vor allem muss beachtet werden, dass die Verdichtung und Flexibilisierung von Arbeit in den vergangenen Jahren erheblich zugenommen hat und früher verfügbare Ressourcen für ehrenamtliches Engagement inzwischen doch recht deutlich eingeschränkt worden sind. Insbesondere auch aufgrund dieses Faktums, sind neue Paradigmen bzw. Leitgedanken und Denkmodelle im Rahmen der Bildung dringend erforderlich. Bildungsangebote für ehrenamtliche Angehörige der Einsatzorganisationen bedürfen heutzutage definitiv einer stärkeren zielgruppenspezifischen Differenzierung und Flexibilisierung. Unter Berücksichtigung der jeweils individuellen Bildungsbedarfe und -bedürfnisse der einzelnen Zielgruppen müssen verstärkt methodisch innovative, individuell nutzbare aber auch zeitlich kompakte Lernarrangements geschaffen werden.

> **Ein kleiner Exkurs in die Berufswelt**
> Will ein Unternehmen am Markt erfolgreich bestehen und mit Qualität überzeugen, sind insbesondere eine klare Strategie, schlüssige Kommunikation (nach innen und außen) und ein zukunftsorientiertes Personalmanagement erforderlich. Qualität wird jedoch nicht nur durch Konzepte, strukturierte Businesspläne oder Gesundheitsprogramme für die Belegschaft generiert, sondern es sind im überwiegenden Maße die Mitarbeiterinnen und Mitarbeiter, die ein erfolgreiches Unternehmen ausmachen. Deren Identifikation, Flexibilität, Engagement und vor allem deren KOMPETENZ, sind das »Kapital« einer Firma. Sehr erfolgreiche Betriebe sind in der Lage, vorbildhaft getragen durch das Management, ihr Umfeld detailgetreu zu erfassen. Dazu zählen Kunden gleich wie die Konkurrenz, Liefe-

2.5 Herausforderungen und aktuelle Tendenzen

> ranten, Auftraggeber und natürlich auch die Mitarbeiter selbst. Je besser das Wissen über die Interessensgruppen und das Umfeld, umso besser können dynamische Maßnahmen dazu beitragen, die betrieblichen Erfolge zu steigern und die Einzigartigkeit des Unternehmens in der Wahrnehmung des Umfeldes zu verankern, und letztlich auch die Mitarbeiter an das Unternehmen zu binden. Ein entscheidender Faktor, die KOMPETENZ der Mitarbeiterinnen und Mitarbeiter zu entwickeln und zu fördern, ist die berufliche Aus-, Fort- und Weiterbildung und damit ein entscheidender Erfolgsgarant für die Wettbewerbsfähigkeit des Unternehmens.

Auffällig ist, dass das Feld der Bildung im Bereich der Gefahrenabwehr bislang bildungswissenschaftlich kaum erforscht und beschrieben wurde. Erstmals wirklich fundiert und tiefgründiger kann nun aufgrund der Forschung im Bevölkerungsschutz im Rahmen des Forschungsprojekts FP 413 »Bildungsatlas Bevölkerungsschutz« (Lara/Gerhold 2020; Lara/Gerhold/Bornemann/Schwedhelm/Müller 2020) von einer wichtigen Grundlagenforschung in diesem Bereich gesprochen werden. Im Vergleich dazu bestehen in der Erwachsenenbildung und der beruflichen Bildung im Allgemeinen derzeit eine Fülle von Untersuchungen u. a. zur Schulqualität und Wissensaneignung der Lernenden. Die Prinzipien der Handlungs- und Kompetenzorientierung sind in diesen Bildungsbereichen mittlerweile maßgebend. Es ist natürlich naheliegend und lohnenswert, gerade auch für den Bereich der Gefahrenabwehr daraus entsprechende Parallelen und Synergieeffekte zu generieren, da es ja auch in unbekannten und komplexen Einsatzsituationen insbesondere darum geht, Handlungskompetenz zu beweisen und als Führungs- oder Einsatzkraft mit unterschiedlichsten Kompetenzen ausgestattet zu sein.

Insofern scheint ein Blick in den Sektor der Berufsschulen besonders lohnenswert (Kultusministerkonferenz 2021a). Aufgabe der Berufsschule ist es, die Auszubildenden zur Erfüllung der Aufgaben im Beruf sowie zur nachhaltigen Mitgestaltung der Arbeitswelt und der Gesellschaft in sozialer, ökonomischer, ökologischer und individueller Verantwortung zu befähigen. Für den Unterricht der Berufsschule gilt die Rahmenvereinbarung über die Berufsschule. Danach gehört es insbesondere zum Bildungsauftrag der Berufsschule, die Förderung berufsbezogener und berufsübergreifender Handlungskompetenz sowie berufssprachlicher Kompetenz zu realisieren. Im Hinblick auf das didaktische Konzept der Berufsschulausbildung sind seit 1996 die Rahmenlehrpläne der Kultusministerkonferenz für den berufsbezogenen Unterricht in der Berufsschule nach Lernfeldern strukturiert (Kultusministerkonferenz 2021b). Die Einführung des Lernfeldkonzeptes erfolgte aufgrund der Forderung und Intention der Wirtschaft, eine deutlich stärkere Verzahnung von Theorie und Praxis bei den

Berufsschülern zu erreichen, mithin also die so dringend notwendigen Kompetenzen für den beruflichen Alltag zu gewährleisten. Das pädagogische Wirken der Berufsschule ist dabei insbesondere auf die Förderung und den Erwerb einer umfassenden Handlungskompetenz angelegt, um in verschiedensten berufspraktischen Herausforderungen auch zu bestehen. Die Einführung erfolgte im Einvernehmen mit den für die Berufsausbildung zuständigen Bundesressorts.

Gegenüber dem traditionellen fächerorientierten Unterricht stellt das Lernfeldkonzept genau die Umkehrung einer Perspektive dar: der lernfeldbezogene Unterricht, zu dessen Verständnis bei der Vermittlung bisher möglichst viele praktische Beispiele herangezogen wurden, hat nicht mehr die fachwissenschaftliche Theorie als Ausgangspunkt (Kultusministerkonferenz 2021b). Vielmehr wird von ganz konkreten beruflichen Problemstellungen oder Aufgaben ausgegangen, die aus dem jeweiligen beruflichen Handlungsfeld entwickelt und didaktisch aufbereitet werden. Das für die berufliche Handlungsfähigkeit erforderliche Wissen wird auf dieser Grundlage von den Auszubildenden generiert und erarbeitet. Die verschiedenen Dimensionen, die Handlungen in einer zunehmend globalisierten und digitalisierten Lebens- und Arbeitswelt kennzeichnet (z. B. ökonomische, ökologische, rechtliche, naturwissenschaftliche, fach- und fremdsprachliche, kommunikative, soziale und ethische Aspekte) heutzutage ausmachen, erfordern nicht mehr nur die Betrachtungsweise einer einzelnen Fachdisziplin. Vielmehr braucht es mehrere Ebenen und Perspektiven, um den Herausforderungen gerecht zu werden. Deshalb sind im didaktischen Konzept fachwissenschaftliche Systematiken in eine übergreifende Handlungssystematik integriert. Die zu vermittelnden Fachbezüge, die für die Bewältigung beruflicher Tätigkeiten erforderlich sind, ergeben sich wiederum aus den Anforderungen der Problemstellungen und Aufgaben. Damit ergibt sich auch der notwendige und geforderte Praxisbezug des erworbenen Wissens, das immer wieder in neue Kontexte eingebunden wird. Für erfolgreiches, lebenslanges Lernen und Lernen in der digitalen Welt sind insbesondere der Praxisbezug sowie das eigenverantwortliche Lernen, also die eigene Aktivität der Auszubildenden maßgebend. Das systemorientierte vernetzte Denken und Handeln, das Lösen komplexer und exemplarischer Problemstellungen und Aufgaben, der Umgang mit sprachlich-kommunikativen Herausforderungen oder auch die Vermittlung von korrespondierendem Wissen, werden mit einem handlungsorientierten Unterricht im Rahmen des Lernfeldkonzeptes besonders gefördert. Die einzelnen Lernfelder sind durch die Handlungskompetenz mit inhaltlichen Konkretisierungen und Zeitrichtwerten beschrieben. Sie sind aus Handlungsfeldern des jeweiligen Berufes entwickelt und orientieren sich an berufsbezogenen Aufgaben- oder Problemstellungen innerhalb zusammengehöri-

2.5 Herausforderungen und aktuelle Tendenzen

ger und zunehmend vernetzter Arbeits- und Geschäftsprozesse. Dabei sind die Lernfelder über den Ausbildungsverlauf hinweg didaktisch so strukturiert, dass eine Kompetenzentwicklung spiralcurricular erfolgen kann. Die am Ende des Lernprozesses erworbene Handlungskompetenz vernetzt Fach-, Selbst- und Sozialkompetenz und wird in den Lernfeldern berufsspezifisch ausformuliert (Kultusministerkonferenz 2021b). Zentrale Aufgabe des Lehrerteams der einzelnen Berufsschule ist es, die unterrichtliche Umsetzung der Lernfelder in handlungsorientierte Lernsituationen zu gewährleisten. Dabei ist zu berücksichtigen, dass die Lernsituationen in der Summe, die im Lernfeld zu vermittelnden Kompetenzen in ihrer Gesamtheit abdecken müssen. Insbesondere auch das Prüfungswesen sollte der Struktur von Arbeits- und Geschäftsprozessen durch ganzheitliche, handlungsorientierte Problemstellungen oder Aufgaben folgen.

Eine zweite sehr wesentliche Entwicklung, die insbesondere die Orientierung an Kompetenzen in den Mittelpunkt stellt und damit auch die Handlungs- und Kompetenzorientierung an den Berufsschulen maximal unterstützt, ist der sog. Europäische Qualifikationsrahmen für lebenslanges Lernen (EQR) bzw. auf nationaler Ebene der Deutsche Qualifikationsrahmen für lebenslanges Lernen (DQR). EQR (englisch: European Qualifications Framework, EQF) ist eine Initiative der Europäischen Union, die berufliche Qualifikationen und Kompetenzen in Europa vergleichbarer machen soll. Durch die Definition eines Rasters soll der EQR als »Übersetzungshilfe« zwischen den Qualifikationssystemen der Mitgliedstaaten dienen, damit Bildungsabschlüsse für Arbeitgeber, Bürger und Einrichtungen vergleichbarer und verständlicher gemacht werden und Arbeitnehmer und Lernende ihre Qualifikationen in anderen Ländern nutzen können (Wikipedia 2023b). Im nationalen Kontext wurde in Deutschland deshalb der Deutsche Qualifikationsrahmen (DQR) entwickelt, um das deutsche Bildungssystem transparent und im europäischen Kontext vergleichbar mit den Mitgliedsstaaten der EU zu machen. Insbesondere soll der DQR auch Impulsgeber für neue Ansätze in der Bildung sein. Dem DQR können grundsätzlich nicht nur formale Qualifikationen zugeordnet werden, also solche Qualifikationen, deren Rechtsgrundlagen (z. B. Prüfungsordnung, Ausbildungsordnung, Curriculum) durch eine staatliche bzw. hoheitlich handelnde öffentlich-rechtliche Institution geregelt sind. Es sollen vielmehr auch nicht-formale Qualifikationen gleichberechtigt Eingang in den DQR finden können. Gerade hierzu ergeben sich für den Bildungsmarkt im Bereich der Gefahrenabwehr und des Bevölkerungsschutzes bisher noch völlig unzureichend beachtete Potentiale, die für den Bereich der Berufswelt einen absoluten Mehrwert ergeben könnten. Entscheidend aber ist, dass die Beschreibung und Einstufung in Qualifikationsniveaus anhand von erworbenen Kompetenzen durchgeführt wird (Bundesministerium für Bildung und Forschung).

Die eben gemachten Ausführungen sprechen also eindeutig dafür, dass gerade auch für die Aus-, Fort- und Weiterbildung der ehrenamtlichen Angehörigen im Bereich der nichtpolizeilichen Gefahrenabwehr aus didaktischer Sicht in erster Linie von der Kompetenz- und Handlungsorientierung geprägt sein sollte. Tradierte Vorstellungen von »Beschulungen« oder das sog. »Bulimie-Lernen« müssen vielmehr durch entsprechende Unterrichtskonzepte abgelöst werden. Entscheidend hierbei ist aber auch, dass sich der Kompetenzbegriff nicht allein auf Fachlichkeit, sondern insbesondere auch auf personale und soziale Kompetenzen als Voraussetzung für Handlungskompetenzen bezieht und der Bildungsanspruch auch diesen Dimensionen gerecht werden muss. Befasst man sich mit den Bildungsangeboten der Anbieter von Aus-, Fort- und Weiterbildung in der Gefahrenabwehr und im Bevölkerungsschutz, trifft man organisationsübergreifend sehr oft auf Schlagworte wie beispielsweise praxis-, handlungs- und kompetenzorientiertes Lernen sowie selbstständiges und lebenslanges Lernen. Mehr und mehr trifft man in diesen Bereichen auch auf Begriffe wie Ermöglichungsdidaktik, Teilnehmerorientierung, Erfahrungsorientierung, selbstgesteuertes Lernen, Individualisierung, lebenslanges Lernen oder problemorientiertes Lernen.

Bevor wir uns in Kapitel 5 mit Ansätzen zur Professionalisierung der Aus-, Fort- und Weiterbildung anhand ausgewählter Best-Practice-Beispiele aus dem deutschsprachigen Raum widmen möchten, werden didaktische und methodische Grundlagen betrachtet, die ihren Fokus auf die Ausbildung von Handlungskompetenzen legen. Wissenschaftliche Erkenntnisse aus Hirnforschung und Lerntheorien lassen Empfehlungen für Bildungsveranstaltungen ableiten. Insbesondere die sozialkognitive Lerntheorie und das Konzept der Selbstwirksamkeit nach Bandura halten interessante Erkenntnisse bereit, die den Erwerb von Handlungskompetenzen begünstigen. Die Praxisbeispiele in Kapitel 5 setzen diese wissenschaftlichen Grundlagen eindrucksvoll um.

3 Handlungsorientierung: didaktische und methodische Grundlagen

Wer von Lehr-Lernarrangements in der Erwachsenenbildung/Weiterbildung hört, wird üblicherweise sofort an Unterrichtsmethoden und -planung denken (also didaktisch-methodische Überlegungen anstellen) und eventuell noch an die dahinterliegenden theoretischen Lernmodelle. Nur: was da genau der Didaktik zugerechnet wird bzw. was Methodik an Aspekten beinhaltet, wird nach wie vor unterschiedlich verstanden (Deutsches Institut für Erwachsenenbildung – Leibniz-Zentrum für Lebenslanges Lernen e. V.; Konrad/Traub 2010), weshalb hier festgestellt werden muss, dass eine Taxonomie von Unterrichtsmethoden bisher nicht gelungen ist. Die Begriffe Unterrichtsprinzipien, Unterrichtsmethoden, Sozialformen und Unterrichtstechniken variieren je nach Autorin/Autor und werden unterschiedlich definiert bzw. geordnet. So wird beispielsweise das kooperative Lernen als Unterrichtsmethode gesehen oder als Unterrichtsprinzip, ohne dass sich der Kern des kooperativen Lernens – Think-Pair-Share als grundlegende Vorgehensweise – je anders darstellen würde.

Wird hier im Weiteren Unterrichtsmethode nun definiert als ein didaktisch-methodisches Vorgehen, das über bestimmte Sozialformen, über den Einsatz von Medien und über verwendete Techniken einen bestimmten Lerninhalt vermitteln und dabei bestimmte Unterrichtsprinzipien berücksichtigen soll, so lässt sich sagen, dass die Unterrichtsmethode ein Gesamtkonzept für den Unterricht darstellt und eher im Sinne des Begriffs der Didaktik zu verstehen ist. Denn unter Didaktik kann in Übereinstimmung mit Klafki (ebd. 1985) das verstanden werden, was vermittelt werden soll (also Inhalte) und unter Methodik das, wie diese Inhalte vermittelt werden sollen.

Und in der Tat sind sowohl die Didaktik (also die Angebotsplanung) als auch die Methodik (also das konkrete Vorgehen in der Vermittlung von Inhalten) wesentliche Faktoren in der Erwachsenenbildung – vor allem, weil im Vergleich zum schulischen Lernen von Kindern und Jugendlichen weniger administrative Vorgaben für Beteiligung, Ziele und Inhalte zu finden sind (Schrader/Ioannidou 2010; Arnold et al. 2011, S. 99). Lehr-Lernarrangements, insbesondere im Erwachsenenalter, müssen deshalb zahlreiche Variablen berücksichtigen und erwachsenenspezifische Lehrmodelle, die insbesondere Didaktik und Methodik fokussieren, sind zu diskutieren. Wer allerdings nach einem Rezept für didaktisches Handeln sucht, muss enttäuscht werden. Didaktisches Handeln ist von Offenheit und Unsicherheiten geprägt, weil eine

Vielzahl an Entscheidungen (z. B. Ziele, Intentionen, Themen und Methoden) je nach Rahmenbedingungen, Teilnehmergruppen und Themen unterschiedlich getroffen werden müssen (Faulstich/Zeuner 2006; Reischmann 2005; von Hippel/Kulmus/Stimm 2019, S. 22).

Didaktische Handlungsebenen lassen sich auf Makro-, Meso- und Mikroebene unterscheiden. Mesodidaktisches Handeln umfasst die Angebots- und Programmplanung, Mikrodidaktisches Handeln die Ebene der Lehr-Lerninteraktion. Die Makroebene ist vor allem als Rahmung des didaktischen Handelns von Bedeutung, der Kern des pädagogischen Handelns findet aber auf Meso- und Mikroebene statt (von Hippel/Kulmus/Stimm 2019).

3.1 Kompetenzorientierte Didaktik

In der bildungstheoretischen Didaktik wurde betont, dass die Methodenwahl in Abhängigkeit von Ziel- und Inhaltsentscheidungen getroffen wird. Bevor also Aussagen darüber gemacht werden können, welche Methoden für einen angestrebten Lernvorgang unter bestimmten Bedingungen zweckmäßig sind, ist es unerlässlich, die Ziele und die auf die Ziele ausgerichteten Inhalte zu kennen, welche durch die Lehre vermittelt und durch das Lernen angeeignet werden sollen. Es gilt also bereits im Rahmen der didaktischen Planung mitzudenken, dass sich Ziele und Inhalte auch in Methoden umsetzen lassen müssen. Es können keine Ziele und Inhalte definiert werden, die sich im Unterricht nicht realisieren lassen, z. B., weil gewisse Voraussetzungen fehlen. Andererseits müssen Methoden auch an den anvisierten Zielen und Inhalten ausgerichtet werden. Ohne angemessene Methoden könnten Lernziele und Inhalte verfehlt werden. Die didaktische Planung unter Berücksichtigung methodischer Umsetzungen geht daher jedem Unterricht voran (Klafki 1985, S. 53 ff.).

Variablen erwachsenenspezifischer Lehr-Lernarrangements sind beispielsweise nicht nur lerntheoretische Erkenntnisse, sondern zentral auch die komplette Gestaltung des Angebots. Hierzu zählen auch Faktoren wie finanzielle und personelle Ressourcen (z. B. Kompetenzen der Lehrkräfte, Schwerpunkte und Präferenzen des Personals). Ebenso von Bedeutung sind lokale Strukturen (z. B. für Kooperationen oder Konkurrenzen, sowie die Sozialstruktur), Erwartungen von Verbänden, Beiräten und anderen Gremien sowie die Tradition der jeweiligen Einrichtung (Siebert 2000).

3.1 Kompetenzorientierte Didaktik

Ziel von Weiterbildungen im Erwachsenenbereich ist häufig der Erwerb von Kenntnissen, welche im Berufs- oder Alltagsleben angewandt werden sollen. Um den konkreten Methodeneinsatz in der Praxis zu reflektieren und zu begründen, sind Unterrichtsprinzipien oder didaktische Prinzipien zunächst hilfreicher als allgemeine Theorien des Lernens. Didaktische Prinzipien – als allgemeine Vorstellungen von Unterricht – sind als Ziele zu begreifen, wie Lehre gestaltet werden soll, sind aber nicht mit den Lehr- und Lernzielen zu verwechseln. Durch didaktische Prinzipien werden Handlungs- und Entscheidungsspielräume für die konkrete Durchführung der Lehre eröffnet (Beyer 2014 S. 3 ff.). Solche für die Erwachsenenbildung zentralen Prinzipien wären z. B. die Orientierung an Adressatinnen/Adressaten und Zielgruppen, die Teilnehmendenorientierung, die Sach- und Inhaltsorientierung sowie die Handlungs- und Situationsorientierung (von Hippel/Kulmus/Stimm 2019, S. 82 ff.).

Zu den bedeutsamsten didaktischen Prinzipien der Erwachsenenbildung gehört die Handlungs- bzw. Situationsorientierung (Siebert 2003; Faulstich/Zeuner 2008; Hof 1999). Hierbei geht es darum, dass Lernen auf die Bewältigung einer bestimmten Situation ausgerichtet ist, was bedeutet, dass Handlungsorientierung sowohl Inhalte als auch Methoden bzw. die konkrete Ausgestaltung der Lehre anleiten sollte (von Hippel/Kulmus/Stimm 2019, S. 93 ff.). Vor allem in der beruflichen Aus- und Weiterbildung hat Kompetenz als Orientierung einen besonderen Stellenwert für das didaktische Handeln (von Hippel/Kulmus/Stimm 2019, S. 66 ff.). Die hohe Handlungsorientierung in Fort- und Weiterbildungsmaßnahmen der nichtpolizeilichen Gefahrenabwehr lässt sich anhand der Best-Practice-Beispiele (▶ Kapitel 5) aufzeigen.

Trotz verschiedener Begriffsdefinitionen (Schmidt-Hertha 2014, S. 89; von Hippel/Kulmus/Stimm 2019, S. 66 ff.), lässt sich feststellen, dass es bei kompetenzorientierter Didaktik im Kern darum geht, »Bildungssequenzen an den Anforderungen und Herausforderungen anschließender Arbeits- und Lernphasen [...] auszurichten« (Gillen 2013, S. 1). Wird Kompetenz als situationsbezogene Handlungsfähigkeit (Hof 2002) definiert, die ohne real beobachtbare Handlung für einen eingegrenzten Bereich nicht feststellbar ist (wie z. B. beim Bedienen einer Maschine oder eines Fahrzeugs) (Reischmann 2004, S. 156; Maier 2012, S. 88 f), dann eignet sich dieser Ansatz besonders für Bildungsveranstaltungen, die konkrete Handlungskompetenzen zum Ziel haben (Reischmann 2004, S. 165).

Die oben beschriebenen Unterrichtsprinzipien betreffen auch die Überprüfung der Zielerreichung und es müssen deshalb auch Überlegungen angestellt werden, welche Ziele ein Unterricht verfolgt und durch welche Technik eine Überprüfung der Zielerreichung erfolgen sollte. Ein Unterricht, dem das Prinzip Handlungskompetenz/Handlungsorientierung zu Grunde liegt, sollte vielleicht nicht unbedingt auf einen

Muliple-Choice-Test zur Überprüfung der Zielerreichung setzen. Hier wäre man wohl mit praktischen Aufgabenstellungen zur Lernzielkontrolle besser beraten.

Wie schon festgestellt, ist die Handlungsorientierung, die in engem Zusammenhang mit einer kompetenzorientierten Didaktik steht, in der Methodenwahl von Bildungsveranstaltungen für Erwachsene von besonderer Bedeutung. Eine solche an Kompetenzen orientierte Didaktik fokussiert den Erwerb von Fähigkeiten zum konkreten Handlungsvollzug. So legen das didaktische Prinzip Handlungsorientierung und ein kompetenzorientiertes Didaktik-Modell nahe, dass Methoden zum Einsatz kommen, die Handlungsspielräume eröffnen (Kaiser 1991, S. 86).

Hinsichtlich der einzelnen Kompetenzen zeigt sich zunächst eine ausgesprochene Vielfalt und in vielen Berufs- und Ausbildungsbereichen werden statt Tätigkeitsfeldern Kompetenzbereiche formuliert (Auböck 2018, S. 38). Ganz allgemein werden die einzelnen Kompetenzen in Sozialkompetenz (häufig auch sozial-kommunikative oder sozial-emotionale Kompetenzen), Persönlichkeitskompetenz (auch häufig als personale Kompetenzen bezeichnet), Fachkompetenz und Methodenkompetenz systematisiert (Karrierebibel 2021). Andere Autoren kennen zudem die Handlungskompetenz, die sich aus den verschiedenen eben genannten Teilkompetenzen zusammensetzt (Weinert 2001; Fröhlich-Gildhoff/Nentwig-Gesemann/Pietsch 2011; Landsiedel 2020; Hoidn 2010). Die bekannteste und am häufigsten rezipierte Definition von Handlungskompetenz stammt von Weinert. Es ist »die bei Individuen verfügbaren oder durch sie erlernbaren kognitiven Fähigkeiten und Fertigkeiten, um bestimmte Probleme zu lösen, sowie die damit verbundenen motivationalen, volitionalen und sozialen Bereitschaften und Fähigkeiten, um die Problemlösungen in variablen Situationen erfolgreich und verantwortungsvoll nutzen zu können« (Weinert 2001, S. 27 f.).

In der kompetenzorientierten Didaktik werden Kompetenzen auf spezifisches Fachwissen bezogen definiert. Kompetenzen werden zudem als problemlöseorientiert beschrieben, weil nicht die Wiedergabe von Wissen, sondern die gezielte Anwendung von Fachwissen in bestimmten Aufgaben- und Problemsituationen im Fokus stehen. Um sicher zu stellen, dass die Auszubildenden bestimmte Kompetenzen erworben haben, müssen diese ihr Wissen in einer konkret vorgegeben Situation unter Beweis stellen. Es ist also nicht state-of-the-art, Kompetenzen auf rein kognitives Wissen zu reduzieren. Neuen Erkenntnissen der Lernpsychologie bzw. Hirnforschung zufolge werden den Kompetenzen auch eine motivationale und emotionale Seite zugeschrieben. Die Auszubildenden sind nur dann kompetent in einem Fachgebiet, wenn sie für dieses brennen und motiviert sind, ihr Wissen in konkreten Situationen anzuwenden (Maier 2012, S. 88 f.). Drei Fragen können formuliert werden, die es erlauben, die Kompetenzorientierung einer Veranstaltung zu prüfen (Reischmann 2004):

1. Wurde im Seminarangebot das Können konkret formuliert, das erzielt werden soll oder gibt es nur vage Inhaltsbeschreibungen?
2. Lässt sich aus den konkreten Beschreibungen des Könnens ein beobachtbares Handeln definieren oder gibt es nur vage Allgemeinversprechungen?
3. Eignet sich der beschriebene Lernweg dazu, das Einüben, das zur Kompetenzentwicklung notwendig ist, sichtbar zu machen?

Es lässt sich feststellen, dass sich der Erwerb von Kompetenzen keineswegs durchgängig in einem Seminar zeigen muss. Ebenso gilt eine Veranstaltung als handlungsorientiert oder kompetenzorientiert, die dazu Sequenzen einbaut. Es ist durchaus im Sinne einer kompetenzorientierten Didaktik, wenn z. B. Grundlagenwissen für die Funktionsweise einer Maschine im Frontalunterricht erarbeitet werden (Reischmann 2004, S. 13; von Hippel/Kulmus/Stimm 2019, S. 68).

3.2 Handlungsorientierte Unterrichtsmethoden

Motive spielen eine große Bedeutung, denn sie leiten menschliches Handeln an. Beim Lernen ist es die Motivation, die Lernhandlungen initiiert und kann wiederum auch als Ergebnis eines erfolgreichen Lernprozesses entstehen (Riedl 2010, S. 64). Diese Erkenntnis hat dazu geführt, dass seit den 1990er Jahren vermehrt handlungsorientierte Methoden im Unterricht zur Anwendung gelangen. Zudem muss gesagt werden, dass aufgrund der zunehmenden Komplexität der Arbeits- und Lebenswelt und die Tatsache, dass lebenslanges Lernen ganze Teams und Organisationen betrifft, immer mehr zum Persönlichkeits- und Beziehungslernen wird. Das bedeutet, dass Lernprozesse nicht nur fachliche, sondern auch Sozial- und Selbstkompetenz fördern müssen (Lehner 2009, S. 144; Sittner 2006, S. 11 ff.).

Handlungsorientierung setzt bestimmte Techniken der Stoffvermittlung bzw. Sozialformen voraus. Eine solche Form des Unterrichts mit entsprechend handlungsorientierten Zielen lässt sich schwerlich in einem ausschließlich theoretisch ausgerichteten Frontalunterricht erreichen. Handlungsorientierter Unterricht hat einen bestimmten – meist hohen – Bedarf an Zeit- und Materialressourcen. Es bietet sich daher bei der Umsetzung von handlungsorientierten Bildungsveranstaltungen an,

Kooperationen mit anderen Lehrpersonen, Institutionen oder externen Expertinnen/Experten zu bilden, um beispielsweise bestimmte Medien und Geräte einsetzen zu können, ohne sich mit horrenden Ausgaben dafür konfrontiert zu sehen. Ebenso kann durch Kooperationen bei einem Ausfall einer bestimmten Technik eine Verzögerung im ohnehin zeitintensiven Ablauf vermieden werden (Riedl 2010, S. 220).

Das didaktische Prinzip Handlungsorientierung wird in der Literatur – auch in der Erwachsenenbildung – häufig in einen Zusammenhang mit Lernorten gebracht und erörtert. Der Begriff Lernort umfasst zum einen den Lernprozess und zum anderen die Umgebung, in welcher der Lernprozess stattfindet. Unterschieden wird zwischen erstem, zweitem und drittem Lernort. Hierbei wird der dritte Lernort als relativ eigenständiger und von den anderen Lernorten Schule (erster Lernort) und Betrieb (zweiter Lernort) klar abgegrenzter Teil der beruflichen Ausbildung verstanden. Der Ausbildungsauftrag im dritten Lernort lässt sich als ein Praxis-Theorie verbindender Auftrag beschreiben. Die Teilnehmerinnen/Teilnehmer einer Bildungsveranstaltung werden dabei von Expertinnen und Experten, welche die Rolle der Coaches übernehmen, unterstützt (Landwehr 2002, S. 43 ff.). Auch andere Autoren (Stieger 2018; Meyer-Hänel/Umbescheidt 2006) sehen den dritten Lernort als wichtige Verbindung zwischen theoretischer und handlungsorientierter Bildung. Es zeigt sich hier zudem, dass auch Gruppenunterricht zur Förderung von Handlungskompetenzen beitragen kann. Ziel des dritten Lernorts ist immer der Theorietransfer in die Praxis (Landwehr 2002, S. 64 ff.; Stieger 2018, S. 92).

Im Folgenden werden verschiedene didaktische Grundformen beschrieben, welche der Ausbildung von Handlungskompetenzen dienen und daher die Handlungsorientierung fokussieren. Diese Formen der Didaktik finden sich z. T. auch in den Praxisbeispielen in Kapitel 5. Zu den Grundformen und Methoden gehören u. a. das Skills-Lab (Lernlabor), das Cognitive Apprenticeship (kognitive Handwerkslehre), sowie die problemorientierte Fallbearbeitung (Problem-based Learning), berufsbezogene Erkundungsprojekte, moderierter Erfahrungsaustausch (Problemlösungszirkel) und Lernwerkstatt (Landwehr 2002, S. 67; Stieger 2018; Ludwig/Umbescheidt 2014).

3.2.1 Skills-Lab: Simulation und Fallarbeit

Teilnehmerinnen/Teilnehmer von sogenannten Skills-Labs erhalten die Möglichkeit, Fertigkeiten-Trainings unter realitätsnahen Voraussetzungen auszuführen. Insbeson-

3.2 Handlungsorientierte Unterrichtsmethoden

dere ist es dabei das Ziel, fachliche, methodische, sozial-kommunikative und personale Kompetenzen zu fördern (Staudinger 2015, S. 40). In diesen Skills-Labs sollen also Handlungskompetenzen unter simulierten Lagen bzw. anhand von praxisbezogenen Fallbeispielen geschult und die dazu benötigten Fertigkeiten trainiert werden (Mamerow 2013; Fichtner 2013). Die Gruppengrößen für das Training im Skills-Lab sollte aber eher nicht zu groß gewählt werden (Fichtner 2013, S. 106).

Insbesondere Fallarbeit (Fallbeispiele oder auch Fallbesprechungen) zeigt sich geeignet, um anhand von Situationsanalysen komplexe Problemstellungen zu erkennen und unter Anwendung vorgegebener Kriterien und theoretischer Grundlagen mögliche Lösungsansätze zu finden. Wird die Wissensvermittlung mit der praktischen Fallbearbeitung kombiniert, ermöglicht dies einen besseren Transfer von theoretisch erworbenem Wissen in den praktischen Arbeitsalltag (Hegeholz 2008, S. 78).

Im Skills-Lab bietet sich zudem wie eingangs schon erwähnt das Training mit Simulationen an, bei der Situationen, die einen Bezug zu realen Ereignissen haben, auch real nachgestellt werden können (Weber 2007, S. 121). Die Durchführung von Simulationstrainings kann mittels Dummies oder realen Menschen geschehen. Strukturierte Simulationen bedürfen aber vorab eines Schulungskonzeptes für die realen Darsteller. Insbesondere eignen sich solche Simulationen auch für den Bereich Kommunikation bzw. zur Ausbildung kommunikativer Kompetenzen, weil anspruchsvolle Gesprächsübungen (mit anschließendem Feedback der Simulationspartner bzw. Lehrenden) möglich sind (Schultz et al. 2007; Pesl/Bolleter/Schill 2010, S. 400).

Das Training im Skills-Lab wird je nach Literatur in verschiedenen Phasen (fünf oder drei) oder auch in acht oder sechs Schritten durchgeführt, die sich aber wiederum diesen Phasen zuordnen lassen (Landwehr 2002, S. 66 ff.; Herzig/Kruse 2017; Fromm 2019). In einer ersten Phase (Einleitung oder Orientierungsphase) geht es darum, das Thema mit Hilfe von Medien zur Unterstützung der Themeneinführung vorzubereiten. Zudem erfolgen die Aufgabenstellungen zum bereits gelernten theoretischen Wissen. Die zweite Phase (Trainingsphase oder Übungsphase), dient zum einen der Kontrolle des Vorwissens, zum anderen finden hier die Simulationen statt, anhand derer konkrete Handlungen geübt werden. Von diesen Trainings werden Videos angefertigt, die anschließend in Lerngruppen besprochen und mit Feedback versehen werden. Nach Bedarf werden weitere Übungen für die Lernenden angeboten. In einer dritten Phase (Beherrschungsphase) wird geprüft, ob die neu erworbenen Handlungsschemata verinnerlicht wurden, d. h., dass die lehrende

Person das Vorgezeigte beobachtet und gegebenenfalls korrigiert. In dieser Phase werden die erworbenen Fähigkeiten also getestet und weiterentwickelt (Landwehr 2002, S. 66 ff.; Herzig/Kruse 2017; Fromm 2019).

Was sich in den, im Skills-Lab angewandten und hier erläuterten Methoden Fallarbeit und Simulation, feststellen lässt, ist die enorme Bedeutung von Feedback zur Herausbildung von Handlungskompetenzen in verschiedenen Bereichen. In der Literatur finden sich Hinweise, dass die konsequente Durchführung strukturierter Simulationen sowohl das Lernverhalten als auch die Leistungen der Lernenden verbessert. Gerade das Simulationstraining braucht aber auch qualitätssichernde Maßnahmen. Eine regelmäßige Evaluierung ist von großer Bedeutung (Pesl/Bolleter/Schill 2010, S. 400). Die Umsetzung von Skills-Labs benötigt klare Zielvorgaben. Es muss eine Vorstellung darüber entwickelt werden, welche Methode aufgrund der Anforderungen angewendet werden kann. Denn nicht jede Methode eignet sich für jedes Themengebiet. Wie schon in ▶ Kapitel 3.1 ausgeführt, steuern finanzielle, organisatorische, personelle und räumliche Ressourcen die Angebotsbildung. Für die Teilnehmerinnen/Teilnehmer bieten sich durch die neuen didaktischen Konzepte eine Verbesserung des Theorie-Praxis-Transfers. Fertigkeiten werden in einzelnen Handlungsschritten geübt, bevor sie in der beruflichen Praxis ausgeführt werden. Um solche neuen Methoden und didaktischen Modelle qualitativ gut realisieren zu können, benötigen Erwachsenenbildnerinnen/Erwachsenenbildner Unterstützung und Schulung. Es braucht also Kenntnisse hinsichtlich transferwirksamer Methoden (Ulrich/Umbescheidt 2014, S. 37; Pesl/Bolleter/Schill 2010, S. 400).

Abschließend soll festgehalten werden, dass die Simulation auch Bezüge zum Rollenspiel aufweist. Das Rollenspiel knüpft an bedeutsamen Situationen aus der Lebenswelt der Lernenden an und ermöglicht es, Problemstellungen in einem geschützten Rahmen zu bearbeiten und Handlungsmöglichkeiten zu üben. Beim Rollenspiel geht es darum, durch das Spielen einer Rolle Nähe zur Realität zu erzeugen und Lösungsmöglichkeiten durchzuspielen (Eberhardt 2005, S. 4). Sowohl in der Simulation als auch im Rollenspiel herrscht Nähe zur Lebenswelt der lernenden Personen, auch in der Simulation werden Rollen gespielt und dabei die Handlungskompetenz geübt. Es lässt sich zudem feststellen, dass im Laufe des Trainings im Skills-Lab die Schritte mit den Schritten des Cognitive Apprenticeships (CAS) verschmelzen (Landwehr 2002, S. 67), weshalb das CAS hier gleich im Anschluss erörtert wird.

3.2 Handlungsorientierte Unterrichtsmethoden

3.2.2 Cognitive Apprenticeship

Entwickelt wurde das Cognitive Apprenticeship (CAS) 1990 als Reaktion auf Wissenstransfers, die sich als ineffektiv darstellten. Das CAS ist ein darstellendes Unterrichtsmodell, welches versucht, die Vorteile einer praktischen Lehre (Traditional Apprenticeship) auch für die theoretische Ausbildung nutzbar zu machen. Das CAS ist also quasi als kognitive Lehre zu verstehen, die im Sinne von Meister-Lehrlings-Verhältnissen der praktischen Lehre kognitive Prozesse für den Lernenden sichtbar machen soll. Der Tischlerlehrling sieht und begleitet die einzelnen Arbeitsschritte eines Werkstückes auf dem Weg zum Endprodukt. So erhält der Tischlerlehrling Einsicht in die Bedeutung der Einzelschritte für die Fertigstellung des Werkstücks. Diese Einsicht in Handlungsfolgen für ein Endprodukt soll mit dem CAS auch auf unsichtbare Denkschritte übertragen werden (Reich 2008, S. 1 ff.; Stangl 2021).

Im CAS haben die Lehrenden eine Vorbildrolle, denn sie machen Fertigkeiten gezielt und artikulierend vor. In diesem Zuge soll der Wissenstransfer zwischen theoretischem Wissen und die Umsetzung in die Praxis stattfinden. Dadurch ermöglicht CAS auch eine Orientierungshilfe zum Aufbau praxisrelevanter Handlungsfelder (Schewior-Popp 2014, S. 170).

Das Unterrichtsmodell wird je nach Literatur in sechs oder fünf Schritten oder auch vier Phasen gegliedert (Schewior-Popp 2014; Reich 2008; Stangl 2021). Das CAS hat eine Orientierungs- bzw. Vorbereitungsphase, die der im Skills-Lab ähnlich ist (Schewior-Popp 2014). Aber unabhängig von den einzelnen Schritten oder Phasen lässt sich darstellen, dass sich die Grundprinzipien Vormachen, Selbermachen, Üben sowie Feedback und später der Rückzug des Lehrenden durch das CAS ziehen. Über eine im CAS vorgegebene praxisorientierte Problemsituation sollen lernende Personen nach anfänglichen Hilfestellungen immer mehr Selbstständigkeit erreichen (Stangl 2021). Betrachten wir die einzelnen Schritte, (Schewior-Popp 2014, S. 171; Weber 2007, S. 123) so lässt sich das *Modeling* als erster Schritt im CAS darstellen. Hierbei erläutert die lehrende Person die einzelnen Durchführungsschritte und führt diese auch am Modell aus. Die praktischen Ausführungen werden dabei kommentiert. Die Teilnehmerinnen/Teilnehmer der Bildungsveranstaltung versuchen das vermittelte Wissen in handlungsorientierte Schritte umzusetzen. Der zweite Schritt ist das *Coaching* (betreutes Beobachten), bei dem die lernende Person bei der aktiven Ausführung der Aufgabenstellung vom Experten angeleitet und betreut wird. Auch wird hier bereits Feedback gegeben. Im dritten Schritt, dem *Scaffolding/Fading* zieht sich die lehrende Person etwas zurück und begleitet die Aufgabenstellung aus dem Hintergrund, um die Selbstständigkeit der lernenden Person zu fördern. In diesen ersten drei Schritten geht es darum Wissen und Verhaltensweisen zu erweitern. Die *Artikulation* als vierter Schritt dient dem Benennen des erworbenen Wissens – der Schritt ist daher durch Beschreibungen und Verbalisierungen gekennzeichnet. Es geht in diesem Schritt darum, die eigenen Handlungen zu erklären und zu begründen. Im fünften Schritt, der *Reflexion* (Reflection), werden gelernte Handlungsabläufe reflektiert. Auch hier erfolgt von Seite der lehrenden Person ein Feedback an die lernende Person. Im letzten Schritt, der Exploration, werden die Lernenden bestärkt, autonome Handlungen – also ohne Unterstützung durch Experten – auszuführen (Schewior-Popp 2014, S. 171; Weber 2007, S. 123; Stangl 2021).

Es zeigt sich: Cognitive Apprenticeship ist ein Lernen am Modell. Aus den Ausführungen zur sozialkognitiven Lerntheorie ergibt sich hier auch, dass der lehrenden Person eine bedeutsame Rolle im Vermittlungsprozess zukommt. Sie muss als kompetent hinsichtlich des Stoffs bzw. des Problems wahrgenommen werden und sollte in ihrer Person insgesamt positiv für die Lernenden besetzt sein. Bedeutsam ist im CAS auch, dass ab dem Scaffolding/Fading die lehrende Person ihre Rolle in ein Coaching ändern muss, in dem beobachtet wird, wo Lernende Hilfestellungen benötigen, um ein Problem möglichst selbstständig lösen zu können. Reflexionen zwischendurch von Handlungen und Lösungen sichern kognitive Fortschritte und dienen dem Vergleich zu Lehrendenvorgaben und seiner idealtypischen Lösung und der Lösung des Lernenden. Bedeutsam erscheint hier, dass die lehrenden Personen ihren Vorsprung gegen Lernende nicht ausspielen – Expertenhandlungen und die Handlungen der Lernenden sollen lediglich angenähert werden. Es hat sich gezeigt, dass es nicht ausreicht, wenn durch Lehrende die lernenden Personen überwiegend fragend in das Unterrichtskonzept einbezogen werden, weil dies zu einer passiven Lernhaltung führt, die kein effektives Modell für eigene Handlungen darstellen kann (Reich 2008).

3.2.3 Projektunterricht

Aufgrund der Verknüpfung von theoretischem Wissen mit praktischer Umsetzung hat Projektunterricht eine hohe Praxisrelevanz. Er ist als Reaktion auf den schnellen gesellschaftlichen Wandel zu sehen, der für lernende Personen einen geschützten Rahmen zur Verfügung stellt, innerhalb dessen berufspraktisch relevante Problemstellungen bearbeitet und einer Lösung zugeführt werden können. Generell wird bei Projekten im Rahmen des Unterrichts versucht, Lernen und Arbeiten zu verbinden und Themen zu bearbeiten, die sowohl gesellschaftlich relevant sind als auch den

3.2 Handlungsorientierte Unterrichtsmethoden

Bedürfnissen und Interessen der Lerngruppe entsprechen. Der Prozess des Lernens und Arbeitens selbst ist dabei ebenso von Bedeutung wie das angestrebte Ziel. Die Lerngruppe ist daher in den Planungs- und Entscheidungsprozess mit einzubinden (Oelke/Meyer 2013, S. 382; Riedl 2010, S. 221 f.).

Projektunterricht stellt als Möglichkeit für selbstgesteuertes und handlungsorientiertes Lernen hohe Ansprüche an die lehrende Person und auch an die Lerngruppe, denn er spricht im Idealfall kognitive, motorische und affektive Fähigkeiten gleichermaßen an. Persönliche Fähigkeiten und Bedürfnisse der lernenden Personen müssen mit einbezogen werden. Dies kann mit einer hohen Motivation der Lerngruppe verbunden sein (Riedl 2010, S. 221 f.).

Projektunterricht kann – bei allen Gemeinsamkeiten – recht unterschiedlich gestaltet sein. So werden im Rahmen von *berufsbezogenen Erkundungsprojekten* Praxiserfahrungen in sieben Schritten reflektiert und vertieft. Themen aus der Praxis werden in Projektform gebracht, geplant und umgesetzt. Handlungen können hier erprobt und analysiert werden (Landwehr 2002, S. 68). In *Erfahrungs- und Erkundungswerkstätten* steht das Erleben der Lerngruppe im Fokus. Sensomotorisches und situatives Wissen kommt zur Anwendung, damit Zusammenhänge in den jeweiligen Handlungen erfasst werden können. Projektunterricht kann z. B. als Rollenspiel, als Planspiel, als Fallberatung, als Praxisberatung, als Interview oder Gruppenarbeit stattfinden (Meyer-Hänel/Umbescheidt 2006, S. 279). Auch im Rahmen einer *Lernwerkstatt* haben die Auszubildenden die Möglichkeit einzeln oder in Gruppen unterschiedlichste Aufgaben zu lösen. Es ist also eine Möglichkeit praxisorientierte Fähigkeiten und Fertigkeiten zu stärken. In einem sogenannten *Problemlösungszirkel* (moderierter Erfahrungsaustausch) werden Probleme analysiert und nach bestimmten Vorgaben geklärt. Lösungsvorschläge werden besprochen und reflektiert. Es lässt sich auch hier wieder feststellen, dass Reflexion wesentlich ist, damit Handlungskompetenzen weiterentwickelt werden können (Landwehr 2002, S. 69 f.).

3.2.4 Problem-based Learning

Das problembasierte (PBL) oder problemorientierte (POL) Lernen ist eine Möglichkeit, erkenntnis- und problemorientiert zu lernen, wobei das Problem nicht ein Problem an sich darstellt, sondern einen Fall oder eine Sachlage, die bearbeitet werden soll (Weber 2007, S. 12 f.). Im Rahmen der *problemorientierten Fallarbeit* erhält die Lerngruppe praxisnahe Fallbeispiele und versucht die im Fall dargestellten Probleme zu beschreiben sowie in vorgegebenen Schritten zu lösen (Landwehr 2002, S. 67). Im Vordergrund steht in dieser Methode nicht das Lehren, sondern das Lernen, d. h. je besser ein Problem konstruiert wird, umso höher ist die Lernqualität innerhalb dieses Lernprozesses. Eigenverantwortung und Autonomie der lernenden Personen ist vorteilhaft und zudem im Berufsalltag erwünscht (Weber 2007).

Im Zusammenhang mit dem problembasierten Lernen ist die *Siebensprungmethode*, welche von der Universität Maastricht konzipiert wurde, etwas näher zu erläutern. Diese Siebensprungmethode wird u. a. in europäischen Fachhochschulen für Gesundheits- und Krankenpflege angewendet und dient der Bearbeitung von Problemaufgaben. Die Methode besteht aus sieben Schritten in drei Phasen (Weber 2007, S. 34). In den ersten fünf Schritten der ersten Phase wird das Problem bestimmt und analysiert und passende Lernfragen formuliert. In Phase 2 erfolgt eine Wissensaneignung der Lernenden durch individuelle Erarbeitung der Antworten zu allen Lernfragen. In der dritten Phase und dem Schritt 7 bespricht die Lerngruppe die erarbeiteten Antworten und reflektiert diese auch. Dabei werden Lösungsvorschläge nicht nur diskutiert, sondern im Bedarfsfall auch korrigiert. Die erworbenen Kenntnisse werden danach in weiteren Übungen umgesetzt.

Die Vorteile des problembasierten Lernens liegen darin, dass sie an der lernenden Person orientiert sind. Vor allem das eigenverantwortliche Lernen wird angeregt. Von Bedeutung sind auch die interdisziplinären problemorientierten Fallbeispiele, welche die Handlungskompetenz der jeweiligen Lerngruppen themenübergreifend fördert (Weber 2007, S. 14 ff.).

4 Lernen und Lehren im Ehrenamt der nichtpolizeilichen Gefahrenabwehr

Mit dem Lernen allgemein beschäftigen sich unterschiedliche wissenschaftliche Disziplinen. Die Neurobiologie befasst sich dabei mit der Frage, wie der Mensch lernt, aber interessiert sich nicht dafür, warum und was er lernt. Diese Fragen greifen dann eher die Psychologie und die Pädagogik auf (Falk 2010, S. 37). So ist Lernen z. B. auch Thema der Allgemeinen und der Pädagogischen Psychologie, wobei ganz unterschiedliche Schwerpunkte gelegt werden. Während es der Allgemeinen Psychologie um grundlegende psychische Funktionen geht, wie etwa Wahrnehmung, Gedächtnis, Wissen, Denken, Fühlen und Handeln, interessiert sich die Pädagogische Psychologie für die Anwendung der lerntheoretischen Befunde in Beruf und Alltag (Edelmann/Wittmann 2012, S. 208 f.).

Werden die Best-Practice-Ansätze in Kapitel 5 von der Theorie aus betrachtet, basiert das Lernen von Mitgliedern in Ehrenamtsorganisationen bzw. in Organisationen der nichtpolizeilichen Gefahrenabwehr vor allem auf der sozialkognitiven Lerntheorie (Bandura 1976), die eine der drei klassischen Lerntheorien Behaviorismus, Kognitivismus und Konstruktivismus ist (Fauland 2013). Interessant erscheint in Zusammenhang mit menschlichen Lernprozessen auch die Gehirnforschung (Spitzer 2006). So lassen sich von zentralen Erkenntnissen der Gehirnforschung auch direkte Verbindungen zu verschiedenen Lerntheorien ziehen und Empfehlungen zur Gestaltung von Unterrichtsszenarien treffen.

4.1 Modelllernen und Selbstwirksamkeit

Die sozialkognitive Lerntheorie stellt fest, dass Lernen einen starken Handlungsbezug hat (Bandura 1976, 1979). In seiner Theorie geht Bandura von der zentralen Annahme aus, dass ein beobachtetes und vom jeweiligen Individuum selbst gewünschtes Verhalten nachgeahmt wird, die Beobachtung eines Modells also die Beobachterin/den Beobachter selbst beeinflusst. Für das Lernen nach Banduras Theorie werden deshalb auch Begriffe wie Beobachtungslernen, Lernen am Modell (Modelllernen) und Imitationslernen gebraucht (Edelmann/Wittmann 2012, S. 163 ff.; Falk 2010, S. 53).

Durch dieses sogenannte Modelllernen lassen sich auch komplexe soziale Handlungen aneignen, wobei der beobachteten Person – der Modellperson – eine bedeutsame und entscheidende Rolle zukommt (Bandura 1976, 1979; von Hippel/Kulmus/Stimm 2019; Bodenmann/Perrez/Schär 2011, S. 242). So muss die Modellperson bestimmte Attribute erfüllen, damit ihr Verhalten nachgeahmt wird. Modelle mit hohem sozialem Status (relativ zu dem der jeweiligen Beobachter/-innen) werden stärker imitiert. Es ist auch eine Identifikation der beobachtenden Personen mit der Modellperson erforderlich. Je ähnlicher die Modellperson der eigenen Person ist, desto stärker werden die wahrgenommenen Verhaltensweisen imitiert. Von zentraler Bedeutung ist natürlich, dass das beobachtete Verhalten der Modellperson auch von Erfolg im Sinne einer anvisierten Zielerreichung gekrönt sein muss.

Die Lernprozesse nach Banduras Theorie erfolgen in einer Aneignungs- und einer Ausführungsphase. In der Aneignungsphase geht es zunächst um Aufmerksamkeits- und Wahrnehmungsprozesse, die bei der beobachteten Person u. a. durch das Erregungsniveau geprägt sind. Dieses Erregungsniveau fördert die Wahrnehmung des Modellreizes am besten, wenn es im mittleren Bereich liegt, ein zu hohes Niveau, wie z. B. bei Angst, stört die Wahrnehmung. In die Aneignungsphase gehören auch Behaltensprozesse, wobei Informationen vor allem verbal codiert im Gedächtnis gespeichert werden. Neue Informationen können dadurch immer zum bereits bestehenden Wissen der beobachtenden Person in Beziehung gesetzt werden. In der zweiten Phase – der Ausführungsphase – spielen vor allem motorische und motivationale Prozesse eine Rolle. Nicht alle beobachteten Verhaltensweisen sind auch sofort in die Praxis umsetzbar. Zum Üben braucht es daher auch Rückmeldungen bzw. Feeback, auf das in den Best-Practice-Beispielen ebenfalls explizit verwiesen wird (Bandura 1976, 1979).

In Zusammenhang mit der sozial-kognitiven Lerntheorie ist auch die sogenannte Selbstwirksamkeit von zentraler Bedeutung. Diese setzt sich aus Kompetenz- und Ergebniserwartung zusammen: »Wahrgenommene Selbstwirksamkeit stellt eine Beurteilung der eigenen Befähigung ein bestimmtes Leistungsniveau zu erreichen dar, wohingegen eine Ergebniserwartung eine Beurteilung der wahrscheinlichen Konsequenz ist, die ein solches Verhalten hervorrufen wird.« (Bandura 1986, S. 391 zit. n. Schermer 1991, S. 99). Demnach wird sich die Person – etwa die/der ehrenamtliche Mitarbeiterin/Mitarbeiter der Lösung eines Problems erst dann richtig zuwenden, wenn er sich zutraut, das Problem lösen zu können. Das Vertrauen von Angehörigen des Ehrenamts in sich selbst, das gesamte Konzept des Modelllernens der sozialkognitiven Lerntheorie, ist daher von zentraler Bedeutung in der nichtpolizeilichen Gefahrenabwehr.

4.2 Die Macht von Geschichten

Beim Lernen ist es bedeutsam, dass unvollständige Informationen mit bereits Bekanntem verknüpft werden (Spitzer 2006, S. 22). Zwei Faktoren müssen erfüllt sein, damit das Gehirn die Informationsaufnahme unterstützt. Zum ersten müssen Informationen vergleichsweise neu und interessant sein, zum zweiten müssen die Informationen aber auch eine für das Gehirn sinnvolle Verbindung haben, um auch nachhaltig gemerkt werden zu können. Einzelheiten machen also nur im Zusammenhang Sinn und genau dieser Zusammenhang macht die Einzelheiten interessant. Fakten erhalten erst durch die Geschichte rundherum für unser Gehirn Bedeutung (Spitzer 2006, S. 34 f.). Für die lehrende Person heißt das, dass sie auch gut »Geschichten erzählen« können muss – nämlich die Entstehungsgeschichten zu den gegebenen Informationen. Nebeninformationen, wie praktische Beispiele oder persönliche Erfahrungen der lehrenden Person sind bei diesen Geschichten ebenso von Bedeutung, weil sie positiv für das Speichern wirken (Gudjons/Traub 2012, S. 227 f.).

Wenn also in Aus- und Fortbildung für Ehrenamtliche der nichtpolizeilichen Gefahrenabwehr nach Szenarien bzw. nach Einsatzlagen geübt wird, dann ist das als besonders anregend für den Lernprozess darzustellen, weil eben diese Szenarien solche Entstehungsgeschichten bzw. auch Nebeninformationen sind. Diese positive Anregung ist auch deshalb von Bedeutung, weil dadurch die Speicherfähigkeit des Gehirns gefördert und damit das Lernen gefördert wird (Riedl 2010, S. 40 ff.). Zusätzlich basiert das Lernen nach Einsatzlagen vielfach auch darauf, dass Bewegungssequenzen in die Unterrichtseinheit eingebaut werden. Diese Bewegung hat wiederum eine positive Wirkung, weil sie die Konzentrationsfähigkeit verbessert (Klein/Träbert. 2009; S. 99). Nicht nur für haptische Lerntypen (Vester 2020) ist also Bewegung von hoher Bedeutung für den Lernprozess. Aus Studien lassen sich zahleiche positive Nebeneffekte von Bewegungseinheiten im Unterricht beschreiben (Weineck 2012; Trudeau/Shepard 2008; Österreichischer Rundfunk Wien 2018; Hannaford 2016, S. 136). Da die Ausbildung in der nichtpolizeilichen Gefahrenabwehr in großem Umfang die Ausbildung von Handlungskompetenzen fokussiert, lassen sich in vielen der Best-Practice Ansätze in Kapitel 5 Unterrichtszenarien darstellen, die in Bewegungseinheiten gegliedert sind.

Geschichten und Emotionen erleichtern weiter das Anknüpfen an bereits erlernte Inhalte, was insbesondere für ältere ehrenamtlich Tätige von zentraler Bedeutung ist, weil die Geschwindigkeit neue Sachverhalte zu lernen, mit zunehmendem Alter sinkt (Spitzer 2006, S. 277 f.). Je älter also der Mensch wird, umso deutlicher ausgeprägter ist das Verständnis für seine Umwelt und umso weniger ist der Mensch für ein Überleben bzw. Zurechtfinden in dieser Umwelt auf schnelles Lernen neuer Sachverhalte angewiesen. Der ältere Mensch verfügt ja bereits über einen reichhaltigen Erfahrungs- und Verständnisschatz. Diesen Schatz gilt es bei der Planung von Fort- und Weiterbildungen zu aktivieren und gerade ältere Teilnehmende im Blick zu haben (Spitzer 2006, S. 280ff).

4.3 Empfehlungen für Lehr-/Lernarrangements im Ehrenamt

Im 20. Jahrhundert nähern sich empirische Lehr-Lernforschung und empirisch ausgerichtete Fachdidaktiken an die allgemeine Didaktik an. Neurowissenschaften und Lernpsychologie beschäftigen sich verstärkt mit der Fragestellung, welche Forschungsergebnisse für Schule und Unterricht bedeutend sind. Über empirische Untersuchungen zum Thema Lernen und Lehren wird in zunehmendem Ausmaß versucht, Hinweise für didaktisches Handeln zu gewinnen. Aus den Befunden verschiedener Lerntheorien – insbesondere der sozialkognitiven Lerntheorie – und der modernen Gehirnforschung (Hericks/Kunze 2008, S. 754; Maier 2012, S. 11 ff.; Spitzer 2011), lassen sich nachfolgend zusammengefasst Konsequenzen für Aus-, Fort- und Weiterbildungsmaßnahmen im Ehrenamt der nichtpolizeilichen Gefahrenabwehr ableiten.

Der Unterricht soll die Neugier wecken, da das Gehirn immer lernen möchte und nach neuen Informationen Ausschau hält, um dies mit bekannten Wissensinhalten zu verbinden. Daraus lässt sich die Bedeutsamkeit von adäquaten Materialien sowie Anregungen zu entdeckendem und aktivem Lernen ableiten.

Bei der Vermittlung neuer Inhalte ist es daher auch günstig, an Bekanntes und Vorwissen anzuknüpfen. Dieses sogenannte Anschlusslernen impliziert für die Lernprozesse Erwachsener, dass neue Informationen in ein komplexes, Zusammenhänge durchschauendes, problemorientiertes Wissen eingeordnet werden müssen. Anschlusslernen gelingt leichter, wenn Inhalte einen Lebensweltbezug zu den Bildungsteilnehmerinnen/-teilnehmern aufweisen. Lerninhalte sollten emotional positiv mar-

4.3 Empfehlungen für Lehr-/Lernarrangements im Ehrenamt

kiert und Inhalte mit Erzählungen verbunden sein. Wichtig beim Lernen sind auch Vorbilder und Erfolgserlebnisse, deshalb muss der Unterricht so gestaltet sein, dass er diese auch ermöglicht.

Die hohe Bedeutsamkeit der Biografie lernender Personen lässt sich als zentral für Lernprozesse herausarbeiten. Insbesondere wenn gleichzeitig festgestellt wird, dass neue Inhalte anschlussfähig vermittelt werden müssen, denn dies bedeutet, dass bisherige Wissensaneignungen bzw. Wissensstände, Fähigkeiten und Kompetenzen der lernenden Person der lehrenden Person bekannt sein müssen. Fragerunden zu Beginn von Veranstaltungen bieten Lehrenden die Möglichkeit, Fähigkeiten und Kompetenzen bzw. Kompetenzbereiche bei den Lernenden zu erfahren bzw. unterstützen deren Einschätzung. Auch eine Evaluierung der Methoden und Inhalte während laufender Unterrichtssequenzen können eine steuernde Maßnahme sein.

Beim Unterricht muss die gesamte Sensomotorik integriert werden – der Körper und die Sinne sind in den Lernprozess einzubeziehen, weil vor allem durch Zusehen, Zuhören, Ausprobieren und Nachahmen gelernt wird. Zu beachten sind auch exekutive Funktionen für das Lernen. Diese exekutiven Funktionen dienen der Kontrolle, Überwachung und Steuerung von Lernprozessen und münden in einer Selbststeuerung und zielgerichteten Handlungssteuerung, wie sie z. B. die Anwendung unterschiedlicher Lernstrategien darstellen können. Eine entspannte Atmosphäre – hergestellt z. B. durch ein freundliches Auftreten der Lehrkraft – und eine störungsarme Lernumgebung fördern das Lernen. Phasen der Entspannung dienen der Gedächtniskonsolidierung und egal aus welcher Perspektive – ob pädagogisch, psychologisch oder medizinisch – der Prozess des Übens und Wiederholens ist unumgänglich, wenn Gelerntes nachhaltig gefestigt werden soll. Mit zunehmendem Alter der ehrenamtlichen Mitarbeitenden müssen solche Wiederholungssequenzen häufiger stattfinden. Weiter gilt es bei der Planung von Aus- und Weiterbildungsveranstaltungen zu berücksichtigen, dass der Lernprozess mit zunehmendem Alter verlangsamt abläuft (Reuter 2005, S. 2; Spitzer 2006; Riedl 2010, S. 39).

Allgemein lässt sich sagen, dass das Gedächtnis umso intensiver trainiert wird, je mehr und vielfältiger das Gehirn beansprucht wird. Für die Gestaltung von Aus- und Fortbildung im Ehrenamt der nichtpolizeilichen Gefahrenabwehr, folgt daraus, dass es notwendig ist, eine Vielfalt an Methoden und zahlreiche Möglichkeiten zum Wiederholen einzubauen. Gerade weil ein Ehrenamt nicht in der Intensität ausgeübt wird bzw. nicht ausgeübt werden kann wie eine hauptamtliche Tätigkeit. Erst wenn die neuen Informationen mit bekannten Inhalten assoziiert werden können, kann auch die Anzahl der Wiederholungen verringert werden (Lefrançois 2014, S. 308).

Gemeinsam mit Jochen Böhm (▶ Kapitel 5.1) lässt sich abschließend der Frage nachgehen, was einen guten Unterricht ausmacht. Schnell geht es hier um methodisch-didaktische Überlegungen, also um Diskussionen, welcher Inhalt in welcher Form zu vermitteln sei. Keine Frage: Gerade in der Erwachsenenbildung ist die Planung von Bildungsveranstaltungen auf mesodidaktischer und mikrodidaktischer Ebene von zentraler Bedeutung. In einer Zeit, in der Individualisierung und Differenzierung zentrale Kernelemente von Unterricht darstellen, sind Überlegungen darüber, wie Lehrpläne entrümpelt werden können, wie Methoden vielfältiger, den lerntheoretischen Erkenntnissen entsprechend und verschiedene Lerntypen und Individuen berücksichtigend eingesetzt werden können, unabdingbar um Lernprozesse zu unterstützen. Bis heute konnte aber auch aufgrund zahlreich durchgeführter Studien nicht nachgewiesen werden, dass einzelne Methoden anderen überlegen wären. Daraus kann geschlossen werden, dass für den Unterrichtserfolg eine Vielzahl an Variablen und vor allem deren Zusammenspiel verantwortlich sind (Oelke/Meyer 2013, S. 173).

Aspekte erfolgreichen Lernens, die neben allen Diskussionen um Methoden und didaktischen Planungen oft vergessen werden, betreffen aber auch die Lehrperson selbst. Methode und Didaktik dürfen und können nicht als losgelöst von der Lehrperson gesehen werden (Hattie 2009; 2012). Kurz gesagt bedeutet dies, dass neben allen institutionellen Einflüssen von Bildungssystemen die Bedeutsamkeit der Lehrperson für die Herausbildung sozial-emotionaler Verhaltensweisen, für Denk- und Glaubensmuster und für kognitive Prozesse nicht aus den Augen geraten darf. Es lässt sich feststellen, dass es egal ist, ob eine Lehrperson in Gruppen oder frontal unterrichtet, ob sie am Computer, an der Tafel oder am Overheadprojektor sitzt. Der einen Lehrperson hören die Lernenden gebannt zu, die andere Lehrperson kann tun, was sie will und niemand hört zu. Es kommt also nicht unbedingt auf den Einsatz von Methoden und Technik an, sondern grundlegend zählt die Beziehung zwischen Lehrenden und Lernenden als Basis für die Lernmotivation. Und die ist von zentraler Bedeutung, denn was Freude bereitet, das wird auch gut gemacht (Spitzer 2006, S. 412ff).

Es ist also letztlich die hochspannende Verbindung zwischen Mensch, Methode und Didaktik, die Bildungsveranstaltungen im Sinne von Wissenstransfer und Handlungsbefähigung der Teilnehmenden zum Erfolg führt oder nicht.

5 Best-Practice-Ansätze zur Professionalisierung der Aus-, Fort- und Weiterbildung

Dass Deutschland sowie die angrenzenden Länder im deutschsprachigen Raum im Bevölkerungsschutz gut aufgestellt sind, gelingt insbesondere durch das fast flächendeckende Netz an ehrenamtlichen Einsatzkräften, welche die nicht unerhebliche Anzahl an hauptberuflichen Einsatzkräften unterstützen. Sollte es für die Zukunft nicht gelingen, das integrierte und flächendeckende Hilfeleistungssystem in den deutschsprachigen Ländern auch in den kommenden Jahren durch eine ausreichende Anzahl an kompetenten, engagierten und motivierten Führungs- und Einsatzkräften nachhaltig zu sichern, wäre das definitiv nicht nur für die Sicherheit eine große Gefahr, sondern auch gesellschaftspolitisch ein nicht wiedergutzumachender Schaden. Ein Blick in die Zukunft und alleine auf das uns herausfordernde Thema des Klimawandels mit seinen Erscheinungsformen der Extremwetterereignisse zeigt unumstößlich, dass wir als Gesellschaft gut beraten sind, neben umfangreichen präventiven Maßnahmen, alles zu tun die Gefahrenabwehr in unseren Ländern handlungs- und leistungsfähig und auf dem jeweiligen Stand der Technik zu halten. Ohne ein starkes ehrenamtliches Element werden alle Versuche eine schlagkräftige, auch längerfristig durchhaltefähige sowie finanzierbare Gefahrenabwehr aufzustellen, definitiv keinen Erfolg haben.

Es sei deshalb an dieser Stelle erlaubt noch einmal kurz darüber zu reflektieren, wie wir unsere Organisationen der nichtpolizeilichen Gefahrenabwehr im Bevölkerungsschutz auch zukünftig erfolgreich aufstellen können. Sucht man nach Erfolgsfaktoren für die Gestaltung von Organisationen, so kann ein Blick in die Betriebswirtschaft und die Welt von erfolgreichen Unternehmen hilfreich und aufschlussreich sein. Der Erfolg von Unternehmen und Betrieben hängt davon ab, wie gut der Unternehmer sein Business versteht. Spannend ist an dieser Stelle auch ein Blick in die Studie der Philadelphia Management GmbH (ebd. 2013), die detailliert der Frage nachging, was erfolgreiche Unternehmen eigentlich ausmacht und welche Faktoren für den Erfolg einer Organisation wichtig sind. Die Studienergebnisse weisen sieben Faktoren als bedeutsam aus. Es braucht klare *Strategien* und Positionierungen, die sich von den Bedürfnissen und Erwartungen der Kunden ableiten. Das *Management* muss wahrnehmbar, glaubwürdig und vorbildlich sein. Es braucht außerdem Führungspersonen,

5 Best-Practice-Ansätze zur Professionalisierung

die an einem Strang ziehen. Ein wertschätzender Umgang mit den Mitarbeiterinnen und Mitarbeitern ist in erfolgreichen Unternehmen eine Selbstverständlichkeit, denn solche Unternehmen erkennen, dass die Mitarbeiterinnen und Mitarbeiter das eigentliche Herzstück eines Unternehmens sind. Deshalb wird in die Kompetenz und Motivation investiert und Weiterbildung sichergestellt. Die Mitarbeiterinnen und Mitarbeiter werden zudem in den Unternehmenserfolg eingebunden. Es braucht *Struktur*, d. h. Zuständigkeiten müssen klar geregelt sein, damit die Zusammenarbeit voneinander abhängiger Teams funktioniert. Erfolgreiche Unternehmen sind *innovativ* und besitzen daher die Fähigkeit, sich schnell an Veränderungen im geschäftlichen Umfeld anzupassen – es sind agile Unternehmen. Zu den weiteren Erfolgsfaktoren zählt die *Zusammenarbeit* im Unternehmen. Teamwork ist wichtiger als Konkurrenz. Mitarbeiter müssen von Anfang an geschult und eingewiesen werden, wenn qualitativ hochwertig gearbeitet werden soll. Die benötigten *Arbeitsmittel* und Materialien dürfen dabei nicht fehlen (Philadelphia Management GmbH 2013).

Übersetzt man die Ergebnisse der Studie wieder allgemein für die Einsatzorganisationen in der Gefahrenabwehr, so wird klar, dass neben diversen Begleitfaktoren das allergrößte Gut dieser Organisationen eindeutig die Menschen (Einsatzkräfte, Führungskräfte) sind. Investitionen in diese Menschen sind der Garant für nachhaltigen Erfolg. Investition gerade im Kontext des ehrenamtlichen Engagements wiederum bedeutet natürlich auch Investition in moderne Technik und Arbeitsmittel, zu einem großen Teil insbesondere aber Investition in Aus-, Fort- und Weiterbildung. Dass es sich dabei nicht nur um eine schnell dahingesagte These ohne jegliche Grundlage handelt, widerlegen auch die massiven Anstrengungen der deutschen Bundesregierung: »Das Wichtigste in unserem Land sind die Menschen mit ihrem Können, ihrer Kreativität und ihrem Engagement. Diese Stärke baut auf Qualifikationen und Kompetenzen. Durch den – insbesondere von der Digitalisierung getriebenen – Wandel der Arbeitswelt werden sich Berufsbilder und Qualifikationsprofile massiv verändern. Weiterbildung ist der Schlüssel zur Fachkräftesicherung, zur Sicherung der Beschäftigungsfähigkeit aller Arbeitnehmerinnen und Arbeitnehmer und damit für die Innovationsfähigkeit und Wettbewerbsfähigkeit unseres Landes…« (Bundesministerium für Arbeit und Soziales/Bundesministerium für Bildung und Forschung 2019). Im Rahmen der Fortschreibung der Nationalen Weiterbildungsstrategie spricht die Bundesregierung gar von einem »Aufbruch in eine Weiterbildungsrepublik«: »Weiterbildung und lebensbegleitendes Lernen sind angesichts des raschen digitalen, demografischen und ökologischen Wandels notwendiger denn je. Dies sollte der breiten Öffentlichkeit deutlicher vermittelt werden. Es braucht ein breites gesellschaftliches Bewusstsein, Akzeptanz sowie Motivation und Möglichkeiten zur

5 Best-Practice-Ansätze zur Professionalisierung

Weiterbildung. Kontinuierliches Lernen im Lebensverlauf ist eine Zukunftsinvestition für neue Chancen: für den Erhalt und Ausbau der Beschäftigungsfähigkeit, für individuelle Entwicklungs- und Aufstiegsperspektiven, für die Sicherung der Fachkräftebasis sowie für die Innovations- und Wettbewerbsfähigkeit der deutschen Wirtschaft...« (Bundesministerium für Arbeit und Soziales/Bundesministerium für Bildung und Forschung).

Damit sind wir im Kernbereich unserer Publikation angelangt. Neben den theoretischen Grundlagen und Beschreibungen zum besonderen Aufgabenspektrum und zur Struktur der Einsatzorganisationen im Bereich der nichtpolizeilichen Gefahrenabwehr sowie zu den Grundlagen einer modernen kompetenz- und handlungsorientierten Didaktik, geht es nun um die Frage, wie Exzellenz bzw. Professionalisierung im Bereich der Bildung der Angehörigen im Bevölkerungsschutz konkret aussehen kann. Anhand von elf ausgewählten Beiträgen von Fachautoren aus verschiedensten Einrichtungen und Organisationen im deutschsprachigen Raum, möchten wir Wege aufzeigen, in welche Richtung die Entwicklungen im Bereich der Aus-, Fort- und Weiterbildung gehen können und sollten, um auch zukünftig die Einsatzfähigkeit der Organisationen der Gefahrenabwehr bestmöglich zu gewährleisten.

»Was Hänschen nicht lernt, lernt Hans nimmermehr« – diese Prämisse hat definitiv ausgedient! Aus der Bildungsforschung und aus der beruflichen Praxis wissen wir, dass der Kompetenzerwerb in verschiedene Phasen gegliedert wird und lebenslanges bzw. lebensbegleitendes Lernen ein Gebot der Stunde ist. Das ist bei der Feuerwehr und den Hilfsorganisationen der Gefahrenabwehr nicht anders als beispielsweise beim Erlernen einer Fremdsprache: Man muss zuerst die Vokabeln lernen (Wissenserwerb), die Grammatik verstehen, Sätze bilden können (Fertigkeiten) und vor allem viel Üben und das Erlernte immer wieder anwenden. Der Vorgang kann Monate, auch Jahre dauern und möglicherweise ist die Enttäuschung groß, wenn man merkt, dass bei der ersten Konversation mit einem »native speaker« klar wird, dass nach wie vor große Anstrengungen nötig sind, um miteinander zu kommunizieren. Praktiziert man kontinuierlich weiter und verbringt einige Zeit im fremdsprachigen Ausland, stellt sich eine Art »Automatismus« ein. Man hat das Gefühl, nicht mehr darüber nachdenken zu müssen, in einer anderen Sprache als der Muttersprache zu reden. Dann ist »Kompetenz« nach dem Stufenmodell »Wissen – Fertigkeit – Kompetenz« aufgebaut.

Dies ist aber ohne professionelle Aus-, Fort- und Weiterbildung definitiv nicht zu erreichen. Führungskräfte in den Feuerwehren und den Hilfsorganisationen aber

5 Best-Practice-Ansätze zur Professionalisierung

auch die ausbildenden Personen in den einschlägigen Bildungseinrichtungen müssen mehr denn je erkennen, dass Kompetenzerwerb nicht nur einsatzrelevant, sondern eine Maßnahme der Mitgliederfindung sowie -bindung und damit auch zur Motivation darstellt. Dabei nehmen die Begleitung durch das Führungsteam sowie Ausbilderinnen und Ausbilder eine zentrale Rolle ein.

Diesen Zugang kannte man in der Feuerwehr und den Hilfsorganisationen vor wenigen Jahren noch gar nicht, zumal vielfach davon ausgegangen wurde, dass »Kompetenz« durch die Absolvierung eines Kurses an einer Landesfeuerwehrschule oder einer Bildungseinrichtung der Hilfsorganisationen einfach erworben wird. Dieser Ansatz hat ausgedient. Der Kompetenzerwerb von Mitgliedern muss zu einer der zentralen Führungsaufgaben in der Feuerwehr und den Hilfsorganisationen sowie den zugehörigen Bildungseinrichtungen werden.

Die angesprochenen Bildungseinrichtungen haben nach unserer Ansicht mittlerweile erkannt, dass ihre Bildungsprodukte einen unverzichtbaren Teil des Kompetenzpfades von Einsatz- und Führungskräften im Bevölkerungsschutz darstellen. Natürlich ist beim Transfer Unterstützung erforderlich. Innerhalb der einzelnen Organisationen, beispielsweise in vielen Ortsfeuerwehren, lässt sich feststellen, dass gerade im ehrenamtlichen Ausbildungskontext vielfach noch die Meinung vorherrscht, dass Wertschätzung dafür ausreicht, wenn jemand möglicherweise in der Urlaubszeit Lehrveranstaltungen an einer Landesfeuerwehrschule besucht und deshalb dem notwendigen Kompetenzerwerb bereits genüge getan ist. Die Wertschätzung hierfür ist keinesfalls zu hinterfragen, dennoch ist diese Denkweise gänzlich falsch. Denn um Kompetenzerwerb aktiv zu unterstützen, müssen mehrere Maßnahmen (Puzzleteile) ineinandergreifen und transparent sein, alle Interessensgruppen eingebunden und berücksichtigt werden. Es macht also aus Sicht der Praxis keinen Sinn, beispielsweise die Ausbildungsmodelle der Landesfeuerwehrschulen und Bildungseinrichtungen der Hilfsorganisationen umzustellen, dynamischer, modularer und handlungsorientierter zu gestalten, ohne dass die Mitglieder selbst, die Führungskräfte, die Ausbildungsbeauftragten und die gesamte Organisation verstehen (das sind die angesprochenen Interessensgruppen), wer welchen Teil des Bildungsprozesses in welcher Verantwortung übernimmt und wer welche Rolle einnimmt. Es gibt also etliche Schnittstellen.

Wir befinden uns nach wie vor auf einem interessanten und spannenden Pfad, dessen Entwicklung sicher bei weitem nicht abgeschlossen ist. In der Folge möchten wir den Weg vor dem Hintergrund der bisherigen Ausführungen in diesem Buch skizzieren und auf relevante Entwicklungen zur Exzellenz und Professionalisierung eingehen, die, wenn sie wie bei einem Puzzle systematisch zusammengefügt werden und ineinandergreifen, ein klares Bild ergeben. Bei einer genauen Betrachtung der Beiträge lässt sich erkennen, wo Professionalisierung und Exzellenz ansetzen sollte. Wir haben insbesondere fünf Elemente identifiziert, die wir im Folgenden als die **»Fünf Puzzleteile des Kompetenzerwerbs«** bezeichnen und beschreiben wollen.

Das **erste Puzzleteil** stellen **die Ausbilderinnen und Ausbilder** dar. Diese hatten an Bildungseinrichtungen der Gefahrenabwehr vor Jahren noch eine Art Monopol inne und wurden in der Regel von den Teilnehmerinnen und Teilnehmern nicht kritisch hinterfragt. Unterlagen und Informationen waren oftmals nur in Präsenzkursen zu erhalten. Spätestens mit dem Einzug des Internets und der Verbreitung des »Bevölkerungsschutz-Marktes« wurde klar, dass Ausbilderinnen und Ausbilder an den entsprechenden Einrichtungen Dienstleister und Lernbegleiter sind und auch deren Leistung, Fachwissen und Kompetenz regelmäßig kritisch beleuchtet wird. Der »Kasernenton« hat heutzutage ausgedient, wenngleich hierarchische Strukturen und »Ausbilderinnen und Ausbilder als Vorbilder« notwendig bleiben. Das Selbstbild der ausbildenden Personen muss sich laufend weiterentwickeln und optimieren. Es sind längst keine »Alleskönner« mehr, sondern je nach Zielsetzung Lehrerinnen/Lehrer (das ist in der Tat Wissensvermittlung), Trainerinnen/Trainer, welche die »Hand« zur Unterstützung reichen oder Coaches, die Feedback auf Augenhöhe übermitteln. Welche Rolle einzunehmen ist, hängt letztlich vom jeweiligen Ausbildungsziel ab (Wissen, Fertigkeit, Kompetenz) und viel mehr noch von der individuellen Teilnehmergruppe, die niemals homogen sein wird. Trainerinnen und Trainer müssen sich darauf einstellen, dass sie/er den Bogen zwischen Zielen und Teilnehmerbedürfnissen zu spannen hat. Und das sehr konsequent.

Will man die Qualität des Kompetenzerwerbes bei den Teilnehmerinnen und Teilnehmern nachhaltig ausbauen, muss klar sein, dass in erster Linie in die Handlungskompetenz des Lehrpersonals investiert werden muss, d. h. also insbesondere in personale, sozial-kommunikative, fachliche sowie didaktisch-methodische Kompetenzen. Diese Investition ist sicher gewichtiger und notwendiger als die Investition in jede Übungsanlage oder jeden noch so modernen Seminarraum. Die Herausforderung für die ausbildenden Personen, egal ob haupt- oder ehrenamtlich, liegt darin, mit Zielen umzugehen und diese als aktive Steuergröße in jeden Ausbildungsvorgang zu integrieren. Das ist zwar nicht neu, aber noch lange nicht flächendeckend institutionalisiert. Es ist für eine/n Ausbilderin/Ausbilder unumgänglich, sich im Klaren zu sein, ob eine Einheit der Vermittlung von Wissen dient (Ausbilderin/Ausbilder= Lehrerin/Lehrer), praktische Fertigkeiten ausgebaut (Ausbilderin/Ausbilder=Trainerin/

5 Best-Practice-Ansätze zur Professionalisierung

Trainer) oder diese zur Unterstützung des Kompetenzerwerbes perfektioniert werden sollen (Ausbilderin/Ausbilder=Coach). Um dorthin zu gelangen, muss die ausbildende Person ein »Radar« für die Teilnehmergruppe entwickeln, empathisch sein und erfassen, wo die Teilnehmenden am Beginn stehen und wo deren Bedürfnisse liegen. Wesentlich ist es auch, die Zielsetzung zu kommunizieren und transparent zu machen. Die Teilnehmerverantwortung zur Zielerreichung ist anzusprechen und auch einzufordern. Praxiserfahrungen zeigen, dass die Splittung der Verantwortung – was übernimmt die/der Ausbilderin/Ausbilder, was übernehmen die teilnehmenden Personen – wichtig ist, um die Ziele zu erreichen. Ist die/der Ausbilderin/Ausbilder nicht aufmerksam genug, begibt sie/er sich rasch auf ein Terrain der Teilnehmerunzufriedenheit, was letztlich in Demotivation und mittelfristig in mangelnder Beteiligung münden wird. Qualität in der Trainerausbildung ist ein Schlüssel zum Aus- und Fortbildungserfolg.

Der von uns ausgewählten Best-Practice-Ansatz von *Jochen Böhm* baut auf einen im deutschsprachigen Raum einmaligen Ansatz auf, nämlich das Lehrpersonal der bayerischen Feuerwehrschulen nach deren Feuerwehrfachausbildung auch noch professionell zur/zum Pädagogin/Pädagogen weiterzubilden. Die sog. »Fachlehrer für Brand und Katastrophenschutz« sind professionell ausgebildete und geprüfte Lehrkräfte (Berufsschullehrerinnen/Berufsschullehrer), die am Staatsinstitut IV für Berufsschullehrerausbildung in Ansbach ausgebildet werden. Anhand einer Unterrichtssequenz für ehrenamtliche Gruppenführerinnen/Gruppenführer an der Feuerwehrschule in Geretsried zeigt Jochen Böhm auf, wie sich das Konzept der Handlungsorientierung zum Erreichen einer möglichst hohen Teilnehmeraktivität in nur einem einwöchigen Grundlagenlehrgang für angehende Führungskräfte von Freiwilligen Feuerwehren bestens integrieren lässt.

Markus Harrer beleuchtet in seinem Beitrag einerseits Grundlagen zum Kompetenzerwerb, andererseits beschreibt er als wichtige Methode das kooperative Lernen – gerade auch für Angehörige der ehrenamtlichen Einsatzorganisationen. In Verbindung mit der in Geretsried durchgeführten Weiterqualifizierung der Fachlehrerinnen/Fachlehrer zu Simulationstrainerinnen/Simulationstrainern, erörtert er zudem die besondere Wichtigkeit des Simulationstrainings für Einsatzkräfte und die Beobachtung der sog. Human Factors (menschlichen Faktoren) wie Wahrnehmung, Aufmerksamkeit und Entscheidungsfindung in diesen Sequenzen, die wiederum im Rahmen von Debriefings als wichtige Werkzeuge zur Entwicklung der Selbstkompetenz der Auszubildenden dienen.

5 Best-Practice-Ansätze zur Professionalisierung

Hubert Schaumberger präsentiert die mittlerweile seit vier Jahrzehnten jährlich durchgeführte Weiterbildung der Lehrkräfte (hauptamtlich und nebenamtlich) der österreichischen Feuerwehrschulen im Rahmen der sog. Ausbilderseminare des österreichischen Bundesfeuerwehrverbandes (ÖBFV). Anhand des mittlerweile 39. Ausbilderseminars des ÖBFV an der oberösterreichischen Landesfeuerwehrschule im Jahr 2021 mit dem Themenschwerpunkt »Menschrettung: Taktik, Technik und Medien«, zeigt er auf, welcher Aufwand seit vielen Jahren von den österreichischen Landesfeuerwehrschulen getätigt wird, um das Lehrpersonal auf dem Stand der Technik sowie der modernen Erwachsenenpädagogik zu halten und damit im ganzen Land zu einheitlichen Erkenntnissen und Ausbildungskonzepten beizutragen. Das Seminar zeigt u. a. wie der Einsatz von moderner Simulationstechnik (VR-Brillen) auch mit realen Einsatzübungen der Feuerwehr kombiniert werden kann.

Das **zweite Puzzleteil** ist unbestreitbar der **Lernort**, denn dieser trägt entscheidend zu einem guten und nachhaltigen Ausbildungserfolg bei. Aufgrund der großen Anzahl der ehrenamtlichen Angehörigen der Organisationen im Bevölkerungsschutz, finden zahlreiche Grundlagenlehrgänge sowie regelhafte Fortbildungsveranstaltungen naturgemäß an den örtlichen Standorten der jeweiligen Organisation (z. B. Ortsfeuerwehr) oder etwas übergeordnet auf Gemeindeebene oder auf Ebene des Landkreises statt. Die Einflüsse der Digitalisierung haben nicht nur den Arbeitsmarkt, sondern in gewisser Weise auch den Bildungsmarkt stark beeinflusst und revolutioniert. Veranstaltungen, die der reinen Wissensaufnahme dienen, werden mehr und mehr online durchgeführt, so dass es völlig gleichgültig ist, an welchem Ort sich die Angehörigen der Einsatzorganisationen befinden. Moderne E-Learning und Blended-Learning Konzepte sind auch unabhängig von Tag und Uhrzeit abrufbar und stehen dem Nutzer insofern on-demand zur Verfügung.

Nichtsdestotrotz zeichnet sich die Tätigkeit in der nichtpolizeilichen Gefahrenabwehr dadurch aus, dass es sich immer um praktisches Tun handelt, das im Einsatz gefragt ist. Insofern muss und sollte, so wie es auch die wissenschaftlichen Erkenntnisse der modernen Bildungsforschung belegen, Aus-, Fort- und Weiterbildung immer handlungsorientiert, also anhand von konkreten Handlungssituationen angelegt sein. Dazu braucht es dann eben Bildungseinrichtungen, in denen diese Praxissituationen am besten im Maßstab 1:1 abgebildet sind und in denen Aus-, Fort- und Weiterbildung quasi wie in der Realität stattfinden, aber eben unter kontrollierten und maximal sicheren Bedingungen für die Einsatzkräfte. Dass derartige Anlagen in der Regel hochaufwendig, teuer und komplex sind, liegt auf der Hand. Und dass man derartige hochprofessionelle Trainingsanlagen deshalb auch nur als zentrale Ein-

5 Best-Practice-Ansätze zur Professionalisierung

richtung an einzelnen Standorten in den Ländern vorhalten kann, ist ebenfalls einsichtig. Die Bundesländer in Deutschland und Österreich sowie die autonome Provinz Südtirol kommen ihrer Verantwortung für den Feuerwehrbereich nach, indem in der Regel in jedem Bundesland (mindestens) eine Landesfeuerwehrschule unterhalten wird. Ähnlich sieht es bei den Hilfsorganisationen aus, die oftmals mit Förderung des jeweiligen Landes oder in Verbindung mit einer Berufsfachschule für Notfallsanitäterinnen/Notfallsanitäter oder andere Berufsfelder entsprechende Ausbildungseinrichtungen betreiben. Erkennbar ist auch, dass an den Ausbildungseinrichtungen oftmals hauptamtliche (z. B. Berufsfachschulen), aber auch ehrenamtliche Einsatzkräfte aus- und fortgebildet werden. Gerade für ehrenamtliche Einsatz- und Führungskräfte lassen sich daraus viele Synergieeffekte erzeugen und Ansätze zur Professionalisierung ableiten.

Der von uns ausgewählte Best-Practice-Ansatz von *Roland Ampenberger* beschreibt eine wahrscheinlich weltweit einmalige Einrichtung, in der nicht nur Rettungseinsätze der Luftrettung mittels Hubschraubersimulatoren im Maßstab 1:1 geübt werden können. Vielmehr lassen sich auch diverse andere Einsatzszenarien am Berg, in Höhlen, an Gewässern oder anderen unwegsamen Geländedeformationen möglichst realitätsnah simulieren. Das Bergwachtzentrum für Sicherheit und Ausbildung (ZSA) ist heute nicht nur zentraler Orientierungspunkt für Ausbildung und Training in der Luftrettung und Bergrettung in ganz Deutschland, es ist auch zentrale Vernetzungsplattform, Trainings- und Ausbildungsort für verschiedenste Einsatzorganisationen sowie Erprobungsraum und Entwicklungsstätte für diese hochanspruchsvollen Einsatzszenarien.

Alexander Förg beschreibt in seinem Beitrag die Staatliche Feuerwehrschule in Geretsried, in der ein zumindest ein Deutschland einmaliges Übungsdorf mit dem Namen »Freistadt« realisiert wurde, um anhand diverser Übungseinrichtungen verschiedenste Einsatzszenarien vom Alltagseinsatz bis zur Großschadenslage zu trainieren. Ein besonderer Schwerpunkt liegt auf einer möglichst realistischen Lagedarstellung, um den Teilnehmerinnen/Teilnehmern eine möglichst realistische Einsatzkulisse zu bieten. Neben den Feuerwehren werden dort für den Freistaat Bayern auch die obersten Führungskräfte im Rettungswesen aus- und fortgebildet.

Als **drittes Puzzleteil** lassen sich **Organisation und Führungskräfte** benennen. Ehrenamtliche Führungskräfte in Einsatzorganisationen der Gefahrenabwehr sind in vielen Bereichen gefordert. Sie sind (in unterschiedlicher Ausprägung) »Manager« eines mittelständischen Unternehmens mit z. B. 50 oder noch deutlich mehr Mitarbeiterinnen und Mitarbeitern, die es zu motivieren gilt. Sie sind Budgetverantwortliche, kurz- und mittelfristige Personalplanerinnen/Personalplaner, Gebäudeunterhalterinnen/Gebäudeunterhalter, Interessensvertreterinnen/Interessenvertreter, Personen des örtlich-öffentlichen Lebens und erste/r Krisenmanagerin/Krisenmanager bei Einsätzen. Diese Anforderungen an Führungskräfte dürfen nicht verkannt werden. Egal aus welcher Perspektive man diese Rolle betrachtet, so wird klar, dass Führungskräfte ohne motivierte Mannschaft, wohl viele der zuvor angeführten Aufgaben nicht schlüssig wahrnehmen können.

Befassen sich Führungskräfte intensiv mit ihrer Mannschaft, werden sie erfolgreicher sein, genau wie in einem Unternehmen. Erkennt man die Talente der einzelnen Mitglieder und führt sie/er diese mit ihrem/seinem Führungsteamteam in einen Ausbildungskorridor (begleiteten Kompetenzpfad) über, wird das aktiv zur Motivation dieses Mitglieds beitragen. Das ist natürlich eine unmittelbare Verantwortung der jeweiligen Führungskräfte, es ist insbesondere aber auch eine übergeordnete Verantwortung der gesamten Organisation selbst. Auch Führungskräfte können ihre Arbeit nur gut und zielgerichtet ausführen, wenn die Organisation selbst die entsprechenden Rahmenbedingungen bietet. Das bedeutet, dass es zunächst einmal sicher sinnvoller ist, jemanden in genau jenen Bereichen zu fördern, wo sie oder er von Natur aus Interessenslagen hat. Wir alle »quälen« uns nur in jenen Themenfeldern gerne, die uns auch interessieren. Eine Mechanikerin/Mechaniker ist wohl eher prädestiniert dafür, die Tragkraftspritze in der Feuerwehr zu reparieren, als die Kasse der Feuerwehr akribisch zu führen (plakativer Vergleich, ohne Anspruch auf Gültigkeit). Setzen Führungskräfte auf die richtige »Ausbildungskarte« und lenken sie viele Kameradinnen/Kameraden in den für sie stimmigen Korridor, kann man, strategisch gesehen, die Aus-, Fort- und Weiterbildung – wie angesprochen – als »Hebel zur Motivation« nutzen. Wichtigster Nebeneffekt: Viele motivierte und kompetente Mitglieder heben ganz einfach die Schlagkraft der Einsatzorganisation. Dazu kommt, dass motivierte Mitglieder sich positiv über ihre jeweilige Einsatzorganisation äußern werden und so auch die Mitgliederwerbung – am Markt der »Freizeitangebote« – ankurbeln. Umgekehrt betrachtet, können nicht gesteuerte Ausbildungspfade demotivierend wirken.

> **Beispiel:**
> Ein Feuerwehrmitglied kehrt äußerst motiviert von einer intensiven Atemschutzausbildung an der Landesfeuerwehrschule zurück. Sie/Er hat Fertigkeiten erworben und möchte sich gerne weiterentwickeln. Das »System und die Organisation Feuerwehr« holt ihn weder ab, noch fördert es diese Kameradin/diesen Kameraden

> durch zielgerichtete Vertiefung. Niemand perfektioniert ihre/seine »Sätze«, ihre/seine »Aussprache« oder »Grammatik«, um beim Fremdsprachenbeispiel zu bleiben. Die Kameradin/Der Kamerad hinterfragt die Sinnhaftigkeit, einige Urlaubstage für den Kurs investiert zu haben. Und nach beispielsweise sieben Monaten ohne gezielte Förderung – der Meldeempfänger zeigt den Alarm – bekommt sie/er den Einsatzbefehl, im Trupp in den heißen Innenangriff zu gehen. Ohne weitere Übung oder Routine, geschweige denn Kompetenz. Es könnte schnell passieren, diese Kameradin/diesen Kameraden »emotional« zu verlieren.

Die Angehörigen der Organisationen müssen nach der Rückkehr von der Landesfeuerwehrschule oder einer Bildungsstätte der Hilfsorganisationen im wahrsten Sinne des Wortes »abgeholt« werden. Das bedeutet auch zu evaluieren, wie das im Kurs Gelernte weiter vertieft und angewandt werden kann. Übungsschritte und weitere Ausbildungsmöglichkeiten sollen vereinbart und besprochen werden, sodass sich das jeweilige Mitglied nach sieben Monaten mit dem notwendigen Respekt und der gebotenen Sicherheit beispielsweise dem oben angesprochenen Innenangriff nähern kann. Das Mitglied muss handlungsfähig (kompetent) sein, was eine aktive Förderung und Begleitung verlangt. Diese Maßnahmen müssen nicht von der obersten Führungskraft direkt wahrgenommen werden, vielmehr empfiehlt es sich ein Führungsteam zu etablieren, welches in kleinerer Führungsspanne (z. B. Gruppenebene) diese Ausbildungsplanungsvorgänge wahrnimmt. Es muss transparent sein, wo sich die Angehörigen jeweils befinden, welche Zuwächse im »Bildungs-Rucksack« durch Aus-, Fort- und Weiterbildungen erreicht werden. In weiterer Folge muss festgelegt sein, wie die Verankerung funktioniert. Eine Verzahnung der Lernergebnisse, der Teilnehmer- und Führungsbedürfnisse der jeweiligen Organisation erfolgt im Optimalfall. In Wahrheit handelt es sich dabei um nichts anderes als um aktive Personalentwicklung wie in einem erfolgreichen Unternehmen, die aufgrund der Rasanz der technologischen Veränderung unumgänglich scheint.

Es liegt aber natürlich nicht nur in der Verantwortung der jeweiligen Führungskräfte, sich um die Bedürfnisse der einzelnen Mitglieder zu kümmern. Vielmehr braucht es dazu Rahmenbedingungen (z. B. entsprechende gesetzliche Grundlagen) für das Wirken der jeweiligen Organisationen und Rahmenbedingungen der Organisationen selber, in dem ein erfolgreiches und innovatives Ehrenamtsmanagement mit allen notwendigen Facetten funktionieren kann. Wenn wir also beispielsweise von einem Paradigmenwechsel und von Qualität in der Feuerwehrausbildung reden, braucht es übergeordnet durch die Landesfeuerwehrschulen entsprechende Angebote, damit dieser Paradigmenwechsel auch bei den einzelnen Ausbilderinnen/Ausbildern in den

Ortsfeuerwehren ankommt. Und wenn wir von genügend ehrenamtlichem Nachwuchs in unseren Organisationen reden, braucht es nicht nur Werbestrategien, sondern auch gezielte Nachwuchsarbeit, kluge Strategien für das Onboarding neuer Mitglieder etc. Alles in allem also ein kluges, modernes und innovatives Ehrenamtsmanagement, das von den einzelnen Organisationen auch gelebt und getragen wird.

Der von uns ausgewählte Best-Practice-Ansatz von *Klaus Tschabuschnig* beschreibt mustergültig, wie sich alle österreichischen Landesfeuerwehrschulen als für die Aus-, Fort- und Weiterbildung übergeordnet verantwortlichen Organisationen, im Rahmen eines Harmonisierungsprozesses auf den Weg gemacht haben, für das österreichische Feuerwehrwesen einen Kompetenzkatalog zu entwickeln, der das gesamte »Feuerwehrwissen« abdecken soll. Aufbauend darauf wurden für die jeweiligen Funktionsträger Kompetenzprofile und eine Kompetenzmatrix entwickelt, die letztlich als gemeinsame Vernetzungsplattform für alle Verantwortungsträger bis hin zum einzelnen Feuerwehrmitglied selbst dient, um Kompetenz- und Entwicklungspfade für den jeweiligen Angehörigen in seiner Feuerwehr zu entwickeln. Zudem wird in dem Beitrag beschrieben, wie anhand des speziellen Beispiels zum »Kompetenzerwerb im Bereich Einsatzführung« das Konstrukt des Kompetenzkatalogs und der Kompetenzprofile sowie der Entwicklung neuer Bildungsangebote ständig weiterentwickelt wird.

Einen deutlich über die Aus-, Fort- und Weiterbildung hinausgehenden und deutlich ganzheitlicheren Aspekt für die Bindung und Gewinnung von Ehrenamtlichen in Einsatzorganisationen greift *Gerald Schöpfer* auf. Neben der besonderen Bedeutung des ehrenamtlichen Engagements von freiwilligen Helferinnen/Helfern im Österreichischen Roten Kreuz (ÖRK), beschreibt er die Bedeutung des Freiwilligenmanagements auf strategischer Ebene sowie der Freiwilligenkoordination auf operativer Ebene der jeweiligen Dienststellen des ÖRK. Anhand eines eigenen Curriculums für die Qualifizierung von Freiwilligenkoordinatorinnen/Freiwilligenkoordinatoren, wird musterhaft beschrieben, was getan wird, um Freiwillige zu interessieren und für die Mitarbeit zu gewinnen, langfristig zu binden und zu qualifizieren oder aus der Organisation auch wieder einen Ausstieg oder Wiedereinstieg zu ermöglichen.

Das **vierte Puzzleteil** stellt der **lernende Mensch** dar. Feuerwehrmitglieder und Angehörige der Hilfsorganisationen haben unterschiedlichste Motive bei ihrer jeweiligen Organisation zu sein. Bei vielen ist es die Technik, die faszinierend sein kann, bei einem Großteil ist es die Kameradschaft, die einem vermittelt, anerkannter Teil des starken Teams zu sein. Bei anderen ist es Wissenshunger und bei fast allen steht im

Vordergrund, anderen Menschen zu helfen. Letzteres ist wohl ureigenes Ziel und Daseinszweck aller Einrichtungen im Bevölkerungsschutz. Um dieses zu erfüllen, müssen die verschiedensten Bedürfnisse der Angehörigen der Einsatzorganisationen als Grundlage dafür gestillt werden. Die Angehörigen der jeweiligen Organisationen erwarten sich heutzutage, gehört und anerkannt zu werden. Sie wollen ihren aktiven Beitrag leisten und übernehmen dann gerne auch Verantwortung.

Die Rolle, die nun speziell das Thema »Kompetenz und Handlungsfähigkeit« für ein Feuerwehrmitglied oder für die Angehörigen der Hilfsorganisationen spielt, ist wesentlich. Denn feststeht, dass die Wahrscheinlichkeit in die Phase der Kompetenz zu gelangen, nur in jenen Themenfeldern hoch ist, die naturgemäß mit der individuellen Interessenslage eines Mitgliedes korrespondieren. Wie schon angesprochen, »quälen« wir uns ehrenamtlich nur sehr ungern mit Segmenten, für die wir weder großes Interesse noch Talent aufweisen. Wird aber – positiv betrachtet – ein Mitglied durch seine »Organisation« insofern unterstützt, dass es sich über einen gesteuerten Lernpfad hinweg in Teilbereichen Kompetenzen aneignet (z. B. im Atemschutz-Innenangriff in der Feuerwehr, in der Verwaltung, in der technischen Rettung, in der Verletztenversorgung, in der Einsatzleitung etc.), so wird dieser Umstand immens zur Motivation eines Mitgliedes beitragen. Wird diese Situation auch von der Führung erkannt und dieses Mitglied dazu angehalten, anderen sein Wissen und seine Erfahrungen weiterzugeben, dann wachsen diese Menschen nochmals in ihrer Akzeptanz. Es entsteht das Gefühl der inneren Zugehörigkeit, das Gefühl etwas Positives beizutragen. Für diese Art von Angehörigen einer Einsatzorganisation stellt sich weder die Frage der Sinnhaftigkeit den nächsten Ausbildungsabend wahrzunehmen oder um vier Uhr morgens zum Einsatz einzurücken. Es ist intrinsische Selbstverständlichkeit. Was viele solcher Angehörigen letztlich für die Feuerwehren oder Hilfsorganisationen bedeuten, liegt wohl auf der Hand. Sie sind der Garant für einen sicheren Bestand und eine Zukunft der jeweiligen Einsatzorganisation.

Umgekehrt betrachtet, führt die (unbewusste) Ignoranz von Mitgliederbedürfnissen zu mittelfristigem Desinteresse und Demotivation. Gerade vor dem nachvollziehbaren Hintergrund, fühlen sich Menschen in ihrer jeweiligen Organisation unterfordert, wenn sie längst verinnerlichte Abläufe zum unerträglichen wiederholten Mal durchführen müssen, nur weil es gerade passt oder so am Übungsplan festgeschrieben steht. Ehrenamtliche in den Einsatzorganisationen wollen gefordert und vor allem auch gefördert werden. Gelingt dies unterstützt von einem System, steigt die Qualität der jeweiligen Organisation: für alle Angehörigen der Organisation, für

5 Best-Practice-Ansätze zur Professionalisierung

jede/n Einzelne/n, für die Kameradschaft und den Zusammenhalt, für das Ansehen und die Schlagkraft der Einsatzorganisation. Befassen wir uns also aktiv mit den Kompetenzen unserer Mitglieder!

Der von uns präsentierte Best-Practice-Ansatz von *Roland Weber* zeigt, wie auch in einer Freiwilligen Feuerwehr das »Fördern und Fordern« bei den Angehörigen der Feuerwehr aussehen kann. Durch die Entwicklung von Kompetenz- und Entwicklungspfaden für jedes Feuerwehrmitglied, durch die aktive Einbindung der Mitglieder zur Entwicklung eines völlig neuen Ausbildungskonzepts und durch die Verantwortung auch der einzelnen Führungskräfte im Rahmen der Personalentwicklung, gelingt es der Feuerwehr Wels im Rahmen der Aus-, Fort- und Weiterbildung den Nachwuchs und die notwendigen Kompetenzen bei der Feuerwehr zu sichern. Das von Klaus Tschabuschnig im Puzzleteil »Führungskräfte und Organisation« vorgestellte übergeordnete Thema des Kompetenz- und Lernpfades für Feuerwehrmitglieder, wird am konkreten Beispiel der Freiwilligen Feuerwehr Wels mustergültig umgesetzt.

Fünftes Puzzleteil sind **Konzepte und Methoden**. Die Tätigkeit der Führungs- und Einsatzkräfte in einer Organisation des Bevölkerungsschutzes ist prinzipiell sehr stark vom praktischen Tun geprägt. Gefahrenabwehr in diesem Sinne ist keine abstrakte akademische Tätigkeit, letztendlich kommt es bei den Einsatz- und Führungskräften in erster Linie auf Handlungskompetenz im konkreten Einsatzfall an. Es gibt einen eindeutigen Trend, der den Fokus auf das Konzept der Handlungsorientierung und Kompetenzvermittlung legt. Analog also zu den Ansätzen, die bereits seit mehreren Jahren im Bereich der dualen Berufsausbildung zu finden sind und im Grunde auch die Erkenntnisse der modernen Gehirnforschung widerspiegeln. Entscheidend hierbei ist aber auch, dass sich der Kompetenzbegriff nicht allein auf Fachlichkeit, sondern insbesondere auch auf personale und soziale Kompetenzen sowie Handlungskompetenzen bezieht und der Bildungsanspruch diesen Dimensionen gerecht werden muss. In den Ausbildungsangeboten im Bevölkerungsschutz trifft man organisationsübergreifend vor dem Hintergrund der Kompetenz- und Handlungsorientierung auf Schlagworte wie beispielsweise praxis-, handlungs- und kompetenzorientiertes Lernen, selbstständiges und lebenslanges Lernen oder Begrifflichkeiten wie Ermöglichungsdidaktik, Teilnehmerorientierung, Erfahrungsorientierung, selbstgesteuertes Lernen, Individualisierung, lebenslanges Lernen oder problemorientiertes Lernen.

5 Best-Practice-Ansätze zur Professionalisierung

Christoph Oberhollenzer beschreibt in seinem Beitrag, wie Professionalisierung in der Aus- und Fortbildung bei den Freiwilligen Feuerwehren Südtirols gelingen kann. Durch die Einführung spezieller Übungssamstage an der Landesfeuerwehrschule, können zuvor benannte Ortsfeuerwehren an den dortigen Übungsanlagen herausfordernde Szenarien unter Aufsicht und Anleitung von ehrenamtlichen Bezirksausbildern und vom hauptamtlichen Personal der Landesfeuerwehrschule durchführen. Da die Feuerwehren mit ihrer eigenen Einsatzmannschaft, den eigenen Fahrzeugen und der eigenen Ausrüstung trainieren und die Szenarien möglichst realitätsnah durch die Bezirksausbilder vor- und nachbereitet werden, lässt sich für das reale Einsatzgeschäft ein wirklicher Lernerfolg und Mehrwert erreichen. Gerade auch deshalb, weil es für Ortsfeuerwehren aufgrund diverser Auflagen einerseits und der immensen Aufwände andererseits immer schwieriger wird, realitätsnahe Übungen am eigenen Standort durchzuführen, ist dieser Ansatz ein weiteres Best-Practice-Beispiel zur Unterstützung des ehrenamtlichen Einsatzpersonals und zur Nachahmung empfohlen.

Thilo Künneth beschreibt in seinem Beitrag einerseits eine noch relativ junge aber mittlerweile unverzichtbare Einsatzoption für stark strömende Gewässer, Wildwasser oder auch in Hochwassersituationen. Der Beitrag legt aber auch einen besonderen Fokus darauf, dass in Zeiten knapper werdender Zeit- und Personalressourcen eine moderne Aus- und Fortbildung zielgerichtet und effektiv gestaltet werden muss und Ausbildungssequenzen von »angestaubten«, unnötigem Hintergrundwissen oder mehrfach gleichen Lerninhalten dringend entschlackt werden müssen und ein hoher Praxisbezug hergestellt werden muss, um als Rettungsorganisation noch junge Menschen gewinnen.

Im Beitrag von *Tanja Hemmi* und *Andreas Fromm* erfahren wir, wie die Methode des »Simulationstrainings« auch für ehrenamtliches Einsatzpersonal hervorragend geeignet ist, um die für den Einsatz so wichtigen »Einsatzkompetenzen« zu erlangen. Einsatzgeschehen ist in aller Regel Teamarbeit, insofern ist einerseits Klarheit in der jeweiligen Rolle aber auch Klarheit in der Kommunikation ein entscheidender Erfolgsfaktor. Besondere Herausforderungen im Einsatz bieten sich meist an den Schnittstellen zu anderen Organisationen. Insofern ist im vorgestellten Beispiel gerade die Schnittstelle Rettungsdienst/Klinik (Schockraum) eine besondere Herausforderung, da hier auch verschiedene Fachdisziplinen aufeinandertreffen. Im Sinne eines bestmöglichen Lernerfolgs für beide Seiten, wird das Simulationstraining als interprofessionelles Training angelegt, das jeweils mit einer strukturierten Einsatznachbesprechung (Debriefing) abschließt, um den Teilnehmerinnen/Teilnehmern Hilfestellung zur Erweiterung der Kompetenzen zu bieten.

5.1 Handlungsorientierung im Unterrichtsalltag – Ein Blick hinter die Kulissen

Jochen Böhm – Oberstudienrat, Referent in der Lehreraus- und Fortbildung, Staatliche Berufsschule Bad Tölz-Wolfratshausen

»Was Du mir sagst, das vergesse ich.
Was Du mir zeigst, daran erinnere ich mich.
Was Du mich tun lässt, das verstehe ich.«
(Konfuzius).

Diese Worte von Konfuzius wecken wahrscheinlich nicht nur bei mir Erinnerungen an die eigene Schulzeit. Wie langweilig waren (natürlich nur aus Sicht von uns Schülerinnen/Schülern) die Unterrichtsstunden, in welchen unsere Lehrerinnen und Lehrer in 45-minütigen Unterrichtseinheiten und reinem Frontalunterricht versucht haben, den vorgegebenen Unterrichtsstoff zu vermitteln, damit sie ihn später »ruhigen Gewissens« auf dem sogenannten Stoffverteilungsplan als »erledigt« abhaken konnten. Selbstverständlich ist der vorherrschende Frontalunterricht aus Sicht des Unterrichtenden eine »schnelle und einheitliche Informationsweitergabe ohne großen Organisationsaufwand«. Des Weiteren können die verbindlichen Inhalte des Lehrplans ohne großen Vorbereitungsaufwand durch die Lehrkräfte vermittelt werden, da die Schüleraktivität sowie die Schülerbeiträge bei dieser Unterrichtsform nicht berücksichtigt werden und sich der Lehr-Lern-Prozess fast ausschließlich an der Struktur der fachwissenschaftlichen Inhalte orientiert.

Doch mit etwas Abstand zu meiner eigenen Schulzeit als Schüler, habe ich mir schon öfter u. a. die folgenden Fragen gestellt: War dies wirklich zielführend und gewinnbringend für uns Schüler? Wie groß war der Lernerfolg hierbei? Herrschte eine angenehme Lernatmosphäre in unseren Klassenräumen? Dies sind nur einige Fragen, welche mich regelmäßig beschäftigen.

Die damalige Vorgehensweise bzw. Methodik hatte zwei Seiten. Wir Schülerinnen/ Schüler konnten uns zwar mehr oder weniger gut auf Leistungstests vorbereiten, indem man alle Hefteinträge, Beispielaufgaben usw. auswendig gelernt hat und dies

5 Best-Practice-Ansätze zur Professionalisierung

annähernd im gleichen Wortlaut wiedergegeben hat. Doch letztendlich war das Ergebnis unseres Unterrichts ein vorwiegend träges Wissen, das nur reproduziert und nicht auf andere Kontexte angewendet werden konnte. Wenn ich es ganz deutlich ausdrücke, waren wir letztendlich nicht handlungskompetent, da wir zum größten Teil nicht in der Lage waren, unbekannte Problemstellungen zielgerichtet und strukturiert zu analysieren und durch Verknüpfungen mit bereits vorhandenen Fähigkeiten und Fertigkeiten, sei es in Einzelarbeit oder im Team, zu lösen.

Doch was macht eigentlich guten Unterricht aus? Hierzu gibt es natürlich unterschiedliche Meinungen und Aussagen, vergleicht man nur die Merkmale guten Unterrichts von Hilbert Meyer mit der Studie bezüglich der Einflussfaktoren für den Lernerfolg von John Hattie (Hattie 2013). Damit unsere Schülerinnen und Schüler den Anforderungen in einer modernen Industriegesellschaft gewachsen sind, ist die Vermittlung von Kompetenzen wie Kommunikationsfähigkeit, Teamfähigkeit, Selbstständigkeit, Problemlösefähigkeit, Reflexions- und Urteilsfähigkeit zwingend erforderlich. Die Basis für einen guten handlungs- und kompetenzfördernden Unterricht (ich spreche jetzt vorwiegend für den Bereich der beruflichen Schulen) soll nach Vorgabe des Bayerischen Staatsminister für Unterricht und Kultus schon in der Lehrerausbildung gebildet und zielgerichtet gefördert werden.

Die Ausbildung zur Fachlehrerin/zum Fachlehrer an beruflichen Schulen in Bayern findet im dualen System statt. Das Staatsinstitut IV in Ansbach bildet die Fachlehrkräfte für berufliche Schulen in folgenden Bereichen aus:
- gewerblich-technische Berufe
- Ernährung und Versorgung
- Sozialpädagogik
- Gesundheitspädagogik
- Pflegepädagogik
- Brand- und Katastrophenschutz

Das Staatsinstitut vermittelt an drei Wochentagen die allgemeinen theoretischen Grundlagen. An der Ausbildungsschule setzen die Fachlehreranwärter diese Inhalte dann an den restlichen zwei Wochentagen praktisch um und erwerben weitere Kenntnisse. Hierzu planen und führen die Fachlehreranwärter an ihren Schulen eigenständig Unterrichtseinheiten auf Grundlage der Handlungs- und Kompetenzorientierung durch. Die Methodik und Didaktik des handlungs- und kompetenzorientierten Unterrichtens wird am Staatsinstitut, u. a. in Verbindung mit der Erziehungswissenschaft sowie der Psychologie vermittelt. Die zielgerichtete Umset-

5.1 Handlungsorientierung im Unterrichtsalltag

Datum:

Worum ging es in der heutigen Unterrichtseinheit?

_____

_____

Was hat mir gut gefallen, mir Spaß gemacht?	Was hat mir nicht gut gefallen, hat mir keinen Spaß gemacht?

Was habe ich heute gelernt?	Was habe ich nicht verstanden? Mit wem kläre ich das Problem?

	Was möchte ich noch darüber erfahren? Wann und wo werde ich das erkunden?

Sonstige Bemerkung:

Bild 4: *Auszug aus dem Lerntagebuch für die Ausbildung der Fachlehrer in Ansbach (Quelle: Jochen Böhm)*

5 Best-Practice-Ansätze zur Professionalisierung

zung bzw. praktische Anwendung erfolgt dann an der jeweiligen Heimatschule. Eine Mentorin/Ein Mentor (erfahrene Lehrkraft) an diesen Schulen begleitet sie durch das komplette Ausbildungsjahr. Sie/Er führt regelmäßig Unterrichtsbesuche beim Fachlehreranwärter durch und führt anschließend ein zielgerichtetes Reflexionsgespräch über die methodisch und didaktischen Planungsentscheidungen, die Wirksamkeit der Unterrichtsorganisation und -durchführung, die unterrichtliche Interaktion und Kommunikation etc. mit der Anwärterin/dem Anwärter, nachdem diese/dieser zuerst eine Selbsteinschätzung diesbezüglich durchgeführt hat (▶ Bild 5 und ▶ Bild 6). Aus den Unterrichtsnachbesprechungen ergeben sich Inhalte für die gemeinsamen Fachdidaktik-Sitzungen von Anwärterin/Anwärter und Mentorin/Mentor. Als Bindeglied zwischen dem Staatsinstitut IV und den jeweiligen Heimatschulen bzw. Ausbildungsschulen wirkt ein sogenannter Regionalmentor. Ich übe diese Funktion seit 2009 aus und darf seit dem Ausbildungsjahr 2012/13 auch die Fachlehreranwärterinnen/Fachlehreranwärter für Brand- und Katastrophenschutz in ihrer Ausbildung an der Staatlichen Feuerwehrschule Geretsried, zusammen mit ihren Mentorinnen/Mentoren, betreuen und beraten. Alle an der Ausbildung beteiligten Personen verfolgen hierbei, neben dem erfolgreichen Abschluss der hierfür erforderlichen Staatsprüfungen, u. a. das folgende Ziel: »*Die/Der Anwärterin/Anwärter soll ihre/seine eigene Lehrerpersönlichkeit entwickeln.*« Dieses Ziel, die eigene Lehrerpersönlichkeit, hat eine übergreifende Bedeutung bei der Ausübung des Lehrberufs, denn sie ist als wichtige Einflussgröße allen Kompetenzbereichen einer Lehrkraft (Unterrichten, Erziehen und Integrieren, Beraten und Beurteilen, Verwalten und Organisieren, Gestalten und Innovieren) vorangestellt.

Durch meine langjährige Funktion als Regionalmentor in der Fachlehrerausbildung und den damit verbundenen Unterrichtsbesuchen in Verbindung mit den Nachbesprechungen und Reflexions- bzw. Feedbackgesprächen mit den Fachlehreranwärtern für Brand- und Katstrophenschutz der Staatlichen Feuerwehrschule Geretsried, durfte ich schon viele Unterrichtseinheiten in den verschiedensten Lehrgängen auf Basis der Handlungs- und Kompetenzorientierung erleben. Das Verb »erleben« ist hierbei nicht zufällig gewählt, denn als Beobachter einer Unterrichtseinheit, welche nach den Grundsätzen der Handlungs- und Kompetenzorientierung und unter Berücksichtigung der bisherigen Erfahrungen und ggf. vorliegender Bedürfnisse der Lehrgangsteilnehmerinnen/-teilnehmer aufbereitet und durchgeführt wird und dadurch zu einer hohen Teilnehmeraktivität, einer angenehmen Lernatmosphäre sowie einem deutlich erkennbaren Lernerfolg führt, darf man von einem »Erlebnis« sprechen. Anhand eines Beispiels aus dem Lehrgang »Gruppenführer« möchte ich Ihnen im weiteren Verlauf einen kleinen Einblick in das handlungs- und kompetenzorientierte Unterrichten der Staatlichen Feuerwehrschule geben.

5.1 Handlungsorientierung im Unterrichtsalltag

Bild 5: *Reflexionswürfel im Rahmen der Reflexionsgespräche zwischen Mentor und Fachlehreranwärterinnen und -anwärter (Ansicht 1) (Quelle: Jochen Böhm)*

Bild 6: *Reflexionswürfel im Rahmen der Reflexionsgespräche zwischen Mentor und Fachlehreranwärterinnen und -anwärter (Ansicht 2) (Quelle: Jochen Böhm)*

Der Lehrgang »Gruppenführer« ist der erste Führungslehrgang an einer Feuerwehrschule in Bayern. Da die Grundausbildungskonzepte, je nach Standort der Feuerwehr, eine völlig inhomogene Landschaft aufweisen, finden sich im Lehrgang Personen mit unterschiedlichsten Qualifikationsstufen wieder. Ziel des Gruppenführerlehrgangs ist es, eine Gruppe, eine Staffel sowie einen Trupp als selbstständige taktische Einheit führen zu können. Des Weiteren muss die Gruppenführerin/der Gruppenführer die Kompetenz erlangen, Einsätze mit taktischen Einheiten bis zu einer Gruppenstärke zu leiten. Neben dem intensiven Fachwissen müssen die Lehrgangsteilnehmerinnen/Lehrgangsteilnehmer zudem die kognitive Fähigkeit erlangen, taktisch zu denken. Eine der wichtigsten Aufgaben der Gruppenführerin/des Gruppenführers im Einsatz ist es, Gefahren zu erkennen, diese in ihre/seine taktischen

5 Best-Practice-Ansätze zur Professionalisierung

Überlegungen mit einzubeziehen und jene erfolgreich zu bekämpfen. Ihre/Seine taktischen Überlegungen muss die Gruppenführerin/der Gruppenführer zudem in Worte fassen können, um diese als Befehl an ihre/seine Mannschaft weiterzugeben.

In der 3-stündigen Unterrichtseinheit »Taktik – Gefahren der Einsatzstelle« sollen die vorher genannten Kompetenzen durch verschiedene, von der Lehrkraft bei der Unterrichtsplanung festgelegte Lernziele gefördert werden. Die Ziele für diese Unterrichtseinheit lauten wie folgt:

Die Teilnehmerinnen/Teilnehmer:
- bestimmen die Gefahren der Einsatzstelle.
- gliedern mit Hilfe der Lehrunterlage die Gefahren der Einsatzstelle.
- beurteilen die einzelnen Gefahren auf Basis der Gefahrenmatrix.
- planen und begründen die taktischen Überlegungen zur Bekämpfung der jeweiligen Gefahr.

Welche der verschiedenen Kompetenzen durch die hier festgelegten Lernziele gefördert werden, erläutere ich im weiteren Verlauf noch genauer. Die Unterrichtseinheit ist nach den Phasen der Handlungsschleife gegliedert und beginnt mit der **Orientierungsphase**. In dieser Phase erhalten die Teilnehmenden den Arbeitsauftrag in Partnerarbeit, aus mehreren Puzzleteilen den Regelkreis der Führung (Befehlsgebung/Lagefeststellung, Erkundung, Kontrolle/Planung, Beurteilung, Entschluss) zu bilden. Hiermit aktiviert die Lehrkraft sofort alle Teilnehmerinnen/Teilnehmer und sorgt für eine Wiederholung und Verfestigung bereits vermittelter Kenntnisse, welche für den weiteren Unterrichtsverlauf von Bedeutung sind. Eine Partnergruppe präsentiert ihr Ergebnis, die Lehrkraft moderiert bei Bedarf zielgerichtet. Zeitgleich mit den letzten Worten der Präsentation löst die Lehrkraft einen Pagerton aus, zudem erhalten die Teilnehmerinnen/Teilnehmer ein Alarmschreiben, auf welchem eine reale Einsatzsituation dargestellt ist: »*Geretsried, Dorfstrasse 1 – Brand – Verkaufsstätte mit Person in Gefahr.*« Hinweis im Freitextfeld: »*Beim Kiosk.*«

Das Einsatzbeispiel wurde von der Lehrkraft gezielt ausgewählt, da beim Brand eines Kiosks sehr viele Gefahren parallel auftreten können. Durch diese methodisch-didaktische Aufbereitung der Unterrichtssequenz erzielt die Lehrkraft neben einem hohen Praxisbezug auch eine Problemstellung, mit welcher die zukünftigen Gruppenführerinnen/Gruppenführer in ihrer Feuerwehr in Kontakt kommen können. Sogar der Zeitdruck, wie er im realen Einsatz immer vorliegt, ist auf dem Weg zur Einsatzstelle unter den Teilnehmerinnen/Teilnehmern zu spüren. An der Einsatzstelle

5.1 Handlungsorientierung im Unterrichtsalltag

angekommen (Lernortwechsel) erhalten die Teilnehmerinnen/Teilnehmern den Arbeitsauftrag, in Einzelarbeit die Einsatzstelle zu erkunden und mögliche Gefahren zu erkennen sowie zu notieren. Durch die Zeitvorgabe der Lehrkraft wird der Zeitdruck aufrechterhalten, um die Situation so real wie möglich zu gestalten.

Betrachten wir die vorher erwähnte Handlungsschleife, geht hier die **Orientierungsphase** in die darauffolgende **Informationsphase** über. Auf eine genaue Abgrenzung beider Phasen will ich mich nicht festlegen, was auch aus wissenschaftlicher Sicht nicht erforderlich ist. Durch die Sozialform der Einzelarbeit in dieser Unterrichtsphase sorgt die Lehrkraft für eine hohe Teilnehmeraktivität. Jede teilnehmende Person wird zum eigenständigen Denken angeregt. Anschließend muss sich jede/r Teilnehmerin/Teilnehmer (TN) für eine Gefahr entscheiden und diese auf eine Moderationskarte notieren. Bei der anschließenden Präsentation (an der Einsatzstelle) heften die TN ihre Moderationskarte an die bereitgestellte Pinnwand und begründen ihre Auswahl. Diese methodische Vorgehensweise soll den TN zum einen verdeutlichen, wie unterschiedlich die Wahrnehmung verschiedener Personen sein kann, zum anderen finden sich die TN in ihrer zukünftigen Tätigkeit als Gruppenführerin/Gruppenführer immer wieder in Situationen, in welchen sie vor einer Gruppe sprechen bzw. Befehle an die Mannschaft weitergeben müssen.

Betrachten wir nun die **Orientierungsphase** sowie die **Informationsphase** aus der Metaebene, so erkennen wir, dass neben der Fachkompetenz (TN bestimmen die Gefahren der Einsatzstelle) auch die Methodenkompetenz (Präsentation der ausgewählten Gefahr) sowie die Selbstkompetenz (vor einer Gruppe sprechen/begründen) gefördert wird. Selbstverständlich wird die Methodenkompetenz sowie die Selbstkompetenz nur in sehr begrenztem Maße gefördert, doch sieht man die »vollkommene« Kompetenz (sofern es diese überhaupt gibt) als das Ende einer langen Treppe und die einzelnen Unterrichtsbausteine bzw. Lernziele zur Förderung dieser Kompetenz als Treppenstufen an, dann gehen die TN vermutlich einen Schritt nach oben oder verfestigen ihre Position zumindest.

Nach einem erneuten Lernortwechsel (zurück in den Lehrsaal) findet die **Informationsphase** ihre Fortsetzung. Die Pinnwand mit den vorher von den TN angehefteten Moderationskarten (erkannte Gefahren) findet sich nun auch an zentraler Stelle im Lehrsaal wieder, da diese Gefahren die Basis für den weiteren Unterrichtsverlauf darstellen und somit für die TN ständig einsehbar sind. Die nun folgende Sequenz ist den »kooperativen Lernmethoden« zuzuordnen. Kooperatives Lernen ist »eine Interaktionsform, bei der die beteiligten Personen gemeinsam und in wechselseitigem Austausch Kenntnisse und Fertigkeiten erwerben. Im Idealfall sind alle Gruppenmitglieder gleichberechtigt am Lerngeschehen beteiligt und tragen gemeinsam Verantwortung« (Konrad/Traub 2010, S. 5). In diesem Rahmen ist das Kooperative Lernen als eine Unterrichtsstruktur zu verstehen, welche Lernprozesse im Wechsel von individuellen und kooperativen Phasen ermöglicht.

Think – Pair – Share sind die ritualisierten Schritte des kooperativen Lernens nach Norman Green (Green/Green 2005). Dieser Dreischritt – von der Einzelarbeit über die Partnerarbeit hin zur Gruppenarbeit – stellt die Grundmethode für das kooperative Lernen dar. Im aufgezeigten Unterrichtsbeispiel werden die einzelnen Phasen im weiteren Verlauf noch genauer beschrieben. Aus der Sicht der Betrachterin/des Betrachters ist hier, wie auch im weiteren Unterrichtsverlauf deutlich zu erkennen, dass sich die zum Unterrichtsbeginn erzeugte Problemstellung (Brand – Verkaufsstätte bzw. Kiosk) wie ein roter Faden durch die komplette Unterrichtseinheit zieht. Durch geschicktes Aufgreifen dieser Problemstellung während der Unterrichtseinheit gelingt der Lehrkraft eine Aufrechterhaltung der zu Beginn erzeugten Motivation, zudem wird den Teilnehmern die Zielgerichtetheit verdeutlicht.

Die TN werden zuerst per Zufallsprinzip in neun Arbeitsgruppen eingeteilt, sodass jede von den TN auf der Pinnwand aufgeführte Gefahr von einer Gruppe intensiv bzw. im Detail bearbeitet werden kann. Anschließend erhalten alle TN den spezifischen Arbeitsauftrag bezüglich der Gefahr, welche der Gruppe zugeteilt wird (z. B. chemische Stoffe, Erkrankung/Verletzung, Elektrizität, Einsturz, Atemgifte etc.). Ziel dieser Unterrichtsphase des kooperativen Lernens auf Basis der Think-Pair-Share-Methode ist, dass die TN mit Hilfe der Gefahrenmatrix die jeweilige Gefahr beurteilen sowie ihre daraus folgenden taktischen Überlegungen begründen. In der *Think-Phase* liest diesbezüglich jede Teilnehmerin/jeder Teilnehmer der Arbeitsgruppe zuerst in Einzelarbeit einen vordefinierten Text in der Lehrunterlage, markiert wichtige Aussagen bzw. Inhalte und notiert diese stichpunktartig und in eigenen Worten. Durch diese methodische Gestaltung soll die Methoden- und Fachkompetenz gefördert werden, denn in der zukünftigen Tätigkeit wird eine Gruppenführerin/ein Gruppenführer immer wieder damit konfrontiert, wichtige Informationen zu filtern und in eigenen Worten wiederzugeben.

In der anschließenden *Pair-Phase* diskutieren die TN nun in der Gruppe über ihre individuellen Ergebnisse und einigen sich auf ein einheitliches Gruppenergebnis, welches sie mit Hilfe eines selbst erstellten Plakates visualisieren. Hierbei beachten Sie die Regeln zur Plakatgestaltung, welche als Flyer am Gruppenarbeitstisch ersichtlich

5.1 Handlungsorientierung im Unterrichtsalltag

sind. In dieser Phase wenden die TN zudem die Regeln der Kommunikation an und akzeptieren die Meinung anderer Gruppenmitglieder. Bei einem kooperativen Führungsstil sind diese Eigenschaften von elementarer Bedeutung. In der darauffolgenden *Share-Phase* präsentieren die einzelnen Gruppen ihre Ergebnisse. Während der Präsentation zieht sich die Lehrkraft sprachlich angemessen zurück und unterstützt bei Bedarf die Präsentation. Nach der Präsentation erhält die präsentierende Gruppe ein kurzes fachliches Feedback von den anderen Gruppen. Anschließend gibt die Lehrkraft den Präsentatorinnen/Präsentatoren im Rahmen eines kurzen Feedbacks, Tipps bezüglich einer wirkungsvollen Präsentation. Durch diese Vorgehensweise wird eine Förderung der Methoden- sowie Selbstkompetenz erzielt. Danach sichern alle TN die jeweiligen Gruppenergebnisse schriftlich in ihrer Lehrunterlage, da diese für den weiteren Unterrichtsverlauf von Bedeutung sind.

Betrachten wir nun wieder die Phasen der Handlungsschleife im Sinne des handlungsorientierten Unterrichtes, endet an dieser Stelle die **Informationsphase**. Die nun folgenden **Planungs-, Entscheidungs- und Durchführungsphasen** gehen fließend ineinander über. Eine strikte Trennung der einzelnen Phasen der Handlungsschleife ist aus methodisch-didaktischer Sicht oftmals nicht sinnvoll und würde die Unterrichtseinheit im Hinblick auf die Praxis- und Problemorientierung ggf. etwas unrealistisch wirken lassen. In diesen Phasen sollen die TN die vorher erarbeiteten Kenntnisse und Erkenntnisse zielgerichtet anwenden. Hierzu werden die TN mit verschiedenen Einsatzsituationen konfrontiert, welche sie an verschiedenen Arbeitsplätzen und mit Hilfe von Bildern, Filmsequenzen etc. sehr gut aufbereitet und visualisiert vorfinden. Mit Hilfe der Gefahrenmatrix bestimmen bzw. analysieren die TN in Einzelarbeit die verschiedenen Gefahren sowie die, nach ihrer Meinung vorliegende Hauptgefahr. Des Weiteren legen die TN in ihrer Rolle als Gruppenführerin/Gruppenführer ihre Vorgehensweise an der Einsatzstelle fest und begründen diese. Das hier entstehende Schriftstück gilt als *Handlungsprodukt*, welches im Mittelpunkt des handlungsorientierten Unterrichts steht. Unter einem Handlungsprodukt versteht man veröffentlichungsfähige materielle und geistige Ergebnisse der Unterrichtsarbeit.

Wie schon bei den vorherigen Unterrichtsphasen deutlich zu erkennen war, ist auch diese Phase von einer hohen Teilnehmeraktivität geprägt. Die TN werden zudem wiederholt zu eigenständigem Denken und Handeln angeregt. Da sich die angehenden Gruppenführerinnen/Gruppenführer in realen Einsatzsituationen immer einem gewissen Zeitdruck ausgesetzt sehen, wird diese Zeitknappheit auch bei der Unterrichtsplanung und -durchführung berücksichtigt. Hierdurch sind die TN gezwungen, ihre Entscheidungen schnell zu treffen. In den nun folgenden **Kontroll-,**

5   Best-Practice-Ansätze zur Professionalisierung

Bewertungs- und Reflexionsphasen kontrollieren sich die TN zuerst gegenseitig. Hierzu begibt sich jede Gruppe im Uhrzeigersinn einen Arbeitstisch weiter. Lediglich die Gruppenälteste/der Gruppenälteste verweilt am ursprünglichen Gruppenarbeitsplatz, um jetzt der neu gekommenen Gruppe das Gruppenergebnis zu präsentieren und anschließend eine kurze Diskussionsrunde (als Fremdreflexion) bezüglich des vorgestellten Ergebnisses zu leiten. Danach werden in einem abschließenden Teilnehmer-Lehrer-Gespräch alle einzelnen Einsatzsituationen sowie die hierbei erkannten Gefahren auf Basis der Gefahrenmatrix nochmals im Plenum analysiert. Die TN erhalten somit bezüglich ihrer/seiner vorher getroffenen Entscheidungen mehrmals die Möglichkeit zur Kontrolle und Selbstreflexion. Neben der Fremdreflexion und dem daraus entstehenden Feedback ist auch eine stetige Selbstreflexion bezüglich der Förderung der verschiedenen Kompetenzen von enormer Bedeutung.

Als Beispiel möchte ich hierfür exemplarisch die Sozialkompetenz aufgreifen. Immer wieder werde ich mit der Meinung vereinzelter Lehrkräfte konfrontiert, dass schon die alleinige Durchführung einer Gruppenarbeit die Sozialkompetenz fördere. Dies mag in sehr begrenztem Maße möglich sein, doch eine zielgerichtete und nachhaltige Förderung der Sozialkompetenz aufgrund der Durchführung einer Gruppenarbeit, erfolgt meiner Meinung nach nur in Verbindung mit einer anschließenden Selbst- und Fremdreflexion. Erst wenn ich mich als Gruppenmitglied bezüglich des Gruppenarbeitsprozesses etc. reflektiere und dementsprechend mein Verhalten ändere, kann von einer Förderung der Sozialkompetenz die Rede sein. Zum Abschluss der Unterrichtseinheit »Taktik – Gefahren der Einsatzstelle« wird die problemorientierte Anfangssituation bzw. Einsatzsituation »*Geretsried, Dorfstrasse 1 – Brand – Verkaufsstätte mit Person in Gefahr*«, welche nun mit Hilfe einer kurzen und didaktisch gezielt aufbereiteten PowerPoint-Präsentation visualisiert wird, erneut aufgegriffen.

Den TN wird hierbei bewusst, dass Sie jetzt, aufgrund der in den vorherigen Unterrichtsphasen erarbeiteten Kenntnisse und Erkenntnisse, in der Lage sind, die unterschiedlichsten Gefahren auch unter Zeitdruck zielgerichtet zu erkennen sowie strukturiert zu analysieren bzw. zu beurteilen. Der Lernfortschritt sowie die Kompetenzförderung ist hierdurch für die einzelnen TN deutlich erkennbar. Durch diese methodisch-didaktische Gestaltung der Unterrichtseinheit, haben die TN eine vollständige Handlung auf Grundlage der Handlungsschleife mit ihren Phasen **Orientieren – Informieren – Planen – Entscheiden – Durchführen – Kontrollieren – Bewerten und Reflektieren** durchlaufen.

5.1 Handlungsorientierung im Unterrichtsalltag

Sie mögen sich jetzt vielleicht denken, diese Unterrichtsinhalte hätte man sicher auch in anderer Form vermitteln können. Gewiss, hier möchte ich Ihnen gar nicht widersprechen. Es gibt viele Möglichkeiten einen guten Unterricht zu entwickeln. Die Handlungsorientierung beschreibt jedoch eine Möglichkeit, die viele Vorteile aufweist. Durch die vielen Unterrichtsbesuche an der Staatlichen Feuerwehrschule Geretsried aufgrund meiner Regionalmentorentätigkeit in der Fachlehrerausbildung, konnte ich die Einführung des handlungsorientierten Unterrichts vor Ort »live« miterleben. Nach anfänglichen Schwierigkeiten, sei es bei der Unterrichtsorganisation oder der Umstellung der Lehrgangsteilnehmer auf bisher unbekannte Unterrichtsformen bzw. -methoden, wurden alle Beteiligten schon nach kurzer Zeit, in ihrer Überzeugung mehr als bekräftigt. Durch die Selbstreflexion der Lehrkräfte sowie die Fremdreflexion durch immer wiederkehrendes Feedback der Lehrgangsteilnehmenden, war sehr schnell klar, dass dies der richtige Weg ist.

Die Lehrgangsteilnehmenden schätzen die Möglichkeit zur aktiven Teilhabe und können sich dadurch mit dem Unterrichtsgegenstand besser identifizieren. Auch ihre Verantwortung für den Unterrichtsprozess sowie die Arbeitsergebnisse werden von vielen TN als positiv bewertet. Dies sind nur zwei von, aus meiner Sicht, vielen Vorteilen des handlungsorientierten Unterrichtens. Auch aus Sicht des Unterrichtenden wird im handlungsorientierten Unterricht eine andere Rolle eingenommen als im klassischen Frontalunterricht. Steht man als Lehrkraft im Frontalunterricht einzig und allein im Fokus, so nimmt man im handlungsorientierten Unterricht doch mehr die Rolle der Anleiterin/des Anleiters, der Unterstützerin/des Unterstützers oder der Moderatorin/des Moderators ein, was in der geschilderten Unterrichtseinheit auch deutlich zu erkennen war.

Ich hoffe, ich konnte Ihnen mit meinem Best-Practice-Beispiel und den gelegentlichen Sichtweisen aus der Metaebene einen kurzen Einblick in die praktische Umsetzung des handlungsorientierten Unterrichts geben. Abschließen möchte ich, wie schon zu Beginn meines Beitrags mit einem Zitat von Mag. Herwig Kummer (Leiter Personalmanagement), welches die Lehrendenrolle im handlungs- und kompetenzorientierten Unterricht meiner Meinung nach gut widerspiegelt.

»Ein guter Lehrer ist, wer dir zwar sagt, wohin du schauen,
nicht aber was du dort sehen sollst.«
(Herwig Kummer 2017).

5.2 Handlungsorientiertes Lernen in der Feuerwehrausbildung

Markus Harrer – Brandamtmann und Fachlehrer für Brand- und Katastrophenschutz, Staatliche Feuerwehrschule Geretsried

»Ein Gramm Erfahrung ist besser als eine Tonne Theorie.«
(John Dewey)

Handlungsorientierter Unterricht ist eine ganzheitlich beanspruchende Ausbildungsmethode, bei der die zwischen Ausbilderin/Ausbilder und Auszubildenden vereinbarten Handlungsprodukte die Organisation des Unterrichtsprozesses bestimmen. Man spricht auch von einem schüleraktiven Unterricht, bei dem der Erwerb von Kompetenzen im Vordergrund steht (Jank/Meyer 1991, S. 354). Dabei soll das kognitive (Kopf), affektive (Herz) und motorische (Hand) Lernen der Auszubildenden in einem ausgewogenen Verhältnis zueinanderstehen. Bei dieser Art von Unterricht handelt es sich um ein didaktisch-methodisches Konzept. Ziel ist es, eine hohe Schüleraktivität und geringe Lehreraktivität zu erreichen.

Kompetenzen stellen die angestrebten Fähigkeiten als erreichter Ist-Zustand am Ende eines Lehrgangs, eines Lernfeldes oder einer Lernsituation dar. Sie können als Voraussetzung für das Handeln gesehen werden, andererseits wird die Kompetenz erst durch das Handeln sichtbar. Die **Handlungskompetenz**, die Auszubildende erreichen sollen, setzt sich aus vier Kompetenzen zusammen. Die *Fachkompetenz* bezeichnet die Bereitschaft und Befähigung, auf der Grundlage fachlicher Fertigkeiten Aufgaben bei einer Tätigkeit zu lösen. In der Feuerwehrausbildung müssen zur richtigen Bedienung der Gerätschaften die fachlichen Fertigkeiten dazu erlernt werden. Die angehenden Feuerwehrdienstleistenden planen rationale Arbeitsabläufe in ihrer Feuerwehr und wenden die Fachsprache an. Bei der *Methodenkompetenz* erwerben die Teilnehmenden die Bereitschaft und Befähigung zum zielgerichteten Vorgehen bei der Bearbeitung von Aufgaben. Sie nutzen dabei die Schritte für professionelles Handeln. Sie lernen strukturiert und zielorientiert im Team zu arbeiten. Weiterhin nutzen die Auszubildenden verschiedene Informationsquellen (z. B. Feuerwehrdienstvorschriften) bei ihrer täglichen Arbeit. Die *Sozialkompetenz* ist die Fähigkeit, soziale Beziehungen wahrzunehmen, zu verstehen und zu gestalten. Die zukünftigen Einsatzkräfte übernehmen Verantwortung in der Gruppe und für die Gruppe. Sie können das Ergebnis einer Teamarbeit als gemeinschaftlich erbrachte Leistung darstellen und mittragen. Im Sinne der *Selbstkompetenz* sind die Aus-

5.2 Handlungsorientiertes Lernen in der Feuerwehrausbildung

zubildenden bereit, die eigene Persönlichkeit zu reflektieren und zu entwickeln. Daraus erwächst ein Werteverständnis als Handlungsmaßstab (Landvoigt 2015).

Die Kompetenzgleichung (▶ Bild 7) zeigt, dass die Ausbildung der Kompetenzen aus den drei Dimensionen Wissen, Wollen und Können besteht. Fehlt eine dieser Dimensionen, führt das zu einer ungenügenden Ausbildung von Kompetenz. Wissen oder Wollen alleine genügt nicht. Es müssen immer alle drei Dimensionen zusammentreten (Landvoigt 2015).

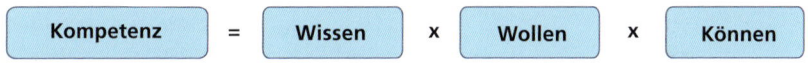

Bild 7: *Kompetenzvergleich (Quelle: Staatliche Feuerwehrschule Geretsried)*

Um einen Kompetenzzuwachs bei den Teilnehmenden zu erreichen, muss eine Lernmethode gewählt werden, die speziell auf die Erweiterung der Kompetenzen abzielt. Hierbei eignet sich besonders die Methode des »kooperativen Lernens«. Das kooperative Lernen ist eine sehr wirkungsvolle und besondere Ausgestaltung des Gruppenunterrichts. Bei dieser Art von Unterricht werden, im Gegensatz zur klassischen Gruppenarbeit, die sozialen Aspekte der Auszubildenden gefördert. Hierbei geht es um die Entwicklung hin zu einem echten Team. Durch vielfältige Aktivitäten wird die Eigenverantwortlichkeit für die Gruppenprozesse ausgebaut. Es wird eine positive gegenseitige Abhängigkeit der Gruppe erzeugt, dies wirkt sich günstig auf die soziale Interaktion und infolgedessen auch auf die Arbeitsergebnisse aus.

Das kooperative Lernen (Kagan 2015) geht zunächst von drei grundlegenden Prinzipien aus. Das Lernen wird überwiegend als sozialer Prozess gesehen, in dem man durch vielfältige Auseinandersetzung mit den Kolleginnen/Kollegen Wissen und Kompetenz erwirbt. Auszubildende sind gerne in Kontakt mit ihren Mitstreiterinnen/Mitstreitern. Dieser Kontakt wird im lehrerzentrierten Unterricht oft als Störung unterbunden. Beim kooperativen Lernen wird das menschliche Bedürfnis nach Interaktion mit Gleichgesinnten in strukturierten Gruppensituationen konstruktiv und positiv für die Ausbildung genutzt. Lernen durch Lehren bringt Vorteile und wirkt vor allem nachhaltiger. Im Gruppenunterricht werden bewusst Situationen erzeugt, in denen sich die Teilnehmerinnen/Teilnehmer (TN) gegenseitig die Lerninhalte beibringen. Ausgehend von der Annahme, dass sich das Lernen z. B. im schulischen Bereich als ein komplexes soziales Geschehen und nicht nur als ein rein kognitiver

Vorgang vollzieht, müssen die kommunikativen, kooperativen, interaktiven und emotionalen Prozesse, aber auch das soziale Miteinander der Gruppen in der Ausbildung klar strukturiert werden. Das soziale Lernen in den oben genannten Sozialfertigkeiten nimmt neben dem fachlichen Lernen denselben Stellenwert ein. Beim kooperativen Lernen arbeiten die Auszubildenden in der ersten Phase (*Think*) alleine. Sie beschäftigen sich mit einer Problemstellung, versuchen Lösungswege zu finden und bringen das Ganze anschließend in die Gruppe ein. In der zweiten Phase (*Pair*) schließt sich ein Vergleich der verschiedenen Ergebnisse an. Abweichende Resultate werden diskutiert und gegebenenfalls als Teamlösung abgeändert. In der Phase 3 (*Share*) wird die einheitliche Lösung des Teams dem gesamten Lehrgang präsentiert. Hierbei besteht die Möglichkeit, die erarbeiteten Ergebnisse nochmals ausgiebig zu diskutieren und wiederkehrend zu verbessern.

Diese Art der handlungsorientierten Ausbildung setzt natürlich eine besondere Qualifikation der Lehrkräfte voraus. Die Ausbildungsverordnung für die feuerwehrtechnischen Beamtinnen/Beamten der Feuerwehrschulen in Bayern sieht deshalb neben der feuerwehrfachlichen Qualifikation zusätzlich eine Ausbildung im pädagogischen Bereich vor. Die Kolleginnen/Kollegen erfahren innerhalb eines Jahres eine professionelle Lehrendenausbildung und werden in den Fächern Didaktik, Psychologie, Pädagogik, Kommunikation und Schulrecht auf ihre zukünftige Aufgabe vorbereitet. Hierzu werden die Kolleginnen/Kollegen am Staatsinstitut IV in Ansbach zu Fachlehrerinnen/Fachlehrern für Brand- und Katastrophenschutz ausgebildet. Das Staatsinstitut IV ist dem Bayerischen Staatsministerium für Unterricht und Kultus angeschlossen und für die Ausbildung der Fachlehrerinnen/Fachlehrer an beruflichen Schulen in Bayern zuständig.

Neben der professionellen Lehrendenausbildung im Bereich des Simulationstrainings, sind weitere spezielle Kompetenzen der Trainerinnen/Trainer gefragt; hierfür bedarf es einer besonderen Befähigung als Simulationstrainerin/Simulationstrainer. Deshalb sollen Ausbilderinnen/Ausbilder in einem ersten Schritt als Human Factors-Trainer qualifiziert werden. Im weiteren Verlauf erfolgt dann eine Ausbildung zur/zum professionellen Simulationstrainerin/Simulationstrainer, in der besonders Wert auf die Erstellung und das Üben mit Szenarien und das anschließende Debriefing gelegt wird (▶ Bild 8).

5.2 Handlungsorientiertes Lernen in der Feuerwehrausbildung

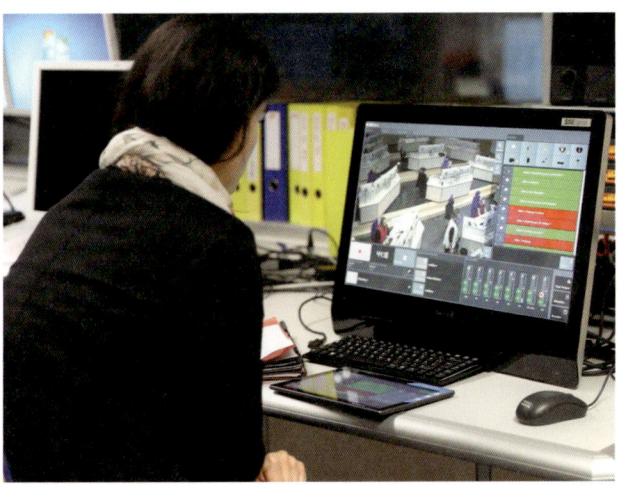

Bild 8: *Professionelles Video-Debriefing-System SIMStation im Einsatz an der Staatlichen Feuerwehrschule Geretsried (Quelle: Staatliche Feuerwehrschule Geretsried)*

Die Szenarien oder Fallbeschreibungen für das Simulationstraining werden im Vorfeld erstellt. Jedes Szenario ist auf der Grundlage eines oder mehrerer kompetenzorientierter Lernziele erstellt worden. Sie decken die gesamten Einsatzspektren der Feuerwehr ab. Die Lernziele der Simulationsszenarien sind handlungsorientiert und überprüfbar und schließen Human Factors wie Kommunikation, Wahrnehmung, Aufmerksamkeit und Entscheiden mit ein. Zusätzlich sind die Szenarien bei den Trainings so kreiert, dass Kompetenzen in der Teamarbeit, der gemeinsamen situativen Aufmerksamkeit (Shared Situation Awareness) und der gemeinsamen mentalen Modelle (Shared Mental Models) erlangt werden.

Für das Simulationstraining wird ein am Ausbildungsstand orientiertes Szenario ausgewählt. Das Ausbilderteam setzt sich aus einer Simulationstrainerin/einem Simulationstrainer und einer Kollegin/einem Kollegen, die/der für die Übungsdarstellung verantwortlich ist, zusammen. Das Training startet mit der Einweisung der auszubildenden Führungskraft. Im Anschluss daran beobachtet die Simulationstrainerin/der Simulationstrainer die Auszubildenden anhand eines im Vorfeld erstellten Feedbackbogens. Dieser Feedbackbogen ist essentiell für das Simulationstraining, da nur mit diesem ein objektives Debriefing, auch durch unterschiedliche Simulationstrainerinnen/Simulationstrainer, im Anschluss der Übungssequenz möglich ist. Das Training behandelt keine handwerklichen Fähigkeiten, sondern berücksichtigt die Human Factors. Hierbei wird ein besonderes Augenmerk auf die Kompetenzen wie Wahrnehmung, Aufmerksamkeit und Entscheidungsfindung gelegt. Ein wichtiges Bewertungskriterium ist hierbei auch, ob sich die TN als

5 Best-Practice-Ansätze zur Professionalisierung

Entlastungswerkzeug Entscheidungshilfen wie z. B. den Regelkreis der Führung in Anspruch nehmen und diesen auch korrekt anwenden können.

Das strukturierte Feedback (Debriefing) im Anschluss an die Übungseinheit läuft in zwei Phasen ab. Die erste Phase beginnt mit einer Selbstreflexion der Kollegin/des Kollegen, die/der zuvor den Part der Führungskraft übernommen hatte. Sie/Er reflektiert seine Leistung und stellt zuerst die positiven Aspekte ihrer/seiner Handlungen heraus. Dann analysiert sie/er Punkte, die sie/er verändern möchte. In der zweiten Phase der Einsatznachbesprechung wird durch die Simulationstrainerin/den Simulationstrainer nochmals detailliert auf die Punkte im Feedbackbogen eingegangen. Hierbei zielt das Feedback vor allem auf die positiven Handlungen ab, da diese von den Auszubildenden oft nicht erkannt werden und diese ja unter allen Umständen beibehalten werden sollen (▶ Bild 9).

Bild 9: *Feedback im Rahmen der Ausbildung an der SFS-G (Quelle: Staatliche Feuerwehrschule Geretsried)*

Simulationstrainings bzw. handlungsorientierter Unterricht insgesamt haben sich in der Feuerwehrausbildung als Ausbildungsmethoden sehr bewährt. Die TN lernen nachhaltig und die Beteiligung am Unterrichtsgeschehen steigt. Das erhöht die Motivation und Zufriedenheit der Lehrgangsteilnehmerinnen/Lehrgangsteilnehmer. Beides wirkt sich positiv auf das Erlernen von Kompetenzen aus.

5.3 Feuerwehrprofis üben für den Ernstfall

Hubert Schaumberger – Oberbrandrat und ehemaliger Leiter der Landesfeuerwehrschule Oberösterreich

»Sie leben mit dem Ungeplanten, überlassen aber nichts dem Zufall. Jeder Einsatz ist anders, deshalb üben auch diese Feuerwehrprofis für den Ernstfall.« Mit diesen Worten leitete Redakteur Roland Huber den ORF Fernsehbericht über das 39. Ausbilderseminar des Österreichischen Bundesfeuerwehrverbandes (ÖBFV) in der Oberösterreichischen Landes-Feuerwehrschule (OÖLFS) in Linz ein. Im folgenden Beitrag wird dieses Seminar für die Ausbilderinnen und Ausbilder der Österreichischen Landesfeuerwehrschulen als Best-Practice-Beispiel vorgestellt.

Die Oberösterreichische Landesfeuerwehrschule (OÖLFS) in Linz

An der OÖLFS in Linz werden Führungskräfteausbildungen sowie Fach- und Spezialausbildungen durchgeführt. Seit ihrer Eröffnung am 15. September 1929 wurden an ihrem Standort bis zum 1. Jänner 2023 – bei einer Unterbrechung von 1938 bis 1948 und 2020 – insgesamt fast 450 000 Feuerwehrleute auf beinahe allen Gebieten des Feuerwehrwesens ausgebildet. Ein Beweis dafür, dass die Feuerwehrmitglieder immer bereit sind, sich zur Verbesserung der Schlagkraft aus- und weiterzubilden und das umfangreiche Lehrveranstaltungsangebot der OÖLFS gerne nutzen. Jährlich absolvieren bis zu 12 000 Personen etwas über 300 Lehrveranstaltungen in 74 verschiedenen Lehrveranstaltungsarten (Lehrgänge, Seminare, Schulungen). Ein Großteil der Lehrveranstaltungsteilnehmerinnen und -teilnehmer investiert für den Kursbesuch Urlaubstage. Das Lehrveranstaltungsangebot umfasst derzeit 94 verschiedene Lehrgänge, die zwischen einem und fünf Unterrichtstage dauern. Sie sind so aufgebaut, dass in der verfügbaren Zeit, neben der Vermittlung der Lerninhalte im theoretischen Unterricht, das Gelernte auch in praktischen Ausbildungen gefestigt und angewendet werden kann. Das Angebot beruht darauf, dass die Einsatzarbeit bei den Bränden gefährlicher wird und die Anzahl, sowie die Vielfalt an Technischen Einsätzen stetig im Steigen ist. Der Ausbildungsbedarf wächst auch mit den Anforderungen, größerer Fluktuation und kürzeren Funktionsspannen.

Den Teilnehmenden stehen drei Lehrsäle, ein Mehrzwecksaal und vier Gruppenausbildungsräume für den theoretischen Unterricht, Werkstätten- und Ausbildungsräume (z. B. für Maschinisten, Atemschutz und Kleinlöschgeräte) und ein Übungsgelände für die Technische, Gefährliche-Stoffe- und Löschtechnik-Ausbildung sowie eine Atemschutzübungsstrecke zur Verfügung. In dem seit 1951 bestehenden

5 Best-Practice-Ansätze zur Professionalisierung

Brandhaus werden die für einen sicheren Einsatz unerlässlichen Hitzegewöhnungs- und Brandeinsatzübungen unter realistischen Bedingungen durchgeführt. Das viergeschossige Übungshaus »Wilk«, eine 2002 nach finnischem Muster für Ausbilderschulungen und Versuchszwecke errichtete feststoffbefeuerte Übungsanlage (HFT-C »Hot Fire Training – Container«), eine stationäre und mobile gasbefeuerte Übungsanlage mit Übungs-PKW und ein LKW-Unfallrettungssimulator stehen ebenfalls zur Verfügung. Da der einsatznahen Gestaltung von Übungen bei der Ausbildung an der OÖLFS auch in Zukunft ein großer Stellenwert eingeräumt werden muss, wurde das Übungsgelände 1999 ausgebaut und soll auch noch einmal erweitert werden. Die erforderlichen Einrichtungen für praktische Ausbildung, Stationsbetriebe und Einsatzübungen müssen in einer entsprechenden Objektvielzahl und Objektvielfalt für gleichzeitig durchzuführende Lehrgänge mit bis zu sechs Gruppen und drei Zügen vorhanden sein (▶ Bild 10).

Bild 10: *Praktische Ausbildung an der OÖLFS im Lehrgang für angehende Zugskommandantinnen und -kommandanten (Quelle: Hubert Schaumberger)*

Weitere Einrichtungen für die praktische Ausbildung sind das in Weyregg am Attersee errichtete Tauchausbildungsgelände, sowie das Bootshaus mit dem »Wasserdienstausbildungsgelände« im Linzer Winterhafen. Erwähnenswert ist auch, dass die Ausbildung in der LFS zu jeder Jahreszeit und bei jeder Witterung durchgeführt wird. Damit alle Teilnehmerinnen/Teilnehmer (TN) auch bei Kälte, Regen und Schnee ein akzeptables Umfeld vorfinden, werden nach Möglichkeit praktische Ausbildungen in den drei Ausbildungsboxen (kleinen Übungshallen), der Übungshalle am Übungsgelände (Technik) und temporär in der adaptierten »Übungshalle-Stieringer«, einer ehemaligen Produktionsstätte einer Parkettbodenfabrik, die vorwiegend für Lagerzwecke Verwendung findet (bei Technischen-,Tunneleinsatz-, Gruppenkommandanten- und Gefährliche Stoffe-Lehrgängen), durchgeführt.

Ausbildung der Ausbilderinnen/Ausbilder der OÖLFS
Die Schulleitung kann auf einen qualifizierten Mitarbeiterstab verweisen. Zusätzlich zur Leitung sind derzeit sieben ausbildende Personen mit der Organisation des Schulungsprogrammes betraut. Weitere sechs Mitarbeiterinnen/Mitarbeiter, welche die aktuellen Abgänge und Altersteilzeiten kompensieren werden, sind in Ausbildung bzw. in Einschulung. Administration der Lehrveranstaltungen, Lehrmittelvorbereitung, Skriptenherstellung und Standesführung sind Aufgabenbereiche des Sekretariates und Lehrgangsbüros. Ergänzt wird das Team mit vierzehn Gastausbilderinnen/Gastausbildern von Freiwilligen Feuerwehren und einer Reihe von Gastvortragenden.

Die Ausbilderinnen/Ausbilder kommen bereits aus dem Feuerwehrwesen, haben eine abgeschlossene facheinschlägige Berufsausbildung und absolvieren ein breites Spektrum von feuerwehrfachlichen Ausbildungen. Spezialseminare und Sonderdienstausbildungen an unterschiedlichen Feuerwehrschulen, bei Berufsfeuerwehren und anderen Einsatz- und Sicherheitsorganisationen im In- und Ausland komplettieren die Qualifikation. Die leitenden Ausbilderinnen/Ausbilder absolvieren die zweijährige Offiziersausbildung für Berufsfeuerwehren. Die österreichweit einheitliche Ausbildung neuer Ausbildungskräfte ist weiterhin im Aufbau. Sie beinhaltet auch den pädagogischen Bereich mit Schwerpunkt Rhetorik, Methodik, Führen und Kommunikation. Für die Weiterbildung der Mitarbeiterinnen/Mitarbeiter im Ausbildungsbereich der OÖLFS werden jährlich bis zu zwölf Ausbilderschulungen und -seminare ausgearbeitet und in der OÖLFS bzw. auch extern durchgeführt.

Ausbilderseminare der Österreichischen Feuerwehrschulen
Seit 1981 werden jährlich stattfindende gemeinsame Ausbilderseminare für alle Lehrkräfte der Feuerwehrschulen Österreichs eingeführt. In den ersten Jahren wurde bei jeder Veranstaltung ein Lehrgang und seine Durchführung, entsprechend den »Musterlehrplänen« vorgestellt. Ein Erfahrungsaustausch unter den Ausbildungskräften und das Kennenlernen der Feuerwehrschulen mit ihren jeweiligen Besonderheiten (Übungsanlagen, Übungsgelände, Konzepte etc.) war ebenso obligatorisch, wie ein Thema aus den Bereichen Menschenführung, Rhetorik und Methodik. Im Laufe der Jahre wurden bei diesen Veranstaltungen sog. Fachgruppengespräche eingeführt, bei denen Ausbilderinnen/Ausbilder der verschiedenen Fachgebiete miteinander aktuelle Entwicklungen im Feuerwehrwesen und in ihrem

5 Best-Practice-Ansätze zur Professionalisierung

Aufgabenbereich besprachen und die Umsetzung im Lehrveranstaltungsbetrieb diskutierten, auch um eine Harmonisierung zwischen den Bundesländern zu erreichen.

Ein großer Fortschritt bedeutete ab 1993 die im neugegründeten Sachgebiet 5.10 »Landesfeuerwehrschulen« des Österreichischen Bundesfeuerwehrverbandes (ÖBFV) selbst ausgearbeiteten Inhalte für die Ausbilderseminare. So brachten sich die Feuerwehrschulen zum Beispiel mit Präsentationen zu Fachthemen wie Experimentalunterrichte zu den Themen Brand- und Löschlehre und Gefahrenlehre ein, was sich nicht nur fachlich positiv, sondern auch gemeinschaftsfördernd auswirkte. Die Teilnehmerzahlen lagen in den ersten Jahren der Einführung der bundesweiten Ausbilderseminare bei 70 bis 90, was oftmals eine Herausforderung für die »kleineren« Schulen darstellte. Organisatorisch wurde das u. a. mit der Aufteilung in Fachgruppen und Nutzung externer Quartiere gelöst. Die hohen Teilnehmerzahlen bewirkten fallweise auch, dass nicht alle TN ausreichend in die Abläufe einbezogen werden konnten und dadurch die Identifikation mit den Inhalten gelitten hat. Eine Neuorientierung mit Reduzierung der Teilnehmerzahl und der Ausrichtung nach »Themenfokussierung« sollte hier Verbesserungen bringen. Um die österreichischen Feuerwehrschulen auch mit den Kolleginnen/Kollegen der Nachbarländer zu vernetzen, wurden im Laufe der Zeit auch die Ausbilderinnen/Ausbilder aus Südtirol und den Staatlichen Feuerwehrschulen Bayerns sowie der Berufsfeuerwehr München eingeladen. Mittlerweile sind auch Gegeneinladungen zu den auch in Bayern eingeführten jährlichen Ausbilderseminaren die Regel. Die Ausbilderseminare wurden seit ihrer Einführung ständig weiterentwickelt und haben neben ihrem fachlichen Stellenwert auch eine besondere Bedeutung für die einheitliche Feuerwehrausbildung (Harmonisierung) und ihre Weiterentwicklung. Das kameradschaftliche Umfeld wirkt sich auch positiv auf das kollegiale Netzwerk innerhalb der Ausbilderinnen/Ausbilder und Lehrerinnen/Lehrer aus.

Das 39. Ausbilderseminar des ÖBFV an der Landesfeuerwehrschule Oberösterreich

Auf Vorschlag der OÖLFS, lag der Themenschwerpunkt auf der Thematik »Menschrettung: Taktik, Technik und Medien«. Basierend auf den Grundsätzen moderner Feuerwehrausbildung, d. h. *zeitgemäß/anschaulich/wirklichkeitsnah/effektiv/sicher/vergessenssicher/anerkannt*, sollten mit den Seminarinhalten die Kompetenzen der Ausbilderinnen/Ausbilder auf Führungsniveau fachübergreifend abgedeckt werden und an unserer Schule in den letzten Jahren richtungsweisend ausgearbeitete Fachthemen, zielführende Methoden und neue bzw. noch unbekannte Einrichtun-

5.3 Feuerwehrprofis üben für den Ernstfall

gen vorgestellt, erprobt und angewendet werden. Es erfolgte die Festlegung auf mehrere aufbauende bzw. einführende Vorträge von Fachleuten aus Feuerwehr, Medizin, Psychologie und Technik im Plenum anhand von vier theoretischen Themenblöcken. Und anschließend die Verdichtung der Fachthemen in drei praktischen Themenblöcken, in kleinen Gruppen mit Fachleuten der Feuerwehrschulen, Technikern und Instruktoren von Fahrzeug- und Geräteherstellern unter der Leitung der Mitarbeiterinnen/Mitarbeiter der OÖLFS der Lehrgruppe I (Einsatz, Taktik, VR) und Lehrgruppe II (Technik). Die Seminardauer war mit zweieinhalb Tagen vorgegeben. Für die intensive praktische Arbeit zu den drei jeweils parallel durchgeführten Themenblöcken standen den kleineren Gruppen alle weiteren Lehrsäle, das komplette Übungsgelände mit Übungshallen sowie Objekte im Stadtgebiet zur Verfügung. Da die Fachvorträge für die praktischen Themenblöcke aufbauend waren, wurden sie im Programm für den ersten Seminartag und zu Beginn des zweiten Seminartages fixiert.

In den *theoretischen Themenblöcken* waren für die Fachvorträge verlängerte Unterrichtseinheiten (UE Theorie) mit jeweils einer Stunde vorgesehen. Der **Theorieblock 1** behandelte das Thema **»Alternative Antriebe, E-Mobilität – Technische Entwicklungen und Herausforderungen im Feuerwehreinsatz«**. Aus der aktuellen »Information E-20, Einsatz mit alternativ angetriebenen Fahrzeugen und deren Peripherie« wurden Technik und Energieträger bzw. -quellen von Hybrid- und Elektrofahrzeugen, Fahrzeugen mit (Wasserstoff) Brennstoffzelle, Erdgas und Flüssiggasantriebe vorgestellt. Ebenso die aktuellen Zahlen der Fahrzeugzulassungen mit alternativen Antrieben und ihre künftige Entwicklung sowie stattgefundene Feuerwehreinsätze in Zusammenhang mit Fahrzeugen mit alternativen Antrieben. Der **Theorieblock 2** befasste sich mit dem Thema **»Menschenrettung nach Verkehrsunfällen mit LKW: Taktik und Technik aufbauend auf PKW-Unfälle, Erfahrungswerte«**. Es wurde aufbauend auf standardisierte Vorgehensweisen bei Verkehrsunfällen (VU) mit PKW in die Besonderheiten der LKW-Unfallrettung eingeführt. Als Einstieg wurden zwei aktuelle Unfälle mit LKW auf oberösterreichischen Autobahnen gewählt und anhand von Einsatzbildern die besonderen Herausforderungen für die Einsatzkräfte und der Ablauf dieser Einsätze erörtert. Den sehr anschaulichen Beispielen folgte die Vorstellung der technischen Grundlagen und des Ablaufes der Menschenrettung aus Lastkraftwagen. Die vermittelten Inhalte und Regeln sollten in der praktischen Ausbildung am »LKW-Unfallrettungssimulator« in Form einer Einsatzübung angewendet werden. Die Übungsmöglichkeiten und Darstellungselemente dieses Simulators wurden abschließend vorgestellt.

5   Best-Practice-Ansätze zur Professionalisierung

Der **Theorieblock 3** beschäftigte sich mit dem Thema **»Persönliche Sicherheit: Erste Hilfe für Mannschaften, verhinderbare Todesursachen«**. Der Leiter des Feuerwehrausbildungszentrum (FAZ) der Berufsfeuerwehr (BF) Wien stellte in abwechselnder Moderation mit einem Notarzt dieses Ausbildungsprojekt der BF Wien, die Hintergründe und seine Ausrollung vor. Die Einsatzkräfte der Feuerwehr finden bei ihrem Eintreffen am Einsatzort oftmals noch vor Ankunft von Rettung und Notarzt schwerverletzte Personen vor. Schwerverletzte in Gefahrenbereichen, mehrere Verletzte und ein Massenanfall von Verletzten (MANV) am Einsatzort sind realistische Szenarien. Besonders zu beachten sind auch Verletzungen von Feuerwehrleuten z. B. mit Schneid- und Trenngeräten bei Einsatz und Übungen. Nur unverzüglich durchgeführte Maßnahmen der Ersten Hilfe können in diesen Szenarien lebensrettend sein. In anschaulichen Beispielen wurden anhand von Aufnahmen von Verletzten nach Unfällen und Anschlägen Ursachen, Auswirkung und Sofortmaßnahmen erörtert. Möglichkeiten der Blutstillung bei Stich- und Schnittverletzungen, sowie bei Abtrennung von Gliedmaßen werden vorgestellt. Die Anwendung eines »TOURNIQUET« zum Abbinden wird vorgezeigt und von den TN paarweise geübt. Diesen Übungen im Lehrsaal sollte bei der Einsatzübung im Praxisblock 1 eine, den TN vorher nicht bekannte, Einlage mit einer schwerverletzten Person folgen.

Theorieblock 4 griff das Thema **»Menschenrettung mit Hubrettungsfahrzeugen: Einsatzschema, Einsatztaktik, Ausbildungsentwicklungen in Europa (EUROFFAD Projekt)«** auf. Hubrettungsfahrzeuge (HRF) sind z. B. Drehleitern und Teleskopmastbühnen. Es erfolgt mit Bild und Videomaterial von Einsätzen und Übungen eine Einführung in die Grundlagen des Einsatzes von Drehleitern für die Menschenrettung. Die einleitenden Beispiele zeigten auch unmissverständlich die Auswirkungen mangelnder Vorbereitung von Mannschaft und Führungskräften, sowie die Folgen unvorhergesehener Entwicklungen der Einsatzverläufe auf den Drehleitereinsatz. Aus dem Einsatzschema für Hubrettungsfahrzeuge wurden Einsatzarten, Anleiterarten und die »HAUS-Regel« vorgestellt. Die »HAUS-Regel« steht für Sammelbegriffe zu Hindernissen, Abständen, Untergrund und Sicherheit. Die vorgestellten Grundlagen sollten im Themenblock II praktisch erprobt und in einsatznahen Übungen an unterschiedlichsten Objekten angewendet werden. Weiters wurden die Ergebnisse eines internationalen Projekts »Basiskurs für Besatzungen von Hubrettungsfahrzeugen« und das »Einsatzschema für Hubrettungsfahrzeuge« vorgestellt. Im Stationsbetrieb wird das Besteigen der Drehleiter geschult und in Einsatzübungen werden die Abläufe von der (Nach-) Alarmierung des HRF über das Freihalten von Aufstellflächen und Einweisen der HRF-Besatzung geübt und angewendet. Mit einer Präsentation im Bereich der Psychologie sollte eine Brücke von

5.3 Feuerwehrprofis üben für den Ernstfall

den im Seminarmittelpunkt stehenden »fachlichen- und methodischen Kompetenzen« zum Bereich der »sozialen und Führungskompetenzen« geschlagen werden.

Für die intensive Auseinandersetzung mit dem Seminarthema »Menschenrettung in den Bereichen Taktik/Technik/Medien« in der Praxis wurden jedem Themenblock vier Unterrichtseinheiten (UE Praxis), das sind 3 ¼ Stunden, zur Verfügung gestellt. Die Umsetzung dieser **praktischen Themenblöcke** erfolgte in einem Stationsbetrieb mit drei Gruppen. Die Gruppengröße der parallel stattfindenden Blöcke wurde mit acht bzw. vier Teilnehmenden festgelegt. **Praxisblock 1** greift die **»Menschenrettung nach Verkehrsunfall mit LKW und PKW unter Anwendung neuer Ausbildungsmethoden und Ausbildungsmittel; neue Fahrzeugtechnologien/ alternativen Antrieben auf«** (▶ Bild 11).

Bild 11: *Menschenrettung nach VU mit LKW (Quelle: Hubert Schaumberger)*

Die TN tragen bei der Durchführung der praktischen Sequenzen Einsatzbekleidung und persönliche Schutzausrüstung, zusätzlich FFP 2 Schutzmasken. Für den LKW-Teil wurde die Durchführung der Menschenrettung in Form einer Einsatzübung gewählt. Als Unfallszenario wurde ein Auffahrunfall in einem einspurigen, durch seitliche Begrenzungselemente sehr beengten Autobahn-Baustellenbereich mit Rückstau angenommen. Dazu wurde die »Übungshalle Stieringer« zur Autobahn adaptiert und vier Unfallfahrzeuge, davon zwei ineinander verkeilte LKW und zwei zum Teil beschädigte PKW, die im Nachfolgeverkehr ebenso aufeinander aufgefahren waren, aufgestellt. Im Zentrum des Szenarios wurde der LKW-Unfallrettungssimulator der OÖLFS aufgebaut. Er ist auf einen vor ihm bremsenden LKW, in diesem Fall ein

5 Best-Practice-Ansätze zur Professionalisierung

kurzzeitig angemieteter, neuer 16 Tonnen Lastkraftwagen mit Kastenaufbau und Kühlanlage, aufgefahren. Im Führerhaus war der Lenker eingeklemmt. Eine schwerverletzte Person mit starker Blutung an abgetrenntem Fuß bzw. Hand lag im Bereich eines PKW auf der Fahrbahn.

Die TN wurden am Ausgangspunkt in die Funktionen einer »Löschgruppe[1]« eingeteilt. Als Fahrzeug stand der Gruppe ein »Rüstlöschfahrzeug RLF-A 2000 Tunnel« (Fahrzeug mit eingebautem Wassertank und Feuerlöschkreiselpumpe, sowie Geräten zur Brandbekämpfung und zur Technischen Hilfeleistung und in diesem Fall auch mit Sonderausstattung für Einsätze in Tunnelanlagen) zur Verfügung. Der Maschinist (Fahrer) wurde von der OÖLFS gestellt. Nach kurzer Einführung in die Besonderheiten des LKW-Übungssimulators wurden das zugewiesene »Rüstlöschfahrzeug« und die darin mitgeführten Geräte besichtigt. Dem folgten die Alarmierung und Anfahrt über das Schulgelände zum Einsatzort »Autobahnbaustellenbereich«, an dem von jeder Gruppe unter Beobachtung der Übungsleitung die erforderlichen Maßnahmen entsprechend der vorgefundenen Lage durchzuführen waren. Diese beinhalten in dieser Situation z. B. die Absicherung der Unfallstelle, Sicherung von Fahrzeugen, Erkundung, Brandschutz, Erste Hilfe für den eingeklemmten LKW-Lenker und einer vor einem PKW aufgefundenen stark blutenden Person und Befreiung des eingeklemmten LKW-Lenkers aus dem Führerhaus. Besondere Herausforderungen waren das erschwerte Herankommen an die Unfallfahrzeuge und die räumliche Beengtheit im Baustellenbereich, die Höhe des LKW-Führerhauses auf der mit schweren Werkzeugen Zugänge für Betreuung und Befreiung des Eingeklemmten geschaffen werden mussten und das unverzüglich durchzuführende Unterbinden der starken Blutung mittels »Tourniquet« an einer vor einem PKW liegend aufgefundenen Person. Dass alle Maßnahmen von der als erste am Einsatzort eingetroffenen Gruppe alleine durchzuführen waren, weil die weiteren zum Einsatz mitalarmierten Einsatzkräfte der Rettung mit Notarzt, Polizei und Feuerwehr noch auf der Anfahrt waren, stellten den Gruppenkommandanten und die Mannschaft vor besondere Herausforderungen.

---

1 Die kleinste taktisch selbständig einsetzbare Feuerwehreinheit ist die »Löschgruppe« mit Mannschaft, Fahrzeug und Gerät. Die Mannschaft besteht aus einem Gruppenkommandanten, einem Melder, einem Maschinisten und drei Trupps mit jeweils einem Truppführer und einem Truppmann. Die Mannschaft einer »Tanklöschgruppe« ist mit ihrem wasserführenden Fahrzeug um einen Trupp vermindert.

5.3 Feuerwehrprofis üben für den Ernstfall

In der Nachbesprechung wurden mit der Übungsleitung und den beobachtenden Personen der Ablauf der Einsatzübung reflektiert und die Umsetzung der Maßnahmen evaluiert. Fragen zu weiteren Lösungsansätzen, dem Übungsaufbau und die realistische Darstellung des Unfallszenarios rundeten die gemeinsame Nachbesprechung ab. Besonderes Interesse der TN bestand auch an den Einsatzmöglichkeiten des LKW-Unfallrettungssimulators mit seinen Einrichtungen zur Darstellung (Rauch, Geräusche, Ladegut, auslaufende Treibstoffe etc.) und den Möglichkeiten hydraulische Spreizer, Scheren und Teleskopzylinder an austauschbaren Karosserie- und Rahmenteilen echt verformend und zerstörend, also trennend, quetschend und drückend, einzusetzen.

Beim 90-minütigen PKW-Teil in diesem Themenblock standen die Informationsbeschaffung am Einsatzort, das Kennenlernen der aktuellen Entwicklungen in Antriebs- und Sicherheitstechnik von Personenkraftfahrzeugen und die Methoden der Menschenrettung nach Verkehrsunfällen aus PKW im Mittelpunkt. Anstelle einer Einsatzübung dazu sollten andere Methoden der Wissensvermittlung im Vordergrund stehen. Der kurzen Einführung mit einem Informationsgespräch, einer Fachinformation zum Thema, folgten aufeinander aufbauend Einzel- und Partnerarbeit zur selbständigen Informationsbeschaffung, ein Expertengespräch mit Besichtigung einsatzrelevanter Einrichtungen und Bauteilen von »Echtfahrzeugen« und in der Gruppe eine gemeinsame Beurteilung von vorbereiteten Varianten häufiger Unfalllagen von PKW (▶ Bild 12). Die Anwendung von bewährten und neuen Methoden mit praktischem Geräteeinsatz sollte unter fachkundiger Anleitung abwechselnd von

Bild 12: *Informationsbeschaffung am Einsatzort bei Verkehrsunfällen (Quelle: Hubert Schaumberger)*

den TN, einzeln oder in Trupps (paarweise), vor der Gruppe erprobt und geübt werden.

Dazu wurden auf dem Übungsgelände eine überdachte Informationsecke mit Schautafeln, Bildschirm und Zugang zu Datenbanken mit Laptop und Tablets eingerichtet, sowie eine Besichtigungsstrecke von Fahrzeugen mit alternativen Antrieben, großteils mit Neufahrzeugen aktueller Ausführung oder gänzlich neuer Modelle, aufgebaut. In der »Übungshalle ÜG« erwartete die TN ein Informationsbereich mit Großprojektion, ein Top-Neufahrzeug mit eigens angefertigten Schautafeln, welche dieses Fahrzeug mit seinen Materialien, Bauteilen und Sicherheitseinrichtungen im Schnittmodell aus verschiedenen Perspektiven anschaulich zeigen. In einem Parcours wurden mit mehreren PKW unterschiedliche Unfalllagen (auf allen vier Rädern stehend, auf dem Dach und der Seite liegend) und Verformungsmöglichkeiten zur Übungsvorbereitung dargestellt. Die Unfallfahrzeuge waren bereits mit unterschiedlichstem Gerät stabilisiert. Weiters wurden an diesen Fahrzeugen Varianten der Schaffung von Zugängen mit hydraulischen Rettungsgeräten selbsterklärend vorbereitet und die Verwendung einfacher oder speziell entwickelter technischer Hilfsmittel dargestellt. Das Herzstück des Parcours bildete ein Übungsfahrzeug, an dem die vorgestellten Methoden zur Befreiung von Personen aus Unfallfahrzeugen anzuwenden waren und der Einsatz aktueller Gerätetechniken erprobt werden konnte. Hier wurden den TN neben den Geräten aus einem »Schweren Rüstfahrzeug« auch neueste Geräte, zum Teil akkuversorgt, auf einem vorbereiteten Geräteablageplatz für Anwendung und Erprobung zur Verfügung gestellt. Die in der praktischen Arbeit deformierten bzw. großteils zerstörten Unfallfahrzeuge waren nach jedem Durchgang auszutauschen. Die TN sammelten beim Durchlaufen der vorbereiteten Stationen einsatzrelevante Informationen, u. a. aus Rettungsdatenblättern im Fahrzeug, über Beschriftungen, Symbole und anderen Erkennungsmerkmalen an Fahrzeugen, nach Kennzeichenabfrage zur Ermittlung von Fahrzeugmodell und Baujahr in anschließender Online-Recherche in Rettungsleitfäden sowie durch Expertenbefragung zu den ausgestellten Fahrzeugen. Schritt für Schritt wurden sie an die eigentliche Arbeit am Unfallfahrzeug zur Befreiung von Personen herangeführt.

Jeder Sequenz folgte eine Zusammenfassung der Abläufe, eine Abfrage von Erfahrungen der TN und die Diskussion alternativer Lösungsansätze. Fragen zur Darstellung der Unfallszenarien und die Sicherheit für TN waren ebenfalls Thema. Besonderes Interesse weckten die praktischen Beispiele zur Informationsgewinnung und dazu der Einsatz von großteils fabrikneuen Fahrzeugen mit alternativen Antrieben (Erdgas-, Hybrid-, Elektro- und Wasserstoffantrieb) renommierter Fahrzeug-

5.3 Feuerwehrprofis üben für den Ernstfall

hersteller sowie die Beantwortung von Fragen durch die Experten der Fahrzeug- und Gerätehersteller, sowie die persönliche Einbeziehung beim Einsatz aktuellster Rettungsgeräte an Übungsfahrzeugen.

In **Praxisblock 2** wurde das Thema **»Menschenrettung mit Hubrettungsfahrzeugen (Drehleitern) unter Anwendung aktueller Einsatzgrundsätze und virtueller Hilfsmittel/Medien aufgegriffen«** (▶ Bild 13).

Die Menschenrettung sollte hier mit Drehleitern in zumindest drei aufeinander aufbauenden und sich steigernden Einsatzübungen unter Anwendung einsatztaktischer Grundsätze an unterschiedlichen Objekten mit verschiedenen Darstellungsmöglichkeiten erfolgen. Vorgelagert sollten die TN die zugewiesenen Hubrettungsfahrzeuge kennenlernen und Anforderungen an Aufstellflächen und Ausladungsgrenzen selbst ermitteln. Ausgangspunkt ist der Hof LFS. Aufstellungsorte für die Einweisung an den Drehleitern sind der für diesen Zweck abgesperrte Schulhof und die Straße »Am Hühnersteig« im Übungsgelände. Übungsorte sind der historische Altbau der OÖLFS und Objekte im Stadtgebiet von Linz wie die Intertrading- und Tech-Center-Gebäude, sowie das Hafenbecken im Winterhafen und der Neubau des Landes-Feuerwehrkommandos. Es wird in zwei Gruppen mit je vier TN geübt. Der Zeitrahmen für die praktische Arbeit beider unabhängig voneinander arbeitenden Gruppen beträgt 3 ¼ Stunden. Den Gruppen stehen jeweils eine »30 Meter Drehleiter mit Korb« (DLK 23-12) neuester Bauart der Fabrikate Magirus und Rosenbauer, ein Rüstlöschfahrzeug, zwei Ausbilder und ein Drehleitermaschinist zur Verfügung.

Bild 13: *Menschenrettung mit Hubrettungsfahrzeugen (Quelle: Hubert Schaumberger)*

5 Best-Practice-Ansätze zur Professionalisierung

Die TN tragen bei der Durchführung Einsatzbekleidung und persönliche Schutzausrüstung, zusätzlich FFP 2 Schutzmasken. Nach der Aufteilung in die zwei Gruppen starten die TN in den allgemeinen Teil zum Kennenlernen des Hubrettungsfahrzeuges und den Anforderungen an eine Aufstellfläche. Sie ermitteln den Platzbedarf und die Ausladungsgrenzen und tragen die Ergebnisse als Gedankenstützen in »Arbeitskarten«, das sind kleinformatige Arbeitsblätter, ein. Es folgen eine Einweisung in den Ablauf der Einsatzübungen und die Einteilung der TN in die Funktionen »Gruppenkommandantin/Gruppenkommandant« eines zuerst am Einsatzort eintreffenden Rüstlöschfahrzeuges, »Fahrzeugkommandantin/Fahrzeugkommandant (Truppführerin/Truppführer)« und Truppfrau/Truppmann der Drehleiter, sowie Übungsbeobachterinnen/Übungsbeobachter mit Beobachtungsbogen für Aufzeichnungen zur Nachbesprechung. Für die leichtere Unterscheidbarkeit der unterschiedlichen Funktionen tragen die TN über den Schutzjacken verschiedenfärbige Kennzeichnungswesten. Die Funktionen werden nach jeder Übung gewechselt. Mit diesem »Rollenwechsel« soll jeder TN mit der Lagebeurteilung und Entscheidung, welche Maßnahme in der jeweiligen Übungsannahme am raschesten zum Ziel führt, vertraut werden und das Zusammenspiel der verschiedenen Funktionen mit ihren unterschiedlichen Tätigkeiten kennen lernen. Für drei Pflicht- und eine Zusatzübung stehen fünf Objekte mit unterschiedlichen Szenarien in verschiedenen Schwierigkeitsgraden zur Verfügung. Aus dem im Vortrag vorgestellten Einsatzschema führt jeweils eine andere Anleiterart zur Lösung der gestellten Aufgabe. Das in Stellung bringen der Drehleiter erfolgt immer unter Anwendung der »HAUS-Regel«. Die zwei Gruppen starten an unterschiedlichen Orten und begegneten einander während der 3 ½ Stunden nicht. Jede Übung verläuft nach gleichem Schema. Die Gruppenkommandantin/Der Gruppenkommandant des Rüstlöschfahrzeuges erhält eine Alarmmeldung und fährt mit ihrer/seiner Gruppe (hier alleine, mit einer/einem Ausbilderin/Ausbilder als Fahrerin/Fahrer) zum Einsatzort, erkundet die Lage (z. B. Brand oder Unfall mit einer oder mehreren Personen an exponierter Stelle in Gefahr), weist die/den nachkommenden Fahrzeugkommandantin/Fahrzeugkommandanten der Drehleiterbesatzung ein und beauftragt sie/ihn mit der Durchführung der Menschenrettung.

Hinter der Brüstung der Dachterrasse (*Übung Dachterrasse historischer Altbau LFS*) befindet sich ein Rollstuhlfahrer, dargestellt von einer Person, die um Hilfe ruft. Aus dem Gebäude dringt im 1.OG dichter Rauch, dargestellt mittels Nebelgerät. Zwischen Aufstellfläche und Objekt befinden sich ein Gehsteig und parkende PKW. Die Straße ist mäßig befahren. In dieser ersten Übung stimmen sich die TN auf die Abläufe der Einsatzübungen ein. Sie erarbeiten gemeinsam Lösungswege zur Menschenrettung

5.3 Feuerwehrprofis üben für den Ernstfall

und führen die beste Variante ohne Zeitdruck aus. In den weiteren Übungen werden die Abläufe zügiger umgesetzt. Bei der *Übung an der Front des Intertrading Gebäudes im 4. OG* stehen an mehreren Fenstern Personen, dazwischen dringt aus einem Fenster Rauch, Flammen sind erkennbar, mehrere Personen sind auf dem Dach. Die Darstellung erfolgt mit »Real Sim-Programm« sichtbar über AR-Brille (»Augmented Reality-Display«) und auch mit Übertragung auf Tablet, sowie als zusätzliche Möglichkeiten und Ausfallsebenen durch »SimsUshare« auf Tablet und als Einsatzbild auf A3-formatigem, folierten Karton. Vor dem Gebäude sind eine nichtbefahrbare Rasenfläche und ein großräumiger Parkplatz mit ausgewiesenen Flächen für die Feuerwehr. Die Herausforderung in dieser Einsatzübung ist die durchzuführende Prioritätenreihung für zehn, von verschiedenen Stellen des Gebäudes, zu rettende Personen. Nach dieser Übung wurde von jeder Gruppe ein Erinnerungsfoto mit Drehleiter und Objekt im Hintergrund aufgenommen. Im Rahmen der *Übung am Winterhafen* liegt im Hafenbecken auf Höhe des Bootshauses eine bewusstlose Person in einer verankerten Zille[2]. Der Höhenunterschied von der Aufstellfläche der Drehleiter an der Uferböschung zur Wasseroberfläche beträgt 2,5 m. Die bewusstlose Person wird mittels einer Übungspuppe dargestellt. Vor der eigentlichen Rettung über die Drehleiter müssen die Rettungskräfte zur Versorgung der Person auf die Zille gebracht werden. Bei der *Übung am Tech-Center* macht sich an einem Fenster im 2. OG eine Person bemerkbar. Die Wohnung ist verraucht. Die Person schreit den Einsatzkräften zu, dass sie vom Rauch eingeschlossen ist. Vor der Fensterfront ist eine große nicht befahrbare Garten- und Parkfläche. Die Zufahrt ist durch eine Schranke versperrt. Darstellung durch »SimsUshare« am Tablet. Schwerpunkt der Übung ist die exakte Auswahl des Aufstellungsortes für die Drehleiter, so nahe wie möglich am Objekt. Die maximale Ausladung bei der Aufnahme der für die Rettung mittels Korb erforderliche Personenanzahl muss erreicht werden. Im Rahmen der *Übung am Neubautrakt des Oö. Landes-Feuerwehrkommandos* liegt auf dem Flachdach oberhalb der Fluchtstiege zum 2. OG eine Person. Vor dem Gebäude ist eine große asphaltierte, freie Parkfläche. Auf dem Dach liegt ein Arbeiter. Die Stelle ist wegen des verwinkelten Gebäudes und der in diesem Fall hinderlichen Fluchtstiege sehr schwer zu erreichen. Die Menschenrettung soll in liegender Form, unter Verwendung der Krankentragen-Halterung am Korb, erfolgen. Die Darstellung erfolgt mit Übungspuppe, »SimsUshare« und als Einsatzbild auf A3-formatigem, folierten Karton.

---

[2] Eine Zille ist ein 7 m langes, schmales Holzboot, das stehend zu rudern ist.

5 Best-Practice-Ansätze zur Professionalisierung

Jeder Übung folgt vor Ort eine Nachbesprechung mit der Übungsleitung und den Beobachterinnen/Beobachtern. Der Ablauf der Einsatzübung, die gewählte Anleiterart und die Umsetzung der Maßnahmen werden erörtert und weitere Lösungsansätze besprochen. Führung und Kommunikation werden dabei besonders angesprochen. Der »Rollentausch« als Methode zur verstärkten Einbeziehung der TN, der Wechsel der Szenarien mit Anfahrt zu den »echten« Objekten im Stadtverkehr und die Steigerung des Zeitdrucks forderten Ausbilderinnen/Ausbilder und TN gleichermaßen. Die Notwendigkeit von Objektvielfalt und Objektvielzahl für die gleichzeitige Ausbildung mehrerer Gruppen auf dem Schulareal bzw. Übungsgelände und in der näheren Umgebung der LFS wurde erkannt. Erläuterungen zu Übungsaufbau und realistischer Darstellung der Übungsszenarien mit einfachen ausfallsicheren Hilfsmitteln runden die gemeinsame Nachbesprechung ab. Die zum Kennenlernen eingesetzten Darstellungsmöglichkeiten mit technischen Hilfsmitteln wie »Augmented Reality-Brille« für die Gruppenkommandantin/den Gruppenkommandanten und Tablets zum Mitverfolgen ihrer/seiner Sicht auf das Objekt, sowie die Darstellung der Lage auf Tablets mittels digital bearbeiteter Bilder, wurden gut angenommen und als Horizonterweiterung positiv bewertet.

In **Praxisblock 3 »Menschenrettung im Regelkreis der Einsatztaktik unter Anwendung neuer Medien und virtueller Umgebungen in verschiedenen Einsatzszenarien«** steht die Einsatztaktik im Mittelpunkt. Die TN lernen alternative Darstellungsmöglichkeiten von Einsatzszenarien in virtuellen Umgebungen kennen. Einer kurzen Einführung in die Thematik folgt die Vorstellung der Geräte, Software und Abläufe. Unter Anwendung des »Führungsverfahrens« erproben sie in Übungen die Verwendung der Trainingssoftware »XVR« (▶ Bild 14). Einzeln, zu zweit oder in der Gruppe erkunden sie unter Anleitung von Ausbilderinnen/Ausbildern der Lehrgruppe I mit VR-Brille, auf Bildschirm, Großprojektion und mit »Cardboard« Schadenslagen, beurteilen diese, treffen Entscheidungen für die Einsatzdurchführung und anzuwendende Schutzmaßnahmen und setzen diese in der Auftragserteilung um. Übungsorte sind fünf Lehrsäle und Vorräume im 1.OG der OÖLFS. Der Zeitrahmen für die praktische Arbeit beträgt 3 ¼ Stunden. Die TN tragen bei der Durchführung Dienstbekleidung (für den Innendienst) ohne persönliche Schutzausrüstung, jedoch FFP 2 Schutzmasken und Einmal-Untersuchungshandschuhe. Die Erprobungen und Übungen erfolgen in folgenden Anwendungsbeispielen aus den Lehrgängen der OÖLFS.

5.3 Feuerwehrprofis üben für den Ernstfall

Bild 14: *Darstellung von Einsatzszenarien in virtueller Umgebung (Quelle: Hubert Schaumberger)*

Im *Einsatzleiter-Lehrgang* dient der »Brand in einem mehrgeschossigen Betriebs- und Wohngebäude, mehrere Personen in Gefahr« als Szenario. Die TN übernehmen die Funktionen der Einsatzleiterin/des Einsatzleiters und der Gruppenkommandantin/des Gruppenkommandanten. Die jeweiligen »Sichtfelder« der Funktionen auf das mit »XVR« dargestellte Ereignis werden in der Großprojektion für alle TN sichtbar dargestellt. Die Einsatzleiterin/Der Einsatzleiter erteilt der Gruppenkommandantin/dem Gruppenkommandanten ihre/seine Aufträge, die Gruppenkommandantinnen/Gruppenkommandanten erteilen der/dem Operatorin/Operator (Technikerin/Techniker am XVR-Pult) ihre Befehle. Der Operator stellt die Ausführung der Maßnahmen und die Entwicklung der Lage in der Projektion dar. Anwendung von »XVR«, Lösungsvarianten und taktische Umsetzung der Maßnahmen werden gemeinsam besprochen. Im *Tunnel-Lehrgang* sind Erkundung und Kommunikation in einem Tunnel der Schwerpunkt. Die Einsatzabschnittsleitungen an beiden Portalen sind in getrennten Räumen mit mindestens einem TN besetzt. Weitere TN übernehmen in ebenfalls getrennten Räumen die Aufgaben von Gruppenkommandantinnen/Gruppenkommandanten, die mit ihren Gruppen von beiden Portalen zur Erkundung vorgehen. Die Darstellung des angenommenen Szenarios im Tunnel erfolgt in einem mit »XVR« erstellten Video bzw. live mit Multiplayer. Die Erkundungsergebnisse werden über Funk an die Einsatzabschnittsleitungen an den Portalen übermittelt und von den eingeteilten TN in »Tunnel Schema Pläne« eingezeichnet. Ablauf, Erfassung und Übermittlung der relevanten Erkundungsergebnisse werden gemeinsam besprochen und mit den Aufzeichnungen in den Einsatzabschnittsleitungen verglichen.

Beim *Gefährliche-Stoffe-Lehrgang* ist die gesamte Gruppe im Lehrsaal. Ein TN übernimmt die Funktion der/des Gruppenkommandantin/Gruppenkommandanten des zuerst am Einsatzort eingetroffenen Fahrzeuges beim »Unfall mit Gefahrgut, Auslaufen eines Schadstoffes«. Die Lage am Einsatzort wird aus der Sicht der/des Gruppenkommandantin/Gruppenkommandanten, für alle einsehbar, mit »XVR« in Großprojektion dargestellt. Nach der Erkundung und Beurteilung der Lage erteilt die/der Gruppenkommandantin/Gruppenkommandant seine Befehle zur Menschenrettung unter entsprechenden Schutzmaßnahmen an die eigene Mannschaft und an nachrückende Kräfte. Die zur Erkundung und Ausführung der erforderlichen Maßnahmen unter Chemieschutzanzügen eingeteilten TN wechseln daraufhin in benachbarte Lehrsäle und melden ihre Erkundungsergebnisse aus der mit »XVR« dargestellten Lage im Gefahrenbereich an die/den Gruppenkommandantin/Gruppenkommandanten. Die Kommunikation erfolgt mittels Digitalfunk, die Dokumentation auf vorgefertigten »Erkundungstafeln«. Ablauf und Darstellung werden nach dem Übungsende besprochen. Im Rahmen der *Erkundung mit XVR Expo* rufen die TN selbst über PC, Tablet oder Smartphone ein Übungsbeispiel von der Homepage www.ooelfv.at/vr ab. Es wird die Lage am Einsatzort anhand von Darstellungen und von selbst zu öffnenden »Infoboxen« erkundet und nach Beurteilung dieser der Auftrag für die zuerst am Einsatzort eintreffende Feuerwehreinheit formuliert. Die Einsatzbeispiele, die nach jeweils fixer Vorgabe ablaufen, also nicht durch eine/n Operatorin/Operator live dargestellten Maßnahmen und Entwicklungen, werden in den Funktionen Gruppen- und Zugskommandantin/Gruppen- und Zugskommandant geübt. Die getroffenen Maßnahmen werden im Seminar auch auf »Flügeltafeln«, das sind mobile Whiteboards mit vorgefertigten Feldern für die Abarbeitung des »Führungsvorgangs«, übersichtlich und leicht nachvollziehbar dargestellt. Die verwendeten Beispiele stehen samt Arbeitsblättern auch für die Anwendung in den Feuerwehren oder zu Hause zur Verfügung. Für die Anwendung mit Smartphone erhalten alle TN ein für das Seminar eigens angefertigtes »Cardboard«, eine brillenähnliche Halterung aus Karton, welche aus dem Smartboard eine »VR-Brille« macht. Durch Bewegen des Kopfes kann man Szenarien aus unterschiedlichen Blickwinkeln betrachten. Für die Variante *Selbstgeführter Modus* stehen den TN »VR-Brillen« zur Verfügung, mit Hilfe derer sie sich im Szenario bewegen und einen Überblick über die Lage am Einsatzort bekommen. Parallel können Zuseherinnen/Zuseher die Erkundung auf dem Bildschirm mitverfolgen. Die Darstellung wird auch auf Laptop und Gamepad erprobt. In den verschiedenen Übungen erproben alle TN die Trainingssoftware »XVR« unter Anwendung des »Führungsverfahrens«. Das Ausbilderteam gestaltete in einem abgeschlossenen Bereich eine gute Lernumgebung in der ungezwungen, aber mit hoher Konzentration und zum Teil auch spielerisch in einer virtuellen Umgebung gearbeitet werden konnte. Die Anwendungsbeispiele waren anschaulich und ermöglichten einen persönlichen Eindruck

5.3 Feuerwehrprofis üben für den Ernstfall

von »Virtual-Reality« und Entwicklungen auf diesem Gebiet. Erfahrungen in der gezielten, auf Teilnehmerniveau und Einsatzgebiet abgestimmten Anwendung werden weitergegeben. Kritische Fragen zur technischen Ausstattung, personellem Aufwand und zum zielführenden Einsatz in den Lehrgängen werden ebenso, wie vermeintliches Einsparungspotenzial in der praktischen Ausbildung, diskutiert. Im Rahmen einer Exkursion in das Ars Electronica Center in Linz konnten die TN im »Deep Space« auch Eindrücke in die 3D-Darstellungen aus Spezialbereichen in Wissenschaft, Medizin, Kunst und Sport sammeln und eine erste Anwendung aus dem Bereich der Feuerwehrausbildung der OÖLFS sehen.

Die Einrichtungen für die Ausbildung und die Ausstattung der OÖLFS konnten die TN in einer Führung durch das Haus kennen lernen (▶ Bild 15). Die Lehrgruppenleiterinnen/Lehrgruppenleiter führten die drei Seminargruppen. An besonderen Bereichen der Route durchs Gebäude standen Expertinnen/Experten für Informationen aus erster Hand zur Verfügung. Sie stellten die Landeswarnzentrale, den Stufenlehrsaal mit angrenzendem Experimentierbereich, ein Plexiglasmodell für die Tunnellehrgänge, den Atem- und Körperschutzbereich, die Maschinisten-Ausbildungsbox und den Bereich der Fahrzeug- und Gerätewartung vor. Mit den Einrichtungen für die praktische Ausbildung und den Objekten am Übungsgelände der OÖLFS wurden die TN bei den Übungen im Stationsbetrieb vertraut gemacht.

Bild 15: Zufriedene und für die Zukunft optimistisch gestimmte Teilnehmer des 39. Ausbilderseminars (Quelle: Hubert Schaumberger)

Größere und kleinere Herausforderungen
Es eröffneten sich insgesamt größere und kleinere Herausforderungen. Neben pandemiebedingten Herausforderungen zeigte sich, dass sich die TN auf die intensive Einbeziehung in die Abläufe einließen und sich harmonisch und kompetent einbrachten. Einsatzabläufe wurden entsprechend den in Vorträgen vorgestellten Grundlagen praktisch geübt, technische und fachliche Neuerungen in der Praxis angewendet und ihre Umsetzbarkeit in den Feuerwehrschulen diskutiert. Das Teilnehmerfeedback wurde zu Seminarende schriftlich eingeholt. Die Fragen in den Feedbackbögen konnten erstmals auch online mit PC oder Smartphone beantwortet werden. Themenauswahl und methodische Umsetzung wurden besonders gut bewertet. Kompetenz und Engagement der Referentinnen/Referenten und Ausbilderinnen/Ausbilder wurden ebenso anerkennend erwähnt. Das Zeitmanagement einzelner Referentinnen/Referenten wurde bemängelt, denn es führte zu verkürzten Pausen. Von einer höheren Zahl an TN wurde zudem eine Verlängerung des Seminars auf vier Tage vorgeschlagen. Abschließend lässt sich feststellen, dass das Feuerwehrwesen ein zentrales Element in der Sicherheitsstruktur unseres Landes ist und auf seiner Ausbildung aufbaut. Seine Weiterentwicklung wird es auch fit für künftige Herausforderungen machen. Der rasche, zielführende und sichere Einsatz unserer Feuerwehren ist deshalb auch eine Anerkennung für das Engagement der Ausbilderinnen/Ausbilder und unsere oberösterreichische Landes-Feuerwehrschule.

5.4 »Aus der Praxis für die Praxis«: Das Bergwacht-Zentrum für Sicherheit und Ausbildung

Roland Ampenberger – Vorstand der Stiftung Bergwacht und Pressesprecher der Bergwacht Bayern

Über mehrere Jahrzehnte hinweg konnten nur die Bundeswehr und die Bundespolizei mit der Bell UH-1D verletzte, erkrankte und hilflose Betroffene mit der Rettungswinde aus anspruchsvollem Einsatzgelände retten. Jährlich standen den Bergretterinnen und Bergrettern an bis zu 100 Trainingstagen die Hubschrauber der Bundeswehr für Trainingszwecke zur Verfügung. Die Verfahren waren überschaubar, sie wurden gut beherrscht und sicherheitsrelevante Fehler kamen kaum vor. Alle Bergwacht-Einsatzkräfte wurden umfassend an diesen Hubschraubern ausgebildet.

Anfang der 1990er Jahre starteten dann die zivilen Rettungshubschrauber und die Hubschrauber der bayerischen Landespolizei den Betrieb von Rettungswinden und

5.4 Das Bergwacht-Zentrum für Sicherheit und Ausbildung

Rettungstau mit unterschiedlichen Hubschraubermustern. Verfahrensvielfalt und unterschiedliche Rettungsgeräte führten zu einer nicht mehr beherrschbaren Situation für die Bergwachtfrauen und -männer. Sicherheitsrelevante Fehler und Vorfälle nahmen deutlich zu. Zeitgleich steigerte sich die Einsatzfrequenz, verbunden mit der stetigen Entwicklung des Wander- und Bergtourismus. Heute reichen z. B. die Aktivitäten am Berg vom Wandern, Bergsteigen und Skifahren bis hin zum Eisklettern und Gleitschirmfliegen. Allein der Deutsche Alpenverein zählt mehr als 1,3 Millionen Menschen zu seinen Mitgliedern – Tendenz steigend. Ansteigend waren auch die teils berechtigten Ansprüche der Patientinnen und Patienten bezüglich der vielseitigen Einsatzerfolge durch Hubschrauber. Die rasante Entwicklung der technischen und notfallmedizinischen Rettungsoptionen verschärfte die Situation.

Diese neuen Herausforderungen in der Bergrettung durch Entwicklungen im Bergsport und im Flugrettungsbetrieb wirkten wie Katalysatoren, komplett neue Wege einzuschlagen. Die Antwort auf diese neuen Herausforderungen war das Bergwacht-Zentrum für Sicherheit und Ausbildung (ZSA) (▶ Bild 16). Im Herbst 2008 wurde das ZSA in Bad Tölz eröffnet. Die Bergwacht Bayern startete den Betrieb des ersten und weltweit einmaligen Hubschraubersimulators, um Einsatzkräfte an der Rettungswinde und am Rettungstau auszubilden und zu trainieren. Sowohl die neuartige Hallenkonstruktion, die technischen Einrichtungen als auch die Trainingskonzeption waren ein absolutes Novum. Inzwischen trainieren in diesem Zentrum jährlich an rund 270 Tagen bis zu 4 500 Einsatzkräfte unterschiedlichster Bereiche: Die Einsatzkräfte der Bergwacht Bayern, die weiteren DRK Bergwacht-Landesverbände in Deutschland, Spezialistinnen/Spezialisten von Polizei, Feuerwehr und Wasserrettung für den Einsatz am Hubschrauber aus Bayern sowie weitere Spezialeinheiten aus dem Bundesgebiet und dem europäischen Ausland. Der Einsatz von Hubschraubern spielt heute in der Bergrettung eine tragende Rolle – sowohl in der schnellen Zubringung einer Notärztin/eines Notarztes als auch für das Erreichen des Einsatzortes und für den Transport von Patientinnen/Patienten. Beschränkungen für den Einsatz eines Hubschraubers können auf Grund der Tageszeit, schlechten Sicht- und Wetterbedingungen und der zeitnahen gesicherten Verfügbarkeit bestehen. Die terrestrische Rettung mit Fahrzeugen und auch zu Fuß ist nach wie vor zahlenmäßig mehrheitlich die Regel, insbesondere bei Einsätzen auf der Skipiste.

Es wurde schnell deutlich, dass für das Training der Verfahren bei weitem nicht die erforderlichen Flugzeiten an den unterschiedlichen Flugmustern zur Verfügung stand. Zudem zeichnete sich ab, dass die Bundeswehr zukünftig nur mehr sehr eingeschränkt Kontingente anbieten konnte. Als einziger Weg aus der sehr schwierigen Situation wurde von allen Beteiligten der Aufbau eines Hubschrauber-Simu-

5 Best-Practice-Ansätze zur Professionalisierung

Bild 16: *Das Bergwacht-Zentrum für Sicherheit und Ausbildung (ZSA) (Quelle: Bergwacht Bayern/O. v. Plate)*

lationszentrums für die Bergrettung gesehen. Die Bergwacht Bayern übernahm die Federführung bei der Entwicklung dieser innovativen Trainingseinrichtung.

Das Konzept: Grundlagen, Entwicklung und praktische Umsetzung
Bergsteigerinnen und Bergsteiger akzeptieren das dem Bergsteigen per se innewohnende Risiko: Im weitesten Sinne besteht das Bewusstsein für die Gefahr, am Berg auch tödlich zu verunglücken. Dort unterwegs zu sein bedeutet daher, Risiken zu kennen, mit Unsicherheiten umzugehen und diese zu akzeptieren. Grundlage des Konzepts der Trainingseinrichtung war also das Risiko am Berg und die Charakteristiken der Bergrettung. Dieses Risiko sollte minimiert und die Handlungskompetenz gefördert werden. Die Bergwacht Bayern hat als Organisation das Ziel, Verfahren zur Verminderung der Gefährdung von Einsatzkräften und der zu rettenden Personen zu entwickeln. Neben einem strukturierten Krisenmanagement für die Themen Psychosoziale Notfallversorgung, Recht, Pressearbeit und Unfallermittlung zielt die Ausbildung auf die Entwicklung und die Förderung von Eigenverantwortung und Handlungskompetenz der Einsatzkräfte.

Bergrettung findet in der Regel in kleinen Gruppen bzw. in Teams statt. Immer wieder sind die Einsatzkräfte auch komplett auf sich alleine gestellt, wenn äußere Bedingungen wie Einsatzort, Lawinengefahr, Steinschlaggefahr erschwerend wirken oder die schnelle Möglichkeit zum Erreichen des Einsatzortes nicht gegeben ist. In der Folge müssen Entscheidungen zur Bewältigung des Einsatzes vor Ort getroffen werden. Fragestellungen zum unmittelbaren Handeln können nicht an die Einsatzleiterin bzw. den Einsatzleiter gestellt werden. Die Einsatzkraft muss zum Beispiel einen Ablass-Stand einrichten können: Dazu gehören u. a. das Erkennen oder Schaffen von Möglichkeiten zur Befestigung, die Einschätzung von Abseillängen, Seile müssen eingehängt und Bremsvorrichtungen bedient werden können (▶ Bild 17).

Bild 17: *Ausbildung Bergrettung (Quelle: Bergwacht Bayern/O. v. Plate)*

Im Mittelpunkt der Ausbildung stehen die physische Leistungsfähigkeit, Fertigkeiten, soziale Kompetenz und spezifische Fähigkeiten. Bei der Auswahl der Lern- und Trainingsorte in der Bergrettung müssen daher entsprechend unterschiedliche Aspekte berücksichtigt werden. Dazu gehören u. a. das individuelle und praktische Training, die Umsetzung von hoher Intensität durch kurze Wege, orts- und zeitnahe Korrekturmöglichkeiten für Ausbilderin/Ausbilder, Möglichkeiten zu sicherheitstechnischen Interventionen, Szenarientraining und eine große Realitätsnähe bezüglich technischer Herausforderungen.

Ausbildung und Training am Hubschrauber stellen eine besondere Herausforderung dar. Dabei sind nicht alle wünschenswerten Voraussetzungen für eine gelingende Ausbildung und ein effektives Training durch ein Live-Training am Hubschrauber gegeben. Die Flugsicherheit steht immer an erster Stelle, im Einsatz ebenso wie im Training. Damit ist eine Fokussierung auf die Erfordernisse der Ausbildung an der Rettungswinde immer abhängig von der Flugsicherheit. Eine Unterbrechung eines Trainings-Vorganges am Boden, an oder in der Maschine durch die Ausbilderin oder den Ausbilder ist nahezu nicht möglich – außer die Flugsicherheit ist gefährdet. Korrekturen und Feedback sind immer erst nach der Beendigung des Flugbetriebes im

Rahmen eines Debriefings umsetzbar und damit losgelöst von der Lernsituation. Einer möglichst häufigen Wiederholung der Verfahren für die einzelnen Teilnehmerinnen und Teilnehmer (TN) stehen die begrenzten Ressourcen an Flugzeiten entgegen. Denn Hubschrauber sind für das Training aufgrund der hohen Betriebskosten und der Anzahl an vorhandenen Maschinen nur eingeschränkt nutzbar. Jede Betriebsminute, jeder Aufzug mit der Rettungswinde verursacht Kosten. Ausbildung und Training sind zudem abhängig von den aktuell vorherrschenden Wetterbedingungen. Die Durchführung von Hubschrauberflügen zu Trainingszwecken erfordert die Zustimmung der Behörden, von Grundstückseigentümern und die Einhaltung naturschutzrechtlicher Beschränkungen. Weiterhin verursacht der Kerosinverbrauch beim Flugbetrieb eine zusätzliche hohe CO_2-Belastung. Dennoch ist das Training im Realflugbetrieb mit Blick auf den hohen Expositions- und Gefährdungsgrad für alle Beteiligten beim Einsatz eines Hubschraubers mit Rettungswinde im Gebirge oder im unwegsamen Gelände zwingend erforderlich. Nur in der Realsituation zeigt sich letztlich die Komplexität: bezüglich der fliegerischen Aspekte, dem Einsatz der Rettungswinde in Verbindung mit den alpinistischen Herausforderungen für Bergretterin und Bergretter und der notfallmedizinischen Versorgung.

Die Entwicklung des Zentrums für Sicherheit in der Ausbildung (ZSA)
Für die Herausforderungen bei der Ausbildung und im Training am Hubschrauber gibt es eine Lösung, die in einer neuen Flugsimulator-Technik liegt, die über Hubschrauberzellen in einer Halle umgesetzt wird: Der Flugsimulator im ZSA ist mit einer Technik ausgestattet, die für das Training der Einsatzkräfte am und im Hubschrauber konzipiert ist. Die fliegerische Situation für den Piloten bleibt außen vor. Der Fokus richtet sich auf die Arbeit an der Rettungswinde, auf das Verhalten und die Sicherheit in der Kabine, die Kommunikation zwischen Einsatzkräften und dem Windenoperator sowie auf die notfallmedizinische Versorgung der Patientinnen/Patienten im Kontext des Einsatzes am Boden und in der Hubschrauberkabine. Die Idee für die Entwicklung einer Simulationsanlage für das Training an der Rettungswinde entstand aus Veränderungen in der Luftrettung um 1990 sowie den fehlenden und mangelhaften Bedingungen für die Ausbildung. Allerdings begann die Suche nach Möglichkeiten zur Simulation nicht bei Null. In verschiedenster Form existierten bereits Windentrainingsstände, zum Beispiel bei der Berufsfeuerwehr München und in einer Kletterhalle in Südtirol. Das Ausbildungszentrum der Firma Bornack (Hersteller im Bereich Absturzsicherung) setzte den Gedanken bereits mit einer fest montieren Hubschrauberzelle in einer Industriehalle vor 2003 um.

Zahlreiche Erprobungen, Schulungen mit Besatzungen der Hubschrauberbetreiber und weiteren Expertinnen/Experten führten letztendlich dazu, eine entsprechend

5.4 Das Bergwacht-Zentrum für Sicherheit und Ausbildung

dimensionierte Anlage in Bad Tölz aufzubauen. Möglich wurde dies durch die Unterstützung des Freistaats Bayern, der Deutschen Bundesstiftung Umwelt, dem Deutschen Roten Kreuz, der Adelholzener Alpenquellen und durch den Einsatz von Mitteln aus der Bergwacht Bayern.

ZSA heute – Stand der praktischen Umsetzung
Die Anlage wurde ab 2009 nach dem Prinzip weiterentwickelt, Erfordernisse aus der Praxis mit Versuchsaufbauten abzubilden und in das Training zu integrieren. Maßgebliche Ideengeber waren neben der Bergwacht alle Gäste und Nutzerinnen und Nutzer der Anlage. Neben den technischen Möglichkeiten erweiterte sich auch das Aufgabenfeld hinsichtlich der Entwicklung der Einsatzverfahren, der Rettungsgeräte, der Auswertung von sicherheitsrelevanten Vorkommnissen und der Entwicklung von Einsatzbekleidung und persönlicher Schutzausrüstung. Das Zentrum ist heute der Orientierungspunkt für Ausbildung und Training in der Luftrettung und in der Bergrettung in Deutschland.

Die Trainingseinrichtungen
Die Ausbildungs- und Trainingshalle ist 60 Meter lang, 25 Meter breit und 20 Meter hoch. Die beiden Flugsimulatoren können mit Hilfe zweier Deckenkrananlagen frei im Raum bewegt werden (▶ Bild 18). Beide Flugsimulatoren besitzen neben der Rettungswinde auch Vorrichtungen für die Verwendung des Rettungstaus am Zentralpunkt der Hubschrauberzelle. Eine Kletterwand mit Klettersteig und verschiedenen Schrägen sind insbesondere für Szenarien in der Bergrettung vorgese-

Bild 18: *Eine absolut zentrale Einrichtung stellen die beiden Flugsimulatoren dar. (Quelle: Bergwacht Bayern/O. v. Plate)*

hen. Sie sind aber auch Bestandteil für das Training von Sondereinheiten der Polizei und Feuerwehr.

Für die Wasserrettung wird eine Bodenvertiefung temporär geflutet (▶ Bild 19). Diese ist mit Rundungen und Turbinen für die Herstellung eines Strömungsgewässers ausgestattet. Neben einer Seilbahn für Evakuierungsübungen, Bäumen für Gleitschirmrettungen und einem vertikalen und horizontalen Höhlengang werden laufend Anpassungen vorgenommen, wie z. B. die Montage von Schiffscontainer-Eckpunkten an der vertikalen Trainingswand. Sie ermöglichen das Aufstiegstraining von Spezialeinheiten der Havariekommandos der Nord- und Ostsee. Die Halle an sich ist weder beheizt noch klimatisiert. Entsprechend kommen die jahreszeitlichen Besonderheiten der Sommerwärme oder Winterkälte unmittelbar zum Tragen. Die transparente Außenwand verstärkt die Nähe zur natürlichen Umgebung.

Bild 19: *Das Wasserbecken in der ZSA (Quelle: Bergwacht Bayern/O. v. Plate)*

Einsatzszenarien in der Realität gut zu bewältigen, erfordert die Zusammenarbeit von Bergretterinnen und Bergrettern, Spezialistinnen und Spezialisten der Polizei und Feuerwehr, der Wasserrettung und den weiteren Sondereinheiten mit den jeweiligen Einsatzhubschraubern der unterschiedlichen Betreiber. Die zurückhaltende Gestaltung der Gesamteinrichtung will dieses Ziel fördern. Entsprechend sind die Simulatoren in neutralem Weiß gehalten und auch sonst wird weitgehend auf eine plakative Darstellung in bestimmten Organisationsfarben verzichtet. Das ZSA ist eine Vernetzungsplattform, ein Trainings- und Ausbildungsort sowie ein Erprobungsraum und eine Entwicklungsstätte. Ausgangspunkte sind die Erfordernisse aus der Bergrettung und des breiten Nutzerkreises. Bestimmende Faktoren aus der Realität sollen abgebildet und vor allen Dingen transparent werden, um bestmögliche Handhabungs- und Verfahrensweisen von sogenannten »SOPS« (Standard Operation Procedures) zu entwickeln. Das Arbeitsverfahren in der Entwicklung ist geprägt vom Regelkreis PDCA: Plan – Do – Check – Act. Die Nutzung der Einrichtung ist durchgängig an allen Tagen der Woche möglich und planbar, unabhängig von Wetterbedingungen und der Tageszeit. Ausgenommen ist nur der Monat Januar für die Revision. Bereits in den ersten 24 Monaten nach Betriebsaufnahme konnte eine weitgehend hundertprozentige technische Ausfallsicherheit gewährleistet werden.

Training alpiner und taktischer Notfallmedizin

Die notfallmedizinische Versorgung am Berg, im Gelände und unter besonderen räumlichen Verhältnissen wie Enge und Absturzgefahr wird ebenfalls in der Simulationslandschaft trainiert (▶ Bild 20 und ▶ Bild 21).

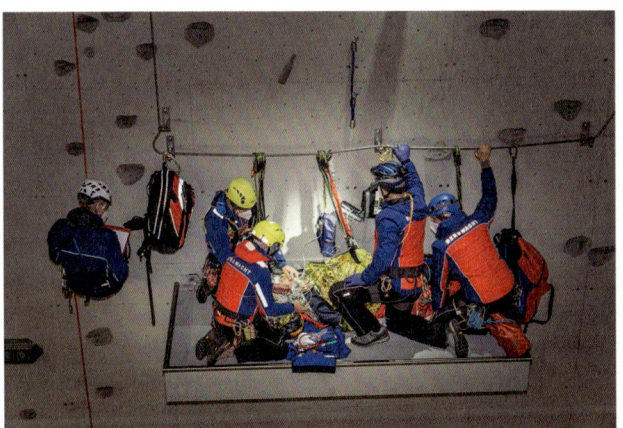

Bild 20: *Training der notfallmedizinischen Versorgung an der Felswand (Quelle: Bergwacht Bayern/ O. v. Plate)*

Auch weitere Gefährdungssituationen für Einsatzkräfte werden plastisch demonstriert, beispielsweise durch Vernebelung oder das Training in Dunkelheit. Für das notfallmedizinische Training stehen robuste Simulationspuppen aus dem militärischen Bereich zur Verfügung. Eine Besonderheit ist der Bergwetterraum. Bei Bedingungen von Temperaturen bis zu -20 Grad, Wind und Niederschlag können Versorgungstechniken und technische Verfahren im Grenzbereich für Einsatzkräfte und Patienten geübt werden. Auch ein Szenarientraining kann praxisnah abgebildet werden – beginnend mit der Alarmierung der Kräfte auf der Wache, dem Erreichen des Einsatzortes per Hubschrauber, der Versorgung der Verletzten, der Aufnahme mit der Rettungswinde, dem Flug ins Krankenhaus bis hin zur Übergabe im Schockraum.

5 Best-Practice-Ansätze zur Professionalisierung

Entwicklung von Rettungsmitteln

Eine kleine Anzahl von Herstellern und eine geringe Marktgröße führen nur bedingt beziehungsweise sehr verzögert zur Weiterentwicklung von Rettungsmitteln in der Berg- und Luftrettung. Die Funktionalität und Dauerhaftigkeit von Rettungsgeräten wird beim intensiven Training in der Simulationseinrichtung auf die Probe gestellt. Schwachstellen und neue Anwendungsoptionen werden sichtbar. Technische Ausrüstung aus dem Alpinsport muss für verschiedene Besonderheiten in der Bergrettung angepasst werden. Vorhandene Teststände zur Erprobung von Festigkeiten – hierzu zählt unter anderem eine eigene Zerreißanlage – ermöglichen es, die Ausrüstung durch das ZSA weiterzuentwickeln. Die entstandene Marktgröße aufgrund von Standardisierung und bundesweiter Verbreitung wiederum bindet Hersteller und deren Engagement für die Verbesserung der Produkte. Durch die Möglichkeiten, Standardverfahren zu optimieren und Rettungsmittel nach anerkannten Verfahrensmaßstäben zu entwickeln, kann die Bergwacht Bayern an praxisorientierten Richtlinien und Vorgaben von Versicherungsträgern mitwirken.

Die Trainingskonzepte

Die Simulation ermöglicht eine methodische Heranführung an Themen sowohl in der Grundausbildung der Einsatzkräfte als auch für Verfahren, welche aus fliegerischer Sicht mit hohen Risiken verbunden sind. Die Schwierigkeiten und Herausforderungen können in beiden Ausgangssituationen für die TN stufenweise gesteigert und entsprechend häufig auch wiederholt werden (▶ Bild 21).

Bild 21: Stationstraining in der ZSA (Quelle: Stiftung Bergwacht/O. v. Plate)

Das »Machen« steht dabei im Mittelpunkt, um das Ausbildungs- und Trainingsziel »Handlungskompetenz« zu erreichen. Denn Rettungserfolg und Einsatzbewältigung

5.4 Das Bergwacht-Zentrum für Sicherheit und Ausbildung

erfordern faktisches Handeln und weniger das theoretische Wissen über Hintergründe und Erklärungsmodelle. Bereits seit mehreren Jahren werden daher die Lehrinhalte auf einer Onlineplattform bereitgestellt. Die Inhalte sind auf der Plattform https://www.wissensbox.de durch Grafiken, Tutorials und Texte aufbereitet. Diese werden so dargeboten, dass sowohl ein Eigenstudium als auch die Gestaltung von Präsenzunterricht durchführbar ist. Eine Chatfunktion ermöglicht zudem Nachfragen und Korrekturen. Neuerungen und Änderungen werden ausnahmslos auf dieser Plattform eingearbeitet. Damit ist garantiert, dass alle Beteiligten immer und flexibel auf die gültigen Vorgaben zugreifen können. Die Präsenzzeit der Einsatzkräfte im ZSA kann im Schwerpunkt für das praktische Training genutzt werden. Alle Einsatzkräfte der Bergwacht und der weiteren BOS (Behörden und Organisationen mit Sicherheitsaufgaben) welche in Bayern am Hubschrauber eingesetzt werden, müssen ein jährliches Sicherheitstraining in Bad Tölz durchlaufen. Aufbauend darauf kann dann das regelmäßige Echtflugtraining stattfinden. Die spezifisch angepassten Trainingszirkel beinhalten jeweils alle Verfahren aus der Praxis. Diese reichen vom Einsteigen in die Maschine bis hin zu den unterschiedlichen Evakuierungsmaßnahmen mit der Rettungswinde.

Die Menschen im ZSA: Ausbilderinnen und Ausbilder, Teilnehmerinnen und Teilnehmer
Der Betrieb des ZSA wird durch hauptamtliches Personal in den Bereichen Organisation, technischer Betrieb, Fachlichkeit und Geschäftsführung gewährleistet. Die Trainingsveranstaltungen werden durch die Mitwirkung von Windenoperatoren (HEMS TC = Helicopter Emergency Medical Services Technical Crew Member) der Hubschrauberbetreiber und durch Ausbilderinnen/Ausbilder der Nutzerinnen/Nutzer mit entsprechender Qualifikation ermöglicht. Damit verbleiben die spezifische Fachlichkeit und die Verantwortung für den Trainingserfolg bei der jeweiligen Organisation. Alle Veranstaltungen werden zudem durch beauftragte Lehrgangsleiterinnen/Lehrgangsleiter des ZSA begleitet. Eine geringe Anzahl von festangestellten Mitarbeiterinnen/Mitarbeitern sichert einen wirtschaftlich effektiven Betrieb. Verbunden mit über 80 freiberuflichen Ausbilderinnen/Ausbildern kann zudem eine hohe Flexibilität im Lehrgangsbetrieb ermöglicht werden. Ehrenamtliche Einsatzkräfte in der Bergrettung sind hoch motiviert für die gestellte Aufgabe. Erfahrungsgemäß haben sie eine große Erwartungshaltung gegenüber den Ausbilderinnen/Ausbildern des ZSA. Daher bleibt es eine laufende Herausforderung, erfahrene Expertinnen/Experten aus der Praxis mit den erforderlichen Fähigkeiten für Ausbildung und Training zu akquirieren und anzubinden.

5 Best-Practice-Ansätze zur Professionalisierung

Die Perspektiven: Digitalisierung und attraktive Trainingsmöglichkeiten
Das Simulationszentrum und die Vernetzungsplattform ZSA müssen sich ständig weiterentwickeln. Die Integration digitalisierter Formen der Vernetzung, des Zusammenkommens für Informationsaustausch und für die Wissensvermittlung werden noch stärker in den Mittelpunkt rücken. Gleichzeitig gilt es auch, die Trainingsmöglichkeiten attraktiv zu gestalten und technisch aktuell zu halten. Sowohl in der Bergrettung als auch im Bereich der Notfallmedizin steigen die Ansprüche an die Fähigkeiten der ehrenamtlichen Einsatzkräfte. Damit verbunden ist eine fortlaufende Ausdifferenzierung der Aufgaben der einzelnen Einsatzkraft. Ausbildung und Training müssen dieser Entwicklung hinsichtlich der Inhalte und Trainingsformen in der Simulation Rechnung tragen. Denn das ZSA ist ein technisch hochkomplexes, innovatives Zentrum, bereitgestellt für die Menschen, die retten – und damit für die Menschen, die gerettet werden.

5.5 Die Freistadt im Freistaat Bayern – Praktische Ausbildung an der Feuerwehrschule Geretsried

Alexander Förg – Brandamtmann und Fachlehrer für Brand- und Katastrophenschutz, Staatliche Feuerwehrschule Geretsried

Seit 1995 ist die Staatliche Feuerwehrschule Geretsried (SFS-G) neben den Einrichtungen in Regensburg und Würzburg die dritte Feuerwehrschule in Bayern. Die SFS-G ist somit die jüngste der drei Feuerwehrschulen im Freistaat. Die Einrichtung selbst kann jedoch auf eine lange und wechselhafte Geschichte im Bereich der Ausbildung zurückblicken. Immer stand die Ausbildung zum Schutz der Bevölkerung in Bayern im Zentrum der Aufgabe. Sie wurde am 1.7.1995 als Staatliche Feuerwehrschule Geretsried in der Liegenschaft der ehemaligen Katastrophenschutzschule Bayern offiziell eingerichtet. Der eigentliche Lehrgangsbetrieb wurde am 11.9.1995 begonnen. Vorläufer der Feuerwehrschule waren die Landesausbildungsstätte für den Luftschutzhilfsdienst (LSHD) in den Jahren 1959–1969 sowie die Katastrophenschutzschule Bayern in den Jahren 1970–1995. Hervorgegangen aus einer Bundeseinrichtung für den Zivil- und Katastrophenschutz in Bayern ist sie nach dem Ende des Kalten Krieges und der Wiedervereinigung insbesondere auch deshalb entstanden, da der Bund sich aus dem Zivil- und Katastrophenschutz sehr stark zurückgezogen hat und gleichsam der Aus- und Fortbildungsbedarf der etwa 320 000 Angehörigen der Feuerwehren in Bayern vor dem Hintergrund von steigenden Einsatzzahlen und immer komplexer werdenden Einsatzgeschehen drastisch zugenommen hat.

5.5 Praktische Ausbildung an der Feuerwehrschule Geretsried

Im Jahr der Übernahme der Schule vom Bund hatte die Liegenschaft für den Lehrbereich neun Lehrsäle und für die praktische Ausbildung zwei Übungshäuser. Seit der Überführung in die dritte bayerische Landesfeuerwehrschule wird für die SFS-G ein bedarfsgerechtes Aus- und Umbaukonzept durchgeführt. Das ursprünglich 6 ha große Gelände konnte um weitere 9 ha erweitert und von der Gesamtfläche können aufgrund der bau- und naturrechtlichen Genehmigung mittlerweile 9 ha genutzt werden. In einem mehrstufigen Ausbaukonzept wurde und wird die Schule nach wie vor zu einem hochmodernen Kompetenzzentrum für die nichtpolizeiliche Gefahrenabwehr in Bayern ausgebaut. Nachdem in den Anfangsjahren des Umbaus zunächst neue und moderne Unterkünfte sowie ein neues Lehrsaalgebäude, ein Wirtschaftsgebäude und ein neues Katastrophenschutzzentrum errichtet wurden, wurde in den Folgejahren unter der Ägide einer neuen Schulleitung ab dem Jahr 2002 ein besonderer Schwerpunkt auf praktische Übungsobjekte, Übungsanlagen und Übungsflächen für den Feuerwehreinsatz gelegt. Die damalige Schulleitung erkannte, dass es für die Einsatz- und Führungskräfte der Feuerwehren unabdingbar ist, theoretisches Wissen in der praktischen Aus- und Fortbildung zu festigen. So entstand letztlich das jetzige Übungsgelände mit dem Namen »Freistadt«, das im deutschsprachigen Raum seinesgleichen sucht und in diesem Beitrag noch etwas näher vorgestellt wird (▶ Bild 22). Zudem wurde mit der Integrierten Lehrleitstelle (ILLS) im Juli 2006 eine mindestens in Europa einmalige Ausbildungsleitstelle an der SFS-G eingerichtet, die als zentrale Ausbildungsstätte für das gesamte Leitstellenpersonal der Integrierten Leitstellen in Bayern dient. Somit ergeben sich für alle Angehörigen der bayerischen Feuerwehren, optimale und an der Praxis orientierte Aus- und Fortbildungsmöglichkeiten.

Neben dem gesamten Spektrum der feuerwehrtechnischen Aus- und Fortbildung (Brandschutz, Technik, Umweltschutz) ist die Feuerwehrschule in Geretsried mit den besonderen Aufgabenbereichen Katastrophenschutz, Krisenmanagement, Psychosoziale Notfallversorgung sowie der Ausbildung der Disponenten der Integrierten Leitstellen in Bayern betraut. Die Verfahrenskoordination *Integrierte Leitstellen* und die Verfahrensunterstützung *Digitalfunk* sind weitere Aufgabenbereiche. Auch diese Aufgabenträger profitieren von den besonderen Übungsanlagen und -möglichkeiten, deren Fokus auf einem möglichst hohen Praxis- und Realitätsbezug liegt.

5 Best-Practice-Ansätze zur Professionalisierung

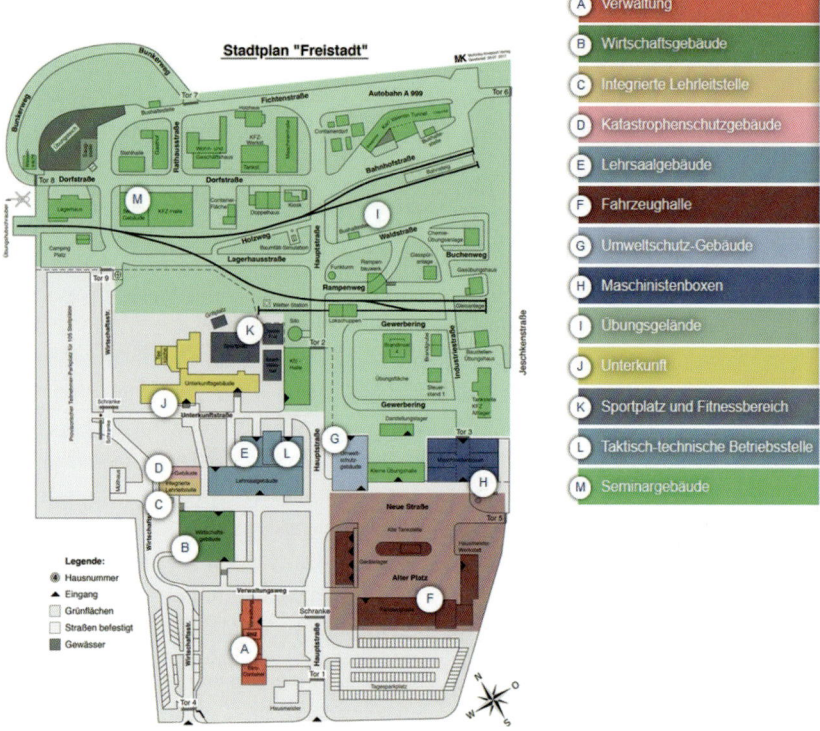

Bild 22: Das Gesamtgelände der Staatlichen Feuerwehrschule Geretsried (Quelle: Staatliche Feuerwehrschule Geretsried)

Warum praktische Ausbildung?

Wenn man sich vorstellt, dass Jugendliche ihren Führerschein nur mit theoretischem Wissen erlangen könnten – warum bräuchten sie dann noch im Durchschnitt 30 Fahrstunden?

Im Gegensatz zur theoretischen Ausbildung, werden in der Praxis alle Sinne angeregt, der Lernprozess wird gefördert und intensiver im Gedächtnis verknüpft. Somit ist ein nachhaltiges Lernen, das eine deutliche Leistungssteigerung zur Folge hat, in Gang gesetzt. Ziel in der Ausbildung an der SFS-G ist es, den Teilnehmerinnen/Teilnehmern (TN) beim Erwerb einer Handlungskompetenz, z. B. zur/zum Zugführerin/Zugführer, zu unterstützen.

5.5 Praktische Ausbildung an der Feuerwehrschule Geretsried

Um Kompetenz zu erlangen, sind drei Bausteine (Wissen, Können, Wollen) notwendig. Erster Baustein ist das **Wissen**, das die TN über Unterricht oder Lesen erlangen können. Das **Können** erlangen die TN nur, wenn das vorhandene Wissen auch angewandt werden kann. Üblicherweise findet dies dann bei echten Einsätzen statt. Dass da nicht alles schnell und richtig umgesetzt wird, liegt an dem Handlungsdruck, dem die neue Führungskraft ausgesetzt ist. Es geht schließlich um Menschenleben. Wenn die TN aber ihr Wissen schon unter realistischen Bedingungen geübt haben, wird auch der Umgang mit Stress sowie der Einsatz von erlangtem Wissen erlernt. Durch die praktische Ausbildung können die TN auch in der realen Situation eine emotionale Distanz zum Geschehen wahren und Einsätze angepasst und professionell abarbeiten (▶ Bild 23).

Bild 23: *Realistisches Unfallszenario im Rahmen der Ausbildung von Führungskräften (Quelle: Staatliche Feuerwehrschule Geretsried)*

Durch eine praxisbezogene Ausbildung können sich die TN besser mit dem System »Feuerwehr« identifizieren und motivieren, was eine Verstärkung des **Wollens** hervorruft. Aus diesem Grund findet sich auch jede/jeder Fahrschülerin/Fahrschüler in einem »echten« Auto wieder und übt unter realistischen, aber entschärften Bedingungen das Fahren, bis sie/er – analog zur Führungskraft beim Realeinsatz – eigenverantwortlich ein Kraftfahrzeug führen kann und darf.

Das Übungsgelände »Freistadt« an der SFS-G

Zur Nutzung des Übungsgeländes unterteilt man die Übungen in taktische oder praktische Lagen. Die Taktische Lage wird im Gruppenführer- oder Zugführerlehrgang verwendet, hier steht die Wahrnehmung des Einheitsführers im Vordergrund. Es raucht z. B. aus dem 3. OG auf der linken Seite bei einem Fenster hinaus. Die/Der TN sammelt Erfahrungen bezüglich der Erkundung: Welche Laufwege um ein

5 Best-Practice-Ansätze zur Professionalisierung

Gebäude sind zielführend? Wie werden gefährdete Personen priorisiert? »Schauen ist nicht gleich sehen bzw. wahrnehmen«.

Auf dem ca. 4 ha großen Übungsgelände befinden sich Übungseinrichtungen unterschiedlicher Art. Der grüne Bereich »I« (▶ Bild 22) umfasst das tatsächliche Übungsgelände an der SFS-G. Das Straßennetz am Übungsgelände ist mit Straßennamen beschildert, um auch eine realistische Alarmierung durchführen zu können. Die Gebäude weisen verschiedene Höhen mit geschlossener und offener Bauweise auf. Weiter findet man Eisenbahnanlagen (knapp 1 km Länge) mit Waggons und bahntypischer Oberleitung (▶ Bild 24).

Bild 24: *Realistische Lagedarstellung Verkehrsunfall mit PKW und Güterzug (Quelle: Staatliche Feuerwehrschule Geretsried)*

Realistische Lagedarstellung an der SFS-G

Um eine realistische Lagedarstellung zu ermöglichen, stehen folgende Produkte zur Verfügung: In allen Übungsbauten sind Nebelmaschinen für die Darstellung einer Verrauchung verbaut (ca. 70 Stück). Zu den Echtfeuern zählen die Fensterbrandstelle Lagerhaus, eine Kiosk-Brandstelle, mehrere Brandgruben, ein Verpuffungsraum (▶ Bild 25) und transportable Brandwannen.

Alternativ gibt es auch LED-Bildschirme, die Flammen darstellen. Dazu kommen Sprachboxen, die den Übungspuppen zugesteckt werden können, sowie Übungsgasflaschen mit Abströmgeräusch. Die Szenerie dient dem Anlegen wirklichkeitsnaher Einsatzszenarien (▶ Tabelle 1).

5.5 Praktische Ausbildung an der Feuerwehrschule Geretsried

Bild 25: *Verpuffung im Baustellenhaus während Bauarbeiten (Quelle: Staatliche Feuerwehrschule Geretsried)*

Tabelle 1: *Auszug vom Szenarienspektrum am Übungsgelände der SFSG*

Übungsobjekt	Mögliche Szenarien
Lagerhaus	Verrauchung der Zimmer und Keller, Fensterbrandstelle mit Echtfeuer, Gleisanschluss für Verladeunfälle, Aufzugübungsanlage
Campingplatz	Verrauchung der Wohnwägen und der Zugfahrzeuge, Flüssiggasausströmung
Stahlhalle	Verrauchung der Halle, diverse Maschinenunfälle, Drehbank, Hydraulikpresse
Gasthof	Verrauchung der Zimmer bzw. Gaststube, Küche, Bauernbühne, BMA
Holzhaus	Verrauchung der Zimmer
Tankstelle mit Werkstatt	Verrauchung der Tankstelle und Werkstatt, eingeklemmte Person unter Hebebühne, defekte Zapfsäule mit Austritt von Wasser
Containerdorf	Verrauchung der Zimmer bzw. Garage
Tunnelanlage	Verrauchung der Anlage, Verkehrsunfälle, überfahrene Person im nicht beleuchteten Tunnel
Bahnsteig	Verrauchung Personenzug, Einklemmung am Bahnsteig/Personenzug
Polizeiwache	ist auch die Schleuse zum Tunnel

5 Best-Practice-Ansätze zur Professionalisierung

Tabelle 1: *Auszug vom Szenarienspektrum am Übungsgelände der SFSG (Fortsetzung)*

Übungsobjekt	Mögliche Szenarien
Autobahn	Massenkarambolage, Gefahrgutunfall
Übungsfläche mit unterirdischer Löschwasserrückhaltung	Realbrand mit Schaumbrandbekämpfung
Baustellenhaus	Verrauchung der Stockwerke, Baugerüst Einsturz, eingestürzte Betontreppe, Stromunfall, Brand Bauwagen mit Brandausbreitung auf das Baustellenhaus
Baugrube	Person verschüttet, Person mit Pfählungsverletzung, defekte Tiefbauschalung (Spundwand)
Gasübungshaus mit Verpuffungsraum	Verrauchung der Zimmer, Erdgasausströmung und Zündung in einen präparierten Raum, Möglichkeit der Deaktivierung der Erdgasversorgung
Chemieübungsanlage mit Rohrbrücke	Verrauchung der Räume, Ammoniak-Ausströmung, Laborunfall, Leckagen an den Rohrleitungen, Absturzsicherung (Geländer, Kamin, Rohrbrücke)
Gasmessfeld	Realerdgasausströmungen aus dem Erdreich und Schächten, abgerissene Erdgasleitung (Druckluft)
Darstellungslager/ Schrägdach mit Dachplatten und Fotovoltaikanlage, Baugerüst, Dachständer, Strom	Verrauchung 1. OG, Absturzsicherung (Seilgeländer, Rückhalten, Halten, Festpunkte), Stromunfall auf dem Dach
Lokschuppen	Verrauchung, Verladeunfall mit Schienenfahrzeug, Gefahrgutunfall, Stromunfall mit Stromverteiler
Trafoanlage	Brand Trafo
Silobauwerk	verschüttete Person, Lüftungsanlage Rauchentwicklung
Kiosk mit Gasbrandstelle	Brand Dönerbude, Verrauchung Kiosk
Doppelhaus	Verrauchung der Zimmer
Übungsteich	Ansaugen, Person in Gewässer, PKW im Teich

5.5 Praktische Ausbildung an der Feuerwehrschule Geretsried

Tabelle 1: *Auszug vom Szenarienspektrum am Übungsgelände der SFSG (Fortsetzung)*

Übungsobjekt	Mögliche Szenarien
Rampenbauwerk Auf-/Abfahrt 7 Grad sowie Auf-/Abfahrt 12 Grad	DLK-Ausbildung, Verkehrsunfälle, Sicherungsmaßnahmen (Seilwinde, Mehrzweckzug), umgestürzter Bus
unter dem Rampenbauwerk	Einsatz mit Dichtkissen, Person in Schacht mit Paniköffnung
fünfstöckiges Wohn- und Geschäftshaus mit Tiefgarage, Brandmeldeanlage und funktionsfähiger Sprinkleranlage	Verrauchung aller Räume, VB-technische Einrichtungen, BMA

Zur Vorbereitung der Lagen steht ein Transportfahrzeug zu Verfügung. Hier ist auch die Pyrotechnik verlastet. Mit dieser können Gasflaschenzerknall oder auch Stromunfälle realistisch dargestellt werden. Grundsätzlich ist: »Lage wie gegeben.« Man muss den TN nicht sagen: »Stell dir mal vor, da raucht's!« Der TN bekommt eine realitätsnahe Lage mit Rauch und Lichteffekten präsentiert und muss sich dieser Lage anpassen, d. h. Aktion gleich Reaktion.

Wie entsteht jetzt aber eine realitätsnahe Rettung? Eine realitätsnahe Rettung z. B. soll an der Lage eines »Verkehrsunfalls, PKW gegen Baum, eine Person eingeklemmt« dargestellt werden. Der Aufbau dieser Lage folgt dabei einer sich immer weiter der Realität annähernden Abfolge. **Abfolge 1:** Begonnen wird die Übung mit einer Übungspuppe aus Holz mit einem Gewicht von ca. 20 kg. Die TN gehen zur verunfallten Person, öffnen die PKW-Tür und ziehen die Puppe heraus. Sonstigen anderen Faktoren werden keine größere Beachtung geschenkt. Die Rettung muss in drei Minuten erfolgen, die TN haben hier keinen bis wenig Stress. **Abfolge 2**: Die Übungspuppe enthält Füllgranulat, Gewicht unverändert 20 kg. Die TN gehen zur verunfallten Person, öffnen die PKW-Tür und stellen eine erschwerte Rettung durch die beweglichen Gliedmaßen fest. Die Rettung muss in fünf Minuten erfolgen, die TN haben hier keinen bis wenig Stress. **Abfolge 3**: Das Gewicht der Puppe mit Füllgranulat wird auf 70 kg erhöht. Ansonsten selbes Szenario, die TN haben nun ein mittleres Stresslevel, weil die Rettung, die in sieben Minuten erfolgen soll, einerseits durch die beweglichen Gliedmaßen, andererseits durch das realistische

Gewicht erschwert ist. In **Abfolge 4** hat die Puppe nun auch – zu sonst unveränderten Bedingungen – eine Überziehmaske auf, die der Puppe ein menschenähnliches Aussehen verleiht. Das führt dazu, dass die Puppe vorsichtiger behandelt wird und der Stress weiter ansteigt. Die Rettung muss in zehn Minuten erfolgen. In **Abfolge 5** kommt – zu sonst unveränderten Bedingungen – eine Sprachbox mit Schmerzlauten hinzu, was schon sehr an reale Einsätze erinnert. Dies führt zu einer Verunsicherung bei den TN, welche die Rettung nun in 12 Minuten bewerkstelligen müssen. In **Abfolge 6** wird die Puppe durch eine/n echte/n Darstellerin/Darsteller mit 70 kg ersetzt. Die Verunsicherung darüber, wo und wie die verunfallte Person angefasst werden könnte, steigt. Hoher Stress bei den TN setzt ein, die Rettung soll in 14 Minuten erfolgen. In **Abfolge 7** haben die TN hohen Stress, weil die/der Echtdarstellerin/Echtdarsteller mit Kunstblut und geschminktem offenen Schienbeinbruch in zwanzig Minuten zu retten ist. Auch hier herrscht die Verunsicherung, wo und wie die verunfallte Person angefasst werden kann, und die klar ersichtlichen Verletzungen führen zu einer noch vorsichtigeren Rettung (▶ Bild 26).

Bild 26: *Menschenrettung einer Übungspuppe am LKW-Rettungssimulator (Quelle: Staatliche Feuerwehrschule Geretsried)*

Fazit

Reines Wissen (Theoriewissen) kann aus meiner Sicht sehr gut im Theorieunterricht vermittelt werden. Dieses Wissen ist aber auch das Grundgerüst für die praktische Ausbildung.

Ist die Erwartungshaltung an die Teilnehmenden aber, dass sie komplexe Handlungsabläufe verstehen und unter Handlungsdruck dann anwenden können, muss diesen auch die Möglichkeit gegeben werden, realitätsnah zu üben. Nicht zu vergessen ist, dass die Arbeit der Feuerwehr immer zum Wohle der Bürger dient! Jede gewonnene Erfahrung bei einer Übung muss nicht im wirklichen Einsatz erlebt werden.

5.6 Qualität als Grundlage zum erfolgreichen Know-How-Transfer

Klaus Tschabuschnig – Leiter der Landesfeuerwehrschule Kärnten

Ich möchte einige »Werkzeuge« ansprechen, die zur Vernetzung der Bedürfnisse der in ▶ Kapitel 2.5 sowie unter Kapitel 5 erwähnten Interessensgruppen und Puzzleteile (Ausbilderinnen/Ausbilder, Feuerwehrkommandantinnen/Feuerwehrkommandanten, Feuerwehrmitglieder) beitragen. Kompetenz und Handlungsfähigkeit wird nur im strukturierten Zusammenwirken zwischen Feuerwehrmitglied, Feuerwehrkommandantin/Feuerwehrkommandant (Ausbildungsverantwortliche), Ausbilderinnen/Ausbilder und Bildungseinrichtungen der Feuerwehr, wie z. B. Landesfeuerwehrschulen, erreicht. Insellösungen werden nicht funktionieren, der Prozess muss gesamtheitlich betrachtet werden (▶ Bild 27).
Folgende Werkzeuge sind dazu hilfreich:
a. die Abbildung des »Feuerwehrwissens« in einem **Kompetenzkatalog** und die Nutzung dieses Instrumentes (Interessensgruppe/Puzzleteil: Ausbilderinnen/Ausbilder, Feuerwehrschule als Lernort);
b. die Gegenüberstellung erforderlicher Kompetenzen der gesamten Feuerwehr zur Sicherstellung der Einsatzaufgaben und dem aktuellen Ist-Stand, d. h. die Anfertigung einer **Kompetenzmatrix** (Interessensgruppe/Puzzleteil: Feuerwehrkommandantin/Feuerwehrkommandant als Führungskräfte, Organisation Feuerwehr);
c. die Analyse bzw. der Ist-Stand, Erfassung und Berücksichtigung der Mitgliederbedürfnisse, abgestimmter Soll-Zustand bzw. **Kompetenzentwicklung** (Interessensgruppe/Puzzleteil: Feuerwehrmitglied bzw. der lernende Mensch) sowie
d. die laufende korrespondierende Darstellung der Lernergebnisse von Ausbildungseinheiten, wie Lehrveranstaltungen, Übungen etc., d. h. **Kompetenzbegleitung** (Interessensgruppe/Puzzleteil: Feuerwehrmitglied als lernender Mensch, Feuerwehrkommandantin/Feuerwehrkommandant als Führungskräfte, Organisation Feuerwehr).

Kompetenzkatalog und Kompetenzprofil
Zur Verzahnung unterschiedlicher Ausbildungselemente und als Grundlage für die Implementierung und Umsetzung von Lern- und Entwicklungspfaden, wurde für das österreichische Feuerwehrwesen ein Kompetenzkatalog (▶ Bild 28) entwickelt. Im Allgemeinen ist der Katalog ein Abbild des gesamten »Feuerwehrwissens«.

5 Best-Practice-Ansätze zur Professionalisierung

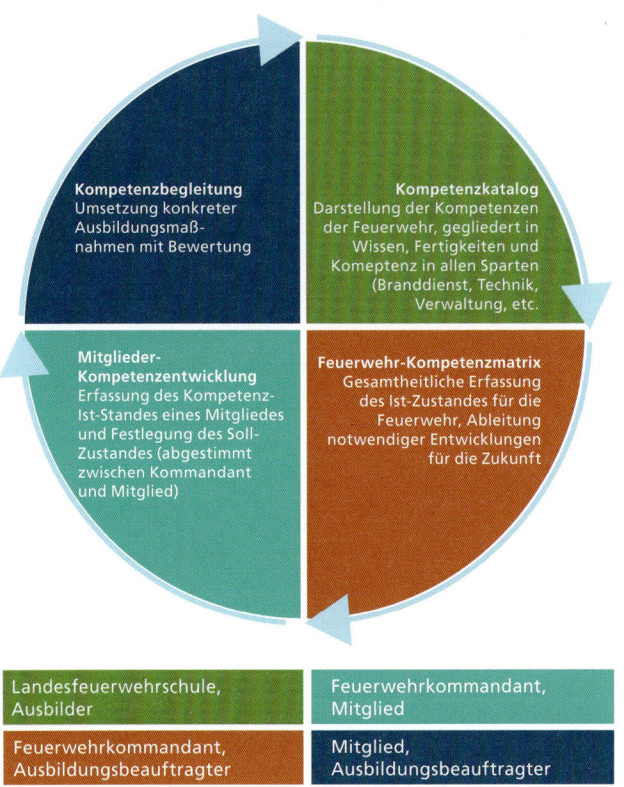

Bild 27: Zyklisches Zusammenwirken der Qualitätswerkzeuge (Quelle: Klaus Tschabuschnig)

Zur Abbildung von Lernpfaden kommen in unterschiedlichen Niveaus drei »Lernergebnisse« zur Darstellung:

1. **Wissen**: Darunter versteht man, das erforderliche Theorie- und Faktenwissen, welches vom Feuerwehrmitglied »lernend« erfasst wird (kognitiver Vorgang, was bedeutet, dass Informationen durch Lernen verarbeitet werden). Dies kann beispielsweise durch die Teilnahme an einem Vortrag, Selbststudium, Filmstudium, Recherche u. v. m. erfolgen.
2. **Fertigkeiten**: Darunter versteht man die Fähigkeit, vorhandenes Wissen praktisch anwenden und umsetzen zu können (Wissensanwendung und Einsatz von praktischem Know-How). Dieser Lernvorgang erfolgt in der Regel durch praktische Anwendung (z. B. Aufstellen einer Leiter, Erteilen von Befehlen, Anlegen eines Atemschutzgerätes etc.). Lernende müssen sich in dieser Phase in der Regel auf die Tätigkeit konzentrieren, zumal die

5.6 Qualität als Grundlage zum erfolgreichen Know-How-Transfer

Themenbereich	Thema	Niveau I (Anfänger)	Niveau II (Fortgeschrittene)	Niveau III (Experte)
Einsatztechnik	Löschwasserförderung	Wissen: **kennt** die Grundlagen der Löschwasserförderung sowie grundlegende Einflussfaktoren wie Reibungs- und Höhenverlust		Wissen: **kennt** die Regeln und Hintergründe zu einem Tank-Pendelverkehr
		Fertigkeit: **kann** bei einer Löschwasserförderung (auch über längere Wegstrecken) die Grundlagen umsetzen (u.a. Saugstelle einrichten, erforderlichen Ausgangsdruck regulieren)	Fertigkeit: **kann** Löschwasserförderungen über längere Wegstrecken abschätzen und berechnen.	Fertigkeit: **kann** die Regeln für einen Tank-Pendelverkehr umlegen und die hierfür erforderlichen Berechnungen (Zeitachse, Verfügbarkeit etc.) anstellen
		Kompetenz: **beherrscht** es, auf Störungen (z.B. Schlauchplatzer, erhöhte Durchflussmengen etc.) bei der Löschwasserförderung korrekt zu reagieren und diese ggf. zu beheben	Kompetenz: **beherrscht** es, die Abschätzungen und Berechnungen der Löschwasserförderung über längere Strecken im Einsatzfall technisch und organisatorisch umzusetzen	Kompetenz: **beherrscht** es, einen Tank-Pendelverkehr im Einsatz selbstverantwortlich zu planen und zu leiten

Bild 28: *Beispiel für die Ausführung einer Zeile im Kompetenzkatalog (Quelle: Klaus Tschabuschnig)*

Abläufe noch nicht in »Fleisch und Blut« übergegangen sind wie beim Bilden von Sätzen, wenn eine Fremdsprache erlernt werden soll.

3. **Kompetenzen**: Damit ist selbständiges, richtiges und situatives Entscheiden und vor allem Handeln gemeint. Um in einem Bereich kompetent zu werden, ist langfristige Anwendung, Selbst- und Fremdreflexion, das Sammeln von Erfahrungen und der Aufbau von Routine erforderlich. Es stellt sich eine Art »Automatismus« ein, was bedeutet, dass man sich über grundlegende Abläufe keine Gedanken mehr machen muss. Die Übernahme von Verantwortung geht damit einher.

Dieser umfangreiche Katalog, der nach Themenbereichen (z. B. naturwissenschaftliche Grundlagen, Führung, Einsatztechnik, Fahrzeuge und Geräte bis hin zu überfachlichen Bereichen wie Methodik, Prozessmanagement u. ä.) segmentiert ist, wird in weiterer Folge durch Themenbeschreibungen (z. B. Brandverlauf, Führungssystem etc.) konkretisiert. Die weitere Detaillierung folgt durch die folgenden Ausführungen:

- Niveaubeschreibungen: das Niveau 1 wird mit der Einstufung »Anfänger«, das Niveau 2 »Fortgeschrittener« und das Niveau 3 mit »Experte« definiert;
- Jedes der angeführten Niveaus wird durch die Ausführung von »Wissen« (kennt), »Fertigkeiten« (kann) und »Kompetenzen« (beherrscht) detailliert, wobei naturgemäß nicht in jedem Niveau, jeder Grad zur Ausführung kommt.

Niveauinterpretationen zum Wissen werden mit dem Schlüssel »der Teilnehmer **kennt** …«, zu Fertigkeiten mit »der Teilnehmer **kann** …« und zur Kompetenz mit »der Teilnehmer **beherrscht** …« ausformuliert.

Kompetenzprofil

Wie bereits angeführt, bildet der Kompetenzkatalog das »Feuerwehrwissen« ab. Nun ist es gerade für die Feuerwehr essenziell, für den Einsatz und die Verwaltung definierte Rollen (z. B. aus Dienstvorschriften) festzulegen (z. B. Truppfrau/Truppmann, Gruppenkommandantin/Gruppenkommandant, Einsatzleiterinnen/Einsatzleiter usw.). Demnach wurde der Weg gewählt, Kompetenzprofile in Korrespondenz zum Kompetenzkatalog zu erstellen (▶ Bild 29). Das bedeutet, dass aus dem Katalog die für die jeweilige Rolle wichtigen Bereiche herausgefiltert werden und das erforderliche Niveau zugeordnet wird. Das Profil ist also ein spezifisches »Exzerpt« des Kataloges, sowohl für alle notwendigen Themenbereiche (z. B. Brandlehre) wie auch die Niveauspezifikationen.

Für das österreichische Feuerwehrwesen wurden alle wesentlichen Profile durch die Landesfeuerwehrschulen entwickelt, die als harmonisierte Lernergebnis-Vorgabe zur Verfügung stehen. Schlussendlich bilden diese Profile die Grundlage zur Vernetzung zwischen unterschiedlichen Interessensgruppen im Rahmen der Aus- und Fortbildung. Schließt ein Feuerwehrmitglied beispielsweise eine Ausbildung an der Landesfeuerwehrschule ab, so wird auf das jeweilige Profil referenziert. Die Feuerwehrkommandantin/Der Feuerwehrkommandant oder die/der Ausbildungsbeauftragte der Feuerwehr weiß also, wo das Mitglied nach Abschluss der Ausbildung steht. Naturgemäß können im Rahmen der Lehrveranstaltungen Fertigkeiten erworben und nachgewiesen werden. Das »Abholen« der Teilnehmerinnen/Teilnehmer (TN), die gesteuerte Vertiefung und die Unterstützung hin zum Kompetenzaufbau ist der nächste Schritt.

Unsere Erfahrungen zu dieser Thematik: Vor Jahren noch herrschte die Meinung, Ausbildungen müssen über Lehrpläne beschrieben werden. Das war in Teilen

5.6 Qualität als Grundlage zum erfolgreichen Know-How-Transfer

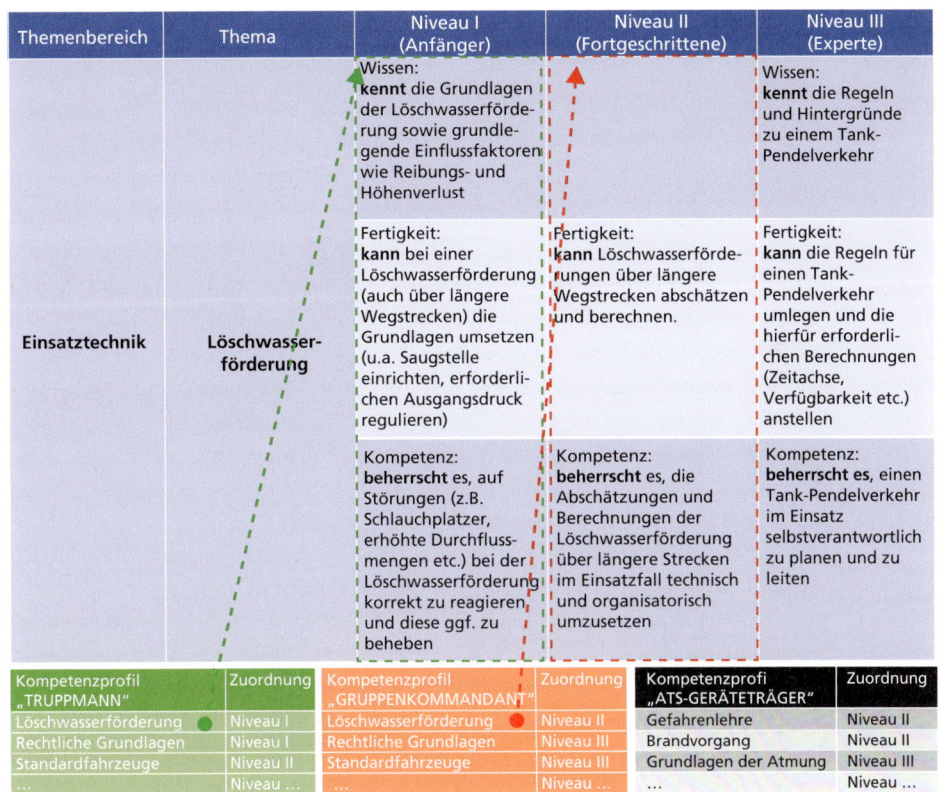

Bild 29: *Beispielhafte Zuordnung von Rollenprofilen zum Kompetenzkatalog (Quelle: Klaus Tschabuschnig)*

durchwegs vorteilhaft, aufgrund unterschiedlichster Bundesländerstrukturen (u. a. Anzahl der Feuerwehren, Kapazitäten der Landesfeuerwehrschulen, Einwohnerzahl etc.) aber nicht umsetzbar. Der Zugang, Lernergebnisse über den Kompetenzkatalog und die Kompetenzprofile zu definieren, erweist sich hingegen als sehr effizient, zumal es nicht erheblich scheint, wie genau das Lernergebnis erreicht wurde. Gerade vor dem Hintergrund des eigenverantwortlichen Lernens – hier sind auch e-Learning-Produkte zielführend – ist es wichtig zu wissen, was das Mitglied »kennt«, »kann« und »beherrscht«, weniger wie im Detail die jeweilige Phase erreicht wurde. Der erfolgreiche Prüfungsabschluss dokumentiert also das Erreichen des »Profils«. Darüber hinaus ist die Erkenntnis wesentlich, dass Kompetenzen in der Regel nicht durch Lehrveranstaltungen erworben werden können – im Gegenteil, Kurse fokussieren häufig auf den Erwerb spezifischer Fertigkeiten. Um nunmehr eine Weiterführung zu ermöglichen, ist der Kompetenzkatalog nicht lediglich Werkzeug der Ausbildungsinstitutionen, sondern vielmehr ein Tool der Feuerwehr und des Feuerwehrmitgliedes.

Feuerwehr-Kompetenzmatrix
Basierend auf dem Kompetenzkatalog analysiert das Führungsteam der Feuerwehr, welche Kompetenzen für die jeweilige Feuerwehr grundsätzlich (z. B. Basis-Knowhow) und spezifisch (z. B. Sonderfahrzeuge, besondere Objekte) notwendig sind (Soll-Kompetenzzustand). Aspekte wie Verfügbarkeit, Tageseinsatzbereitschaft und Erfahrungswerte fließen aktiv mit ein. In einem weiteren Schritt werden die einzelnen Mitgliederkompetenzen transparent gemacht (Ist-Kompetenzzustand). Diese Einschätzung erfolgt u. a. durch das Führungsteam, wobei wir aus der Praxis wissen, dass eine Grobeinschätzung durch die Querschnittsmeinung des Teams unter Inkaufnahme etwaiger »Graubereiche« gut machbar ist. Im Optimalfall stehen bereits Ergebnisse aus »Mitglieder-Kompetenzentwicklungs-Gesprächen« (enthält auch die Selbsteinschätzung) zur Verfügung. Aus der Gegenüberstellung (Kompetenzmatrix) aller erforderlichen Kompetenzen (Y-Achse) und der aktuellen Mitgliederkompetenzen (X-Achse) ergeben sich Deckungsbereiche und Mankos. Deckungsbereiche zeigen auf, wo Soll- und Istzustand miteinander korrespondieren. Mankos zeigen das Gegenteil und den ableitbaren Handlungsbedarf auf. Das Führungsteam berät sodann, welche Aus- und Fortbildungsmaßnahmen erforderlich sind, um die erkannten Mankos auszugleichen. Das Resultat dieser Analyse ist als wichtiger Input für den nächsten Schritt – die »Mitglieder-Kompetenzentwicklung« – heranzuziehen.

Unsere Erfahrungen dazu: Feuerwehren werden angehalten und gefordert, sich mit »sich selbst« zu beschäftigen. Der von den Feuerwehren vielfach bestätigte Vorteil liegt darin, vorbereitet und überlegt zu reagieren und nicht plötzlich und unüberlegt agieren zu müssen. Fest steht, dass das Verständnis der Zugänge zum Kompetenzkatalog gegeben sein muss. Dazu braucht es Schulungsmaßnahmen für die Feuerwehrkommandatinnen/Feuerwehrkommandanten und Ausbildungsbeauftragten. Als Beispiel kann ich das »Modul Ausbildungsplanung und -gestaltung« der Landesfeuerwehrschule Kärnten anführen, welches genau diesen Regelkreis behandelt.

Mitglieder-Kompetenzentwicklung
Die Mitglieder-Kompetenzentwicklung ist ein Werkzeug, um Führungsbedürfnisse der Feuerwehr und Wünsche der Feuerwehrmitglieder abzustimmen und zu ver-

5.6 Qualität als Grundlage zum erfolgreichen Know-How-Transfer

einen. Aus vielen erfolgreichen Betrieben ist das »4-Augen-Mitarbeitergespräch« als Management-Tool bekannt. Beliebt und zu Unrecht missverstanden. Aus meiner langjährigen Führungsverantwortung weiß ich, dass ein derartiges Gespräch nur dann erfolgreich sein kann, wenn es die Führungskraft gekonnt einsetzt und sich gut vorbereitet. Tut sie das nicht, scheitert das Gespräch und die Chance ist vertan. Das subjektive schlechte Image dieser Gespräche liegt nicht am Werkzeug selbst, sondern resultiert aus Unwissenheit und mangelnder Vorbereitung.

Die Qualität hängt auch nicht von der Quantität und Kreativität der Formalmechanismen ab. Wir gewinnen nicht mit Formularen, die online geführt werden und den Anschein erwecken, vom Personalbüro oder, in unserem Fall vom Kommando, eingesehen zu werden. Nein, es geht um Vertrauen und ums Zuhören: »Wo stehen wir?« »Wo stehst du?« Und: »Wo wollen wir gemeinsam hin?« »Welche Unterstützung ist notwendig?« »Wo liegen die Interessen?« Und: »Warum sind Bedürfnisse der Feuerwehr wie gelagert?« Deshalb muss eine Eingabe in dieses Gespräch auch das Ergebnis der Analyse der »Feuerwehr-Kompetenzmatrix« sein. Verstehen Mitglieder die Mankos, sind sie meist motiviert und bereit, zum Ausgleich aktiv beizutragen. Und wenn nicht, ist es (sehr) gut, dass nicht »alles über einen Kamm geschert« wird. Zieht die Führungskraft auch Kompetenzprofile oder den Katalog als Orientierungswerkzeug heran, stehen einer fundierten Begleitung und Weiterentwicklung nichts mehr im Wege.

Wie und in welchem Rahmen das Gespräch geführt wird, obliegt der Festlegung des Führungsteams der Feuerwehr. Ein saloppes Gespräch an der Theke eignet sich dazu jedenfalls nicht. Die Nutzung der Aufbauorganisation und die Einbindung der Gruppenkommandanten, die meist die größte direkte Führungsspanne innehaben, haben sich bewährt. Unumgänglich ist die Dokumentation des Ergebnisses, zumal dieses für weitere Schritte herangezogen werden kann. Hierfür wird ein Grundformular zur Verfügung gestellt, welches im Wesentlichen folgende Elemente enthält:

- aktuelle Tätigkeiten/Funktionen (Ist) und gewünschte Tätigkeiten/Funktionen
- Rückblick auf das vergangene Jahr und Vorschau (Feuerwehr-Kompetenzmatrix)
- Weiterentwicklungsmaßnahmen (Kompetenzentwicklung), Unterstützung
- Allfälliges
- Vereinbarungen

Unsere Erfahrungen dazu: Auch hier sind Schulungsmaßnahmen unumgänglich. Die Umsetzung wurde von der Landesfeuerwehrschule Kärnten nach einem Jahr Praxiszeit gemeinsam mit den involvierten Feuerwehren evaluiert. Einhellig wurde rückgemeldet, dass die Umsetzung aufwendig ist, Vorbereitung, Überzeugungskraft und Zeit braucht. Auch wurden unterschiedliche Zugänge gewählt. Diese reichen vom »Hineinhören in die Mannschaft«, 4-Augen-Gesprächen in der Fahrzeughalle bis hin zu standardisierten »Kompetenz-Entwicklungs-Gesprächen« zwischen Gruppenkommandantinnen/Gruppenkommandanten und den ihnen zugeteilten Mannschaftsmitgliedern. Wichtig erschien den von uns befragten Führungskräften eine transparente Darstellung der Ziele dieses Werkzeuges durch das Feuerwehrkommando gegenüber der gesamten Mannschaft. Ansonsten entsteht bereits vorab eine negative Generalisierung der Thematik. Die Kernaussage ist jedoch, dass bei konsequenter Umsetzung eine andere Qualität des Miteinanders bei Übung, Kameradschaft und Einsatz entsteht und die Gesamtmotivation gesteigert wird. Mitglieder fühlen sich wertgeschätzt, gehört und begleitet. Nicht umsonst, spricht man so oft vom »Wunder der Wertschätzung«. Nichts anderes ist dieses Tool, ein Teil gelebter Kameradschaft.

Kompetenzbegleitung
Kompetenzbegleitung bedeutet, die Zusammenführung aller angeführten Maßnahmen fokussiert auf die Bedürfnisse eines konkreten Feuerwehrmitgliedes. Dies umfasst naturgemäß die Entsendung zu vereinbarten Lehrveranstaltungen, die Vorbereitung auf Ausbildungsmaßnahmen sowie die Weiterführung und aktive Integration in den Übungsdienst. Die Begleitung stellt sicher, dass bereits erlangte Lernergebnisse – unabhängig auf welcher Stufe und in welcher Komplexität – weitergeführt werden. Letztlich ist die Kompetenzbegleitung für einen lückenlosen Lernprozess verantwortlich, sodass Fertigkeiten ergänzt durch Erfahrungen mittelfristig zu Kompetenzen werden.

Unsere Erfahrungen dazu: Gelingt es, die zuvor angeführten Mechanismen vollumfänglich oder teilweise umzusetzen, wird der Schritt der »Kompetenzbegleitung« vor allem von den Mitgliedern selbst eingefordert. Diese erwarten sich eine strukturierte Umsetzung, Begleitung und Feedback. Es entsteht eine Art von positivdynamischem »Druck«. Rückmeldungen aus der Praxis haben gezeigt, dass dieser Vorgang vielfach durch kurze, aber strukturierte Abstimmungsgespräche erfolgen kann, die eine Statusaufnahme ermöglichen. Entscheidungen und Wege der Weiterentwicklung lassen sich vielfach rasch definieren, auch werden Abweichungen (z. B.

5.6 Qualität als Grundlage zum erfolgreichen Know-How-Transfer

ein Mitglied erkennt, dass der Atemschutz-Innenangriff doch nicht der gewünschte Schwerpunkt ist) unmittelbar erkannt.

> **Ein aktuelles Beispiel zur Weiterentwicklung des Kompetenzkatalogs: Kompetenzerwerb im Bereich »Einsatzführung«**
>
> Im Zusammenhang mit der Entwicklung nötiger Kompetenzen im Ehrenamt, hat eine Umfrage der Landesfeuerwehrschule Kärnten unter Feuerwehrkommandantinnen/Feuerwehrkommandanten auf unterschiedlichen Ebenen ergeben, dass es am schwierigsten scheint, Kompetenzen im Bereich der »Einsatzführung« zu erwerben. Die Hintergründe – so die Einschätzung – liegen vordergründig in der Schwierigkeit der laufenden Anwendung des Gelernten, zumal die Einsatzfrequenz einer Feuerwehr unmittelbaren Einfluss auf diese Thematik hat. Konkret meinen die Befragten, dass es Feuerwehren mit »vielen« Einsätzen naturgemäß leichter gelingt, Kompetenzen ihrer Führungskräfte im Bereich der Einsatzführung aufzubauen als Feuerwehren, die mit einer geringen Anzahl an Einsätzen konfrontiert sind. Der »Haken« an der Sache ist jedoch jener, dass der gesetzliche Rahmen aus durchwegs erklärbaren Gründen, keine Differenzierung zwischen Feuerwehren mit »vielen« und jenen mit »wenigen« Einsätzen vornimmt. Dazu kommt, dass sich die Gestaltung von Einsatzübungen zur Förderung von Kompetenzen im Bereich der Einsatzführung als aufwendig herausstellt, will man die Ziele erreichen, nämlich die Führungskraft zur Selbstreflexion zu führen und aus dem eigenen Verhalten persönliche Verbesserungen abzuleiten.
>
> Die Landesfeuerwehrschule Kärnten hat weiterführende Analysen vorgenommen und die Befragungen intensiviert. Aus diesem Prozess ist hervorgegangen, dass viele der befragten Kommandantinnen/Kommandanten den »Kompetenzmangel« nicht im fachlichen Know-How orten, sondern vielmehr mit Einsatzlagen unterschiedlicher Art vorerst persönlich und emotional überfordert sind. Diese Überforderung kann so weit reichen, dass die zuständige Führungskraft gar nicht in der Lage ist, das Wissen abzurufen, geschweige denn eine nachhaltige Führungsorganisation oder ein Einsatzmanagement zur Bewältigung der Situation aufzubauen. Es geht also vordergründig um den »Faktor Mensch«. Fest steht, dass verschiedenste Curricula in der Feuerwehrausbildung durchwegs mit dem laufenden Bemühen »State of the art«-kompatibel zu sein, sämtliche Elemente enthalten, die man wissen und beherrschen sollte, um Einsätze erfolgreich leiten zu können. Jedoch kümmern wir uns zum wenig um das »Oh mein Gott«-Erlebnis des Einsatzleiters beim Eintreffen am Einsatzort.

Von der Betroffenheit in die Handlung

Die erste Aufgabe von Einsatzleiterinnen/Einsatzleitern in extremen Situationen muss es also sein, von einer möglichen persönlichen Betroffenheit in die Handlung zu kommen. Diese Aufgabe kann keinem Menschen abgenommen werden, wenngleich

5 Best-Practice-Ansätze zur Professionalisierung

klar ist, dass das Maß persönlicher Betroffenheit, von Person zu Person variiert und u. a. von persönlichen (Charakter-)Eigenschaften, von Erfahrungswerten und vorhandener Routine abhängig ist. Aus diesen Erkenntnissen hat die Landesfeuerwehrschule Kärnten ein Modul »Mentales Training für Einsatzleiter« ins Leben gerufen. Die Seminarinhalte wurden gemeinsam mit kompetenten und die Herausforderungen des Feuerwehreinsatzes kennenden Psychologinnen/Psychologen entwickelt. Das Seminar stellt also die individuelle Person – das Feuerwehrmitglied als potenziellen Einsatzleiter – in den Mittelpunkt: nicht das Fachwissen, sondern deren persönliche Veranlagung, mit Extremsituationen umzugehen. Was unter »Extremsituationen« verstanden wird, lässt sich in keiner Weise standardisieren: für den einen sind es Verkehrsunfälle mit eingeklemmten Personen, für den anderen reicht der ausgedehnte Zimmerbrand oder eine Situation, die zuvor noch nie erlebt oder beübt wurde.

Vor diesem Hintergrund gibt es zwar einen Seminarleitfaden, die genaue Ausrichtung wird aber auf Grundlage der Bedürfnisse der anwesenden Kameradinnen und Kameraden festgelegt. Einige wenige fachliche Hintergründe zur menschlichen Psychologie zeigen, warum und wie ein menschlicher Körper auf Extremsituationen reagiert. Wendet die in einer Betroffenheit befindliche Person passende Verhaltensmuster an, kann rasch und konventionell in ein Stadium übergeleitet werden, wo wiederum auf rationale (fachliche) Denkmuster zurückgegriffen werden kann. Diese unterschiedlichen Verhaltensmuster werden im Seminar mit Begleitung einer/eines Psychologin/Psychologen trainiert. Jede/r TN nutzt dazu das Bild ihrer/seiner »ganz persönlichen Extremsituation«, die zuvor ermittelt wurde. Dieser völlig andere Trainings- und Übungstag in der Landesfeuerwehrschule fordert die TN in der Auseinandersetzung mit sich selbst. Das ist naturgemäß nicht ganz einfach, dient aber dazu, mit den neu gewonnen Erfahrungen zur eigenen Persönlichkeit, gestärkt in die Praxis – den Feuerwehreinsatz – zu gehen.

Erkenntnisse

Die ersten Seminare brachten durchwegs Überraschungen für die TN mit sich. Überraschungen im Sinne dessen, wie einfach es bei entsprechendem Training gelingen kann, sich selbst zu beruhigen und zu führen. Diese Rückmeldung unterstreicht die Idee der Einführung einer derartigen Lehrveranstaltung. Es ist klar zum Vorschein gekommen, was wir längst wissen, aber jetzt noch mehr berücksichtigen: Wer andere führen will, muss sich zuerst selbst führen und in der Lage sein, von einer persönlichen Betroffenheit in die Handlung zu kommen. Erst dann können Führungsteams gebildet, Strukturen geschaffen, Schwerpunktaufgaben definiert und klare Aufträge erteilt werden.

Ein kleines Fazit

Kompetente Mitglieder sind die Stütze jeder Feuerwehr. Mit der gebotenen Motivation erkennen sie einen potenzierten Sinn im Ehrenamt. Die Mitverantwortung hierfür liegt beim Führungsteam. Dieses soll sicherstellen, dass Ausbildungsmaßnahmen vor- und nachbereitet sowie laufend begleitet werden und mittelfristig eine Kultur schaffen, in welcher das Mitglied mit den spezifischen Talenten und Bedürfnissen im Zentrum steht. Dann erzeugen wir Qualität im tiefen Sinne, die den Know-how-Transfer und damit die Feuerwehr langfristig erfolgreich macht!

5.7 Freiwilligenkoordination im Österreichischen Roten Kreuz

Gerald Schöpfer – Wirtschaftshistoriker und Präsident des Österreichischen Roten Kreuzes

Das Österreichische Rote Kreuz (ÖRK) ist die größte humanitäre Nonprofit-Organisation in Österreich und flächendeckend mit über 1 000 Standorten österreichweit präsent. Rund 70 000 freiwillig engagierte Bürgerinnen/Bürger leisten hier gemeinsam mit ca. 8 500 hauptberuflichen Mitarbeiterinnen/Mitarbeitern und über 4 000 Zivildienstleistenden ihren Dienst für die Menschen. Das Tätigkeitsfeld des Roten Kreuzes ist vielfältig und vielschichtig und umfasst insbesondere den Rettungsdienst, diverse Gesundheits- und Soziale Dienste, Blutspendewesen, nationale und internationale Katastrophenhilfe sowie Entwicklungszusammenarbeit. Auch Aus- und Fortbildungen z. B. in Erste Hilfe sowie Jugendarbeit und eine Reihe von Migrationsaktivitäten sind Tätigkeitsfelder des Roten Kreuzes in Österreich.

Als Teil der internationalen Rotkreuz- und Rothalbmond-Bewegung hilft das ÖRK unabhängig sowie überparteilich nach den sieben Grundsätzen: Menschlichkeit, Unparteilichkeit, Neutralität, Unabhängigkeit, Freiwilligkeit, Einheit und Universalität. Freiwilligkeit ist also schon auf dieser »Missionsebene« im Roten Kreuz verankert. Seit jeher sind Freiwillige ein inhärenter Bestandteil des Roten Kreuzes: Schon Henry Dunant, der Gründer der Organisation, war im Jahr 1859 auf die Unterstützung der Frauen von Solferino angewiesen, die freiwillig mit ihm kamen und die Verwundeten auf dem Schlachtfeld versorgten. Gemäß den »Erinnerungen an Solferino« spielte Freiwilligkeit in seiner Vision von einem menschlicheren Umgang eine zentrale Rolle.

Darüber hinaus hat sich der Einsatz von Freiwilligen in mehrfacher Hinsicht als ein Erfolgsfaktor für die Organisation wie auch für die Gesellschaft als Ganzes erwiesen: Freiwillige bringen Innovationskraft und Vielfalt in das ÖRK auch deshalb, weil sie viele sind. Außerdem kann eine Dienstleistungsentwicklung nahe an den Bedürfnissen der Menschen erfolgen. Das liegt u. a. daran, dass das ÖRK-Freiwillige aus allen Einkommens- bzw. Bildungsschichten, mit den unterschiedlichsten Hintergründen und Bekanntschaftskreisen hat. Ein naher Anschluss an die Bevölkerung wird ermöglicht und Bedürfnisse können rasch erkannt werden. Hinzu kommt, dass durch den Einsatz von freiwilligen Mitarbeiterinnen/Mitarbeitern »positive Zusatzleistungen« möglich sind – sprich Aufgaben, die es sonst in dieser Form bzw. Qualität nicht geben könnte. Freiwillige sind zudem Multiplikatorinnen/Multiplikatoren der Anliegen und Wertehaltungen des Roten Kreuzes. Sie sind nicht nur während ihres Dienstes im Roten Kreuz gut ausgebildete Mitarbeiterinnen/Mitarbeiter, sondern sie bringen ihre erworbenen Kenntnisse auch im Alltag ein und vermitteln ihr Wissen an andere. Nicht zuletzt diese Gründe sprechen für eine Arbeit mit und von Freiwilligen. Umso wichtiger ist es, geeignete Rahmenbedingungen zu schaffen, denn gelungene Freiwilligenarbeit ist ein Gewinn für alle:

- für jene, die Hilfe und Unterstützung erhalten,
- für jene, die durch ihr Engagement Sinn und Freude finden,
- für die Organisation selbst, die durch Freiwillige (zusätzliche, verbesserte, an den Bedürfnissen der Menschen orientierte) Leistungen erbringen kann und
- nicht zuletzt für die Gesellschaft, die durch sozialen Zusammenhalt und steigende Solidarität gestärkt wird.

Deshalb sind professionelles Freiwilligenmanagement und kompetente Freiwilligenkoordination aus dem ÖRK nicht mehr wegzudenken, geht es dabei doch im Kern darum, die Basis der Organisation, nämlich die Freiwilligen, bestmöglich zu betreuen, begleiten und zu fördern.

Neben der Bindung bestehender Freiwilliger sind Maßnahmen zur Ansprache und Gewinnung neuer Freiwilliger wichtig. Zur professionellen Begleitung von Freiwilligen gehört die Entwicklung neuer und die Weiterentwicklung bestehender Einsatzmöglichkeiten, um die Angebote für Freiwillige entsprechend auszuweiten. Aber auch die Abwicklung der Beendigung ist Teil einer professionellen Arbeit mit und für

5.7 Freiwilligenkoordination im Österreichischen Roten Kreuz

Freiwillige im ÖRK. Die dargelegte Arbeit mit und für Freiwillige erfolgt sowohl auf strategischer als auch operativer Ebene. Zur klaren begrifflichen Einordnung wird für den strategischen Part der Begriff »Freiwilligenmanagement« und für die operative Tätigkeit jener der »Freiwilligenkoordination« verwendet. **Freiwilligenmanagement** im ÖRK ist etabliert in Form von hauptberuflichen Personalressourcen in Fachabteilungen sowohl auf Ebene der Landesverbände (sprich jener Organisationseinheiten, die für ein Bundesland zuständig sind) als auch im Generalsekretariat (d. h. dem Dachverband der Rotkreuz-Einheiten in Österreich).

Freiwilligenkoordination im ÖRK ist in Abgrenzung dazu auf der jeweiligen Dienststelle angesiedelt und erfolgt im ÖRK entweder selbst wiederum durch Freiwillige oder, insbesondere in größeren Dienststellen, durch hauptberufliches Personal. Unabhängig davon, ob Freiwilligenkoordination hauptberuflich oder freiwillig erfolgt, ist klar, dass es für jede Dienststelle zumindest eine Person braucht, die mit Agenden der Freiwilligenkoordination betraut ist und die damit verbundenen Verantwortlichkeiten übernimmt. Diese/r Freiwilligenkoordinatorin/Freiwilligenkoordinator ist im ÖRK als überfachliche Begleitung von Freiwilligen etabliert. Egal, ob ein freiwilliges Engagement in der Seniorenbetreuung, im Rettungsdienst oder etwa in Lernprogrammen erfolgt, die Freiwilligenkoordinatorin/der Freiwilligenkoordinator steht als erste Ansprechperson zur Verfügung. Das fachspezifische Wissen und die für die inhaltliche Tätigkeit relevanten Informationen erhalten Freiwillige hingegen von einer **fachlichen Ansprechperson**, welche in den meisten Fällen auch während der Tätigkeit die erste Ansprechperson darstellt.

Ein österreichweit einheitliches, verschriftlichtes Stellenprofil gibt die Aufgabenbereiche und den Rahmen für die Funktion der Freiwilligenkoordinatorin/des Freiwilligenkoordinators wieder. Das Stellenprofil ist im ÖRK das Dokument zur Beschreibung der Aufgaben von Freiwilligenkoordinatorinnen/Freiwilligenkoordinatoren. Es wurde gemeinsam mit dem Ausbildungscurriculum vom höchsten Beschlussgremium des ÖRK, der Präsidentenkonferenz, befürwortet.

Die Freiwilligenkoordinatorin/Der Freiwilligenkoordinator im ÖRK ist demnach in ihrer/seiner Funktion ein wichtiges »Aushängeschild« für das Rote Kreuz, da sie/er die erste Anlaufstelle für Interessentinnen/Interessenten ist. Gemeinsam mit den verfügbaren Informationen auf der Rotkreuz-Homepage, in Form von Videos oder etwa physischen Foldern über die Tätigkeitsfelder und Einsatzbereiche ist die Freiwilligenkoordinatorin/der Freiwilligenkoordinator die Informationsquelle. Die Freiwilligenkoordinatorin/Der Freiwilligenkoordinator ist jene Person, die Interessentenanfragen bearbeitet und die potenziellen neuen Freiwilligen im »Mikrokosmos Rotes Kreuz« willkommen heißt. Sie/Er vermittelt, für welche Werte das Rote Kreuz eintritt und wie die Leistungserbringung innerhalb der Organisation für Zielgruppen erfolgt. Deshalb zählt das Führen von Informations- und Orientierungsgesprächen inklusive deren standardisierte und systematische Dokumentation zu den Hauptaufgaben der Freiwilligenkoordination im ÖRK. Dabei versucht die Freiwilligenkoordinatorin/der Freiwilligenkoordinator herauszufinden, welche Aufgaben für die jeweilige Person passend wären und sind. Dabei wird Fingerspitzengefühl benötigt, um die Interessen und gegenseitigen Erwartungen so abzustimmen, dass es im Verlauf der Freiwilligentätigkeit zu keinen Über- oder Unterforderungen kommt. Das genaue Abklären von Erwartungen, Vorstellungen und zukünftigen Aufgaben mit Interessentinnen/Interessenten soll außerdem dazu beitragen, Missverständnisse und Konflikte vorzubeugen und eine passgenaue Freiwilligentätigkeit innerhalb der Organisation zu finden. Nach der Vermittlung eines neuen Freiwilligen in den entsprechenden Leistungsbereich (bzw. Weiterleitung zu möglicherweise passenden anderen Freiwilligenorganisationen) ist die Einstiegsbetreuung durch die Freiwilligenkoordinatorin/den Freiwilligenkoordinator abgeschlossen und die fachliche Ansprechperson übernimmt die Begleitung der/des neuen Freiwilligen.

Die Freiwilligenkoordinatorin/der Freiwilligenkoordinator im ÖRK leistet, abseits der Einstiegsbetreuung, Beiträge zu Maßnahmen zur Freiwilligengewinnung und -bindung angefangen von der Konzeption und Organisation von Informationsveranstaltungen, der Präsenz bei Freiwilligen-Messen und der Mitarbeit bei lokalen Aktionen zur Gewinnung von Freiwilligen bis hin zum Erstellen einer Umfeldanalyse und dem Ableiten von Empfehlungen für Entscheidungsträger. Der regelmäßige Austausch mit anderen Freiwilligen, hauptberuflichen Mitarbeiterinnen/Mitarbeitern, Führungskräften und anderen Organisationseinheiten ist zentral, wohnt der Freiwilligenkoordination im Roten Kreuz nicht zuletzt eine Schnittstellenfunktion zu den Verantwortlichen aller Leistungsbereiche inne. Gerade dadurch hat die Freiwilligenkoordinatorin/der Freiwilligenkoordinator einen sehr umfassenden Überblick über das Thema Freiwilligkeit auf der gesamten Dienststelle und fungiert oftmals als Expertin/Experte. Mit diesem umfassenden Wissen über Freiwilligkeit auf der Dienststelle ausgestattet, ist es auch die Freiwilligenkoordinatorin/der Freiwilligenkoordinator welche/r bei Bedarf Entwicklungs- und Umstiegsmöglichkeiten aufzeigen kann.

Aus dem dargelegten Aufgabenbereich wird deutlich: Die Koordination von Freiwilligen ist eine anspruchsvolle Aufgabe im Roten Kreuz. Immerhin will die Organisation das Wertvollste, was Menschen haben und einbringen können: ihre Zeit, ihren

5.7 Freiwilligenkoordination im Österreichischen Roten Kreuz

Einsatz, ihre Ideen und ihre Hingabe. Umso wichtiger ist es, die Freiwilligenkoordinatorin/den Freiwilligenkoordinator ausführlich auf ihre/seine Tätigkeit vorzubereiten, was formal mittels einer 32-stündigen Ausbildung erfolgt. Voraussetzungen für eine Tätigkeit als Freiwilligenkoordinatorin/Freiwilligenkoordinator ist außerdem die Identifikation mit dem Leitbild des Roten Kreuzes und eine seit längerem bestehende aktive Mitarbeit, um den Interessenten-Service professionell abwickeln zu können. Konkret gliedert sich das Ausbildungscurriculum zur Freiwilligenkoordinatorin/zum Freiwilligenkoordinator in drei Präsenzmodule:

1. Orientierungstag (8 Übungseinheiten)
2. Grundlagenmodul (8 Übungseinheiten)
3. Kommunikation und Gesprächsführung (16 Übungseinheiten)

Zwischen den Präsenzmodulen ist je eine Aufgabe im Selbststudium zu absolvieren

1. E-Learning »Das Rote Kreuz« (zwischen Modul 1 und 2)
2. Praxisinterviews auf der Dienststelle (zwischen Modul 2 und 3)

Beim **Orientierungstag** werden Interessentinnen/Interessenten, die die Ausbildung und Tätigkeit als Freiwilligenkoordinatorin/Freiwilligenkoordinator in Erwägung ziehen, mit dem Konzept der Freiwilligenkoordination im ÖRK vertraut gemacht. Teilnehmerinnen/Teilnehmer (TN) des Orientierungstages entscheiden sich erst nach dem Tag für oder gegen die Ausbildung zur/zum Freiwilligenkoordinatorin/Freiwilligenkoordinator. Deshalb ist es Ziel des Tages, den Interessentinnen/Interessenten ausreichend Information über die Aufgaben und Tätigkeiten einer Freiwilligenkoordinatorin/eines Freiwilligenkoordinators im ÖRK zur Verfügung zu stellen und etwaige Fragen betreffend der zukünftigen Rolle als Freiwilligenkoordinatorin/Freiwilligenkoordinator zu beantworten. Ferner wird gemeinsam erarbeitet, was gute Freiwilligenkoordination bedeutet. Der Orientierungstag dient auch dazu sich die Wichtigkeit von Freiwilligkeit für die Dienststelle bewusst zu machen und die Schnittstellenfunktion auf der Dienststelle zu reflektieren. Da die Werte des ÖRK auch bedingen, welche potenziellen Freiwilligen angesprochen und eingesetzt werden (sollen), ist die Auseinandersetzung mit eben diesen, ein weiteres Element des Orientierungstages.

Unter Reflexion ihrer eigenen Motive und Erwartungen sind die TN nach dem Orientierungstag dazu angehalten, sich über das Weiterführen der Ausbildung Gedanken zu machen. Sofern sie sich für die Absolvierung der Freiwilligenkoordination-Ausbildung entscheiden, werden sie aufgefordert, dies aktiv (z. B. per Mail) innerhalb der darauffolgenden Woche kundzutun. Im – in der Praxis seltenen Fall –

dass das Trainerteam dieses Orientierungstags zum Schluss kommt, dass eine Interessentin/ein Interessent nicht geeignet ist, diese Funktion in der Praxis auszuüben, findet ein entsprechendes 4-Augen-Gespräch statt, wo diese Bedenken dargelegt werden.

Generell zeichnet sich der Orientierungstag dadurch aus, dass beispielhaft und in realistischen Szenarien Situationen dargelegt werden, die es den Interessentinnen/Interessenten ermöglichen, für sich selbst eine Entscheidung treffen zu können, ob eine derartige Tätigkeit tatsächlich den Erwartungen bzw. Vorstellungen entspricht. Dadurch soll verhindert werden, dass Personen die Ausbildung unter falschen Erwartungen oder mit nicht zutreffenden Vorstellungen starten. Der Orientierungstag kann demnach als Matching-Veranstaltung für Freiwilligenkoordinatorinnen/Freiwilligenkoordinatoren verstanden werden.

Sofern eine Entscheidung für die Tätigkeit und somit für die Ausbildung gefällt wird, ist im nächsten Schritt ein **E-Learning Modul über das Rotes Kreuz** zu absolvieren. Ziel hierbei ist, die Mission und Vision des Roten Kreuzes sowie historische Entwicklungen in Erinnerung zu rufen. Dadurch, dass die Freiwilligenkoordinatorin/der Freiwilligenkoordinator entsprechend des Anforderungsprofils bereits aktive Erfahrung im Roten Kreuz haben und Mission und Vision bzw. Aufbau und Tätigkeitsfelder des ÖRK wie auch der Rotkreuz-Bewegung grundsätzlich bekannt sind, ist das Ziel der Absolvierung dieses E-Learning Moduls, diese Inhalte zu wiederholen. Somit kann sichergestellt werden, dass entsprechende Fragen der Interessentinnen/Interessenten auch aktuell und richtig beantwortet werden können. Das Modul schließt mit einem »Quiz«, dessen erfolgreiche Absolvierung die formelle Zulassung zum Grundlagenmodul darstellt.

In der Konzeption des **Grundlagenmoduls** wurde Wert daraufgelegt, dass zukünftige Freiwilligenkoordinatorinnen/Freiwilligenkoordinatoren mit dem Kreislauf der Freiwilligenkoordination vertraut werden: von der Bedarfsplanung und dementsprechenden Gewinnung sowie dem Matching über die Bindung und Wertschätzung bis hin zum Austritt bzw. der Wiedergewinnung einer Freiwilligen/eines Freiwilligen. An jeder dieser zentralen Etappen soll die ausgebildete Freiwilligenkoordinatorin/der Freiwilligenkoordinator Maßnahmen setzen können bzw. einen Beitrag zu deren Weiterentwicklung leisten. Deshalb ist der Tag des Grundlagenmoduls mit zahlreichen praktischen Übungen konzipiert, in denen beispielsweise Maßnahmen zur Anerkennung und Wertschätzung erarbeitet werden oder eine Bedarfsanalyse und damit einhergehende Zielgruppenansprache durchgeführt wird.

5.7 Freiwilligenkoordination im Österreichischen Roten Kreuz

Darüber hinaus ist es Ziel, in diesem Modul die Grundlagen von Freiwilligenarbeit in Österreich inklusive Definitionen, (rechtliche) Rahmenbedingungen und wissenschaftliche Erkenntnisse sowie Statistiken den Teilnehmenden näher zu bringen. Mit diesem Wissen sollen die zukünftigen Freiwilligenkoordinatorinnen/Freiwilligenkoordinatoren in ihrer Expertenrolle gestärkt werden.

Aufgrund der Schnittstellenfunktion und um die Vernetzung bereits während der Ausbildung aktiv zu fördern, sind nach dem Grundlagenmodul **leitfadengestützte Interviews** mit den Leistungsbereichsverantwortlichen auf der Dienststelle zu führen. Dabei sind Fragen zu möglichen freiwilligen Tätigkeiten im Bereich, den Aufnahmeformalitäten und -bedingungen, dem Aufnahmeprozess neuer Freiwilliger inklusive einer ersten Mini-Bedarfsanalyse sowie der konkreten Zusammenarbeit zwischen Freiwilligenkoordination und Leistungsbereich zu klären.

Die Ergebnisse der Leitfadeninterviews werden am Beginn des letzten Moduls zu **Kommunikation und Gesprächsführung** sowohl auf inhaltlicher als auch kommunikationstheoretischer Ebene reflektiert. Darüber hinaus wird in diesem Modul ein bedarfsorientierter Aktionsplan zur Gewinnung von Freiwilligen erstellt, welcher in der weiteren Praxis als Hilfestellung dienen soll. Ziel ist es außerdem, Wissen und Fertigkeiten über zentrale Elemente der Gewinnung von Freiwilligen zu vermitteln bzw. zu stärken. Der Schwerpunkt des Moduls liegt jedoch auf der Gesprächsführung, welche in Form von Rollenspielen trainiert wird. Die praktische Durchführung von Erst- und Konfliktgesprächen kann dabei in geschütztem Rahmen geübt werden.

Die dargelegte Freiwilligenkoordinationsausbildung soll neuen Freiwilligenkoordinatorinnen/Freiwilligenkoordinatoren das nötige Rüstzeug für ihre Tätigkeit geben. Ein speziell auf die Bedürfnisse der Freiwilligenkoordination im ÖRK zugeschnittenes Handbuch dient darüber hinaus als Nachschlagewerk. In dessen Theorieteil werden Kontextinformationen und Statistiken zu Freiwilligkeit in Österreich und im Roten Kreuz dargelegt. Im Praxisteil des Handbuches werden Beispielvorlagen, Ideen und Arbeitshilfen für die Tätigkeit in der Freiwilligenkoordination zur Verfügung gestellt. Neben dem Handbuch runden die Service- und Entwicklungsleistungen der Mitarbeiterinnen/der Mitarbeiter des Freiwilligenmanagements das Angebot und die Förderung von Freiwilligkeit im ÖRK ab.

Darüber hinaus findet im ÖRK jährlich ein Freiwilligensymposium statt, welches insbesondere an die Freiwilligenkoordinatorinnen/Freiwilligenkoordinatoren gerichtet ist. Diese organisationsinterne Veranstaltung dient dem Austausch von Best-Practices innerhalb der Organisation. Gleichzeitig wird durch Vorträge oder Workshops von (externen) Expertinnen/Experten das Wissen zu relevanten Themen in der Freiwilligenkoordination erweitert und eine Auseinandersetzung mit Gleichgesinnten gewährleitest. Auch regional organisierte Stammtische bzw. lokale Fachgruppentreffen fördern den inhaltlichen Austausch unter den Freiwilligenkoordinatorinnen/Freiwilligenkoordinatoren und bereichern deren Tätigkeit. Denn auch Freiwilligenkoordination gilt es zu fördern, zu begleiten und wertzuschätzen, stellt sie doch die wesentliche Stütze für eine Freiwilligenorganisation wie das Rote Kreuz dar.

5.8 Personalentwicklung und Ausbildung bei der Feuerwehr Wels

Roland Weber – Stellvertretender Kommandant der Feuerwehr Wels, Leiter der Bereiche Ausbildung und Einsatz der Feuerwehr Wels, Ausgebildeter Berufsfeuerwehroffizier und Amtssachverständiger für Brandschutz

Die Schul- und Messestadt Wels mit zahlreichen Gewerbebetrieben hat eine Fläche von 46 km², ca. 64 000 Einwohner und ein hochrangiges Schienen- und Straßennetz. Die Freiwillige Feuerwehr der Stadt Wels hat 154 Mitglieder, 30 Fahrzeuge, 10 Wechselaufbauten und 11 hauptamtliche Mitarbeitende in Verwaltung und Werkstätte (kein Schichtdienst). Man verfügt zudem über ein angeschlossenes Feuerwehrwohnhaus mit 28 Wohnungen. Etwa 2 200 Einsätze werden pro Jahr gefahren, davon ca. 1 400 Interventionen, das bedeutet, dass ein Fahrzeug eine der vier Wachen bereits mit Blaulicht verlässt. Taktisch ist die Freiwillige Feuerwehr Wels in 4 Züge und 9 Gruppen gegliedert.

In Österreich ist die Gesetzgebung für das Feuerwehrwesen grundsätzlich Landessache. Und so findet sich in den landesgesetzlichen Bestimmungen für Oberösterreich der Passus, dass die/der jeweilige Gruppenkommandantin/Gruppenkommandant für die Ausbildung der ihr/ihm unterstellten Mitglieder verantwortlich zeichnet, neben der pauschalen Verantwortung der/des Kommandantin/Kommandanten für die Ausbildung seiner Mannschaft generell. Neueinsteigerinnen/Neueinsteiger bei der Feuerwehr müssen eine Grundausbildung durchlaufen, werden dann einem Zug bzw. einer Löschgruppe zugeteilt und absolvieren anschließend die weitere Aus- und Weiterbildung in der Feuerwehr dann bei den wöchentlichen Gruppen-, Zugs-, Verbandes- oder Gesamtübungen. Parallel dazu sind an der Landesfeuerwehrschule

Oberösterreich entsprechende Kurse im Branddienst, in der Technik oder Führung und Taktik oder auch Lehrgänge zu speziellen Themen oder Bereichen zu absolvieren. Die bereits beschriebenen Mannschaften von Dienststelle, Wohnhaus und Freiwilligen sind über alle Züge und Gruppen hinweg aufgeteilt.

In der Vergangenheit wurden bei den Übungen in den Zügen bzw. Gruppen vorgegebene Themen im Sinne eines Rotationsprinzips behandelt. Den Abschluss bildete meist eine Einsatzübung in Form einer Zugsübung. Die Ausbildung erfolgte also dienstgradmäßig betrachtet vertikal, die Gruppenkommandantin/der Gruppenkommandant sollte seine erfahrensten Mitglieder gleichzeitig mit den noch unerfahrenen Mitgliedern ausbilden, die unmittelbar aus der Grundausbildung überstellt worden waren. Aufgrund der inhomogenen Gruppen von Auszubildenden war es schlicht unmöglich das »richtige« Niveau bei einer Übung zu treffen. Frustrationen basierend auf Unter- bzw. Überforderungen waren auf Seite der Auszubildenden und in weiterer Folge bei den Ausbildenden unausweichlich. Die Beteiligung an Übungen sank daher auch. Um dem entgegenzuwirken, sollte das Ausbildungsmodell von vertikal auf horizontal umgestellt bzw. mit anderen Worten zielgruppenorientiert ausgerichtet werden. Mitglieder mit annähernd gleichem Niveau sollten im Zuge einer Ausbildungsveranstaltung jeweils ein kleines Stückchen auf der Bildungsleiter nach oben gehoben werden (▶ Bild 30).

Bild 30: *Das neue Ausbildungssystem legt Wert auf die Zielgruppenorientierung (Quelle: Feuerwehr Wels)*

Für die Beantwortung der Frage, welche Ausbildung und wieviel davon eine bestimmte Funktion braucht, wurden als Basis die Tanklöschgruppe mit sechs Mann angenommen, wobei die Maschinistin/der Maschinist für die weitere Betrachtung ausgeblendet blieb, denn sie/er durchläuft eine eigene Ausbildungsschiene. So verbleiben die Gruppenkommandantin/der Gruppenkommandant und die Funktionen 1, 2, 3 und 4. Als Ausbildungsziel wurde der zweckmäßige Umgang der Mannschaft mit den am Fahrzeug mitgeführten Geräten definiert. Außerdem soll es der Mannschaft gelingen, die Notlage zu beheben und für die Sicherheit aller Einsatzkräfte zu sorgen. Um einen kontrollierten Ablauf der Ausbildung zu ermöglichen, wurden die Aufgaben, welche im Zuge eines Einsatzes auf die Gruppe zukommen könnten, auf die einzelnen Funktionen aufgeteilt. Die Kompetenzprofile (▶ Kapitel 5.6) des Bundesfeuerwehrverbandes für Truppfrau/Truppmann und Truppführerin/Truppführer leisteten hier wertvolle Denkansätze. So ergab sich für jede Funktion eine Beschreibung der notwendigen Tätigkeiten, damit die Gruppe als schlagkräftige Einheit funktionieren kann. Im Arbeitsleben würde man dies wahrscheinlich als Arbeitsplatzbeschreibung bezeichnen (▶ Bild 31).

Bild 31: *Ein wichtiges Ausbildungsziel ist der zweckmäßige Umgang der Mannschaft mit den am Fahrzeug mitgeführten Geräten. (Quelle: Feuerwehr Wels)*

In einem zweiten Schritt mussten nun einerseits das für die jeweiligen Funktionen notwendige Wissen sowie die erforderlichen Fertigkeiten und Kompetenzen festgelegt werden und es war andererseits auch der Ausbildungsweg entsprechend zu regeln. Die Kurse an der Landesfeuerwehrschule decken lediglich einen Teil des Erforderlichen ab, was eine Reihe von Themen für die Aus- und Weiterbildung in der eigenen Feuerwehr offen ließ. Diese offenen Themen wurden daraufhin in einzelne Module oder Kurse unterteilt. Ein Modul sollte dabei eine Länge von ca. 90 Minuten aufweisen, das entspricht der klassischen Feuerwehrübung an einem Donnerstagabend. Weiters sollte eine Ausbilder-Gruppe definiert sein, die Zielgruppe sowie die optimale Anzahl der Mitglieder für eine effektive Beübung oder Umsetzung des

5.8 Personalentwicklung und Ausbildung bei der Feuerwehr Wels

vorgegebenen Themas. Um den Prozess des Vergessens hintan zu halten, mussten auch Wiederholzyklen berücksichtigt werden. Hier wurde sehr großes Augenmerk daraufgelegt, dass – speziell bei niedrigeren Funktionen – der Anteil an Theorie möglichst geringgehalten wird und lediglich Einsatzrelevantes vermittelt würde. Ein Beispiel für die Einsatzrelevanz: Die durchschnittliche Wandstärke einer Atemluftflasche ist für einen Atemschutzträger vollkommen unerheblich. Er kann sie weder beeinflussen noch in irgendeiner Form daraus etwas ableiten. Ebenso sollte vermieden werden, dass Wissen, welches erst für höherrangige Funktionen relevant wird, zu früh zu vermitteln, da dieses Wissen bis zur Übernahme der konkreten Funktion vermutlich bereits vergessen worden sein wird und in den konkreten Übungen zunächst Denkkapazität bindet. Das Resultat nach einigen Monaten intensiver Planungen war ein völlig neuer Kurskatalog.

Die Abhaltung der bereits festgelegten Module bereitete noch einmal Schwierigkeiten. So musste einerseits sichergestellt werden, dass für alle Feuerwehrmitglieder jeden Donnerstag eine relevante Übung angeboten wird und andererseits verpasste Übungen nachgeholt werden konnten. Diese beiden Hürden sollten dadurch überwunden werden, dass zum einen jeden Donnerstag verschiedene Module gleichzeitig angeboten und zum anderen bereits abgehaltene Übungen mehrmals wiederholt würden. Auf Basis der Annahme einer Übungsbeteiligung von 50 % ergibt sich daraufhin eine Regelausbildungsdauer von zwei Jahren pro Funktion.

Schon sehr bald in diesem Prozess mussten wir aber erkennen, dass der zentrale Punkt eigentlich nicht nur die Neugestaltung der Ausbildung an sich war, sondern dass damit auch Personalkomponenten sehr stark berührt wurden. »Wer darf was?« »Wie gliedern wir die «neue» Ausbildung in das «alte» Dienstgradsystem ein?« »Wer will überhaupt was?« Als Lösung für diese Herausforderung wurde einerseits eine anonyme Mitgliederbefragung gewählt, wo Gelegenheit zur Rückmeldung bestand, was von der Ausbildung erwartet wird, wo es Probleme gibt und was geändert werden muss. In einem zweiten Schritt konnte sich jedes Mitglied deklarieren und selbst einschätzen, welche Rolle bzw. Funktion es aktuell in der Organisation Feuerwehr wahrnimmt oder ausfüllt. Zur Rollenbeschreibung wurden hier wieder die verdichteten Anforderungen aus der Ausbildungsgruppe verwendet.

Sowohl die Mitgliederbefragung als auch die Selbsteinschätzung brachten hier teilweise überraschende Ergebnisse. Zentrale Aussage der Meinungsumfrage war, dass der traditionelle Übungstag an einem Donnerstag unbedingt bleiben muss. Erste Überlegungen der Ausbildungsgruppe hätten den Ausbildungsdienst pro Zug auf einen jeweils anderen Wochentag gelegt, um alle Fahrzeuge, Ausrüstungen und Einrichtungen zur Verfügung zu haben. Parallel zur Selbsteinschätzung wurden alle Mitglieder durch das Kommando ebenfalls für eine Funktion eingeschätzt. Das Ergebnis zeigte, dass in fast 95 % der Fälle die Ergebnisse übereinstimmten, in den übrigen Fällen haben sich, bis auf wenige Ausnahmen, die Mitglieder selbst eher geringer eingeschätzt als die Kommandomitglieder. Somit war aber auch klar, dass wir uns wirklich vom alten Übungssystem und damit bis zu einem gewissen Grad auch von den Dienstgraden lösen mussten.

Die gesamte Gliederung im Einsatzdienst der Feuerwehr wurde daher im Wesentlichen auf neun Funktionen umgestellt. An der Spitze beginnend ist dies die Dienstführende Kommandantin/der Dienstführende Kommandant (DfK Leiterin/ Leiter des Einsatzdienstes). Diese Rolle nehmen die Kommandantin/der Kommandant und ihre/seine beiden Stellvertreterinnen/Stellvertreter jeweils wöchentlich abwechselnd ein. Die Rolle der Offizierin/des Offiziers vom Dienst (OvD) wird durch eine Zugskommandantin/einen Zugskommandanten oder Zugskommandanten-Stellvertreterin/Zugskommandanten-Stellvertreter jeweils am Wochenende von Freitagabend bis Montagmorgen übernommen. Dies einerseits, um den DfK am Wochenende zu entlasten, aber auch um selbst Einsatz- und Führungserfahrung erwerben zu können. Die Fahrzeugkommandantin-Gruppe/Der Fahrzeugkommandant-Gruppe (FK-G) ist berechtigt, ein Gruppenfahrzeug zu führen – auch in Verbindung mit einem Truppfahrzeug wie zum Beispiel einer Drehleiter, einem Großtanklöschfahrzeug oder auch einem Rüstfahrzeug. Diese Führungsfunktion ist eine der wesentlichsten in der gesamten Feuerwehr, da speziell bei Großlagen, wie Unwettern, die überwiegende Anzahl der Einsätze auf Gruppenebene oder maximal mit Ergänzung eines Sonderfahrzeuges abgewickelt wird. Die Fahrzeugkommandantin-Trupp/Der Fahrzeugkommandant-Trupp (FK-T) darf ein Truppfahrzeug führen (zum Beispiel: Kleinalarmfahrzeug) und stellt die erste Führungsfunktion dar. Es folgen dann auf der hinteren Reihe des Tanklöschfahrzeuges die Funktionen 1, 2, 3 und 4, also entsprechend die Angriffstruppführerin/der Angriffstruppführer (1), die Angriffstruppfrau/der Angriffstruppmann (2), die Schlauchtruppführerin/der Schlauchtruppführer (3) und die Schlauchtruppfrau/der Schlauchtruppmann (4). Die Funktion 5 wird verwendet, um Mitglieder der Grundausbildung zu kennzeichnen, die sich noch am Beginn ihrer Ausbildung befinden und noch nicht über die sogenannte »Ausrückeberechtigung« verfügen.

Diese Funktionskennzeichen werden anders als Dienstgrade am Einsatzhelm durch die Farbe des Stirnschildes (Gold, Silber, Schwarz, Rot) und durch die Anzahl der

5.8 Personalentwicklung und Ausbildung bei der Feuerwehr Wels

darauf befindlichen Streifen dargestellt. Diese Funktionen gelten auch nur im Einsatzdienst, auf allen anderen Uniformen wird der »konventionelle« Dienstgrad getragen. Durch diese Lösung war es uns möglich, niemanden degradieren zu müssen und trotzdem eine neue Rangfolge und Hierarchie im Einsatzdienst einführen zu können. Dass sich die beiden Systeme über die Zeit durch die Ausbildung angleichen werden, versteht sich von selbst. Jeder einzelne dieser Umstellungsschritte wurde selbstverständlich vor dem Inkrafttreten immer wieder in der Kommandositzung zur Diskussion gestellt, da derart breite und tiefgreifende Änderungen in der Organisationsstruktur einer Feuerwehr von allen Führungskräften mitgetragen werden müssen, wenn sie eine realistische Chance auf Erfolg und Umsetzung haben sollen.

Nachdem nun durch das Kommando die Freigabe zu dieser Änderung der Organisation im Einsatzdienst erteilt wurde, ging es daran, diese Anforderungen, Ausbildungsschritte, Kurse etc. in ein entsprechendes Bild zu gießen. Das Resultat war unser sogenannter Kompetenz- und Entwicklungspfad. Mit Hilfe dieses Entwicklungspfades sollte es jedem Mitglied, aber auch den Führungskräften möglich sein, die nächsten Ausbildungsschritte abzustimmen oder einfach auch nur feststellen zu können: »Wie/Wo stehe ich auf meinem Weg zur nächsthöheren Funktion?«

Ein wesentliches Manko des bestehenden Ausbildungs- und auch des Dienstgradsystems war, dass gerade Mitglieder, die sich in jungen Jahren sehr stark bei der Feuerwehr engagiert haben, alle Voraussetzungen für spätere Beförderungen bereits absolviert hatten. Der Erwerb eines höheren Dienstgrades war daher dann in der Regel nur noch eine »Alterserscheinung«, vollkommen unabhängig vom aktuellen Engagement oder vom aktuellen Wissen des Feuerwehrmitglieds. Es sollte im neuen System nicht mehr möglich sein, dass der Erwerb eines höheren Dienstgrades – in unserem Fall einer höheren Funktion – nur oder sehr stark, vom Dienstalter abhängig ist.

Da das Erreichen der Funktion der Einsatz-Gruppenkommandantin/des Einsatz-Gruppenkommandanten (FK-G) ja potenziell für alle unabhängig von einem eventuellen Dienstpostenplan möglich sein sollte, musste es entsprechend valide Überprüfungen geben. Jedes Mitglied sollte daher für das Erreichen der nächsthöheren Funktion eine Prüfung absolvieren müssen. Dass sich mit jeder Stufe der Schwerpunkt von der Praxis und dem Tun hin zur Theorie und zum Wissen verschiebt, ist selbstredend. Und auch hier sollte der Einsatz das Maß der Dinge für die Überprüfung sein. So wurden Einsatzszenarien aus dem Branddienst und der technischen Hilfeleistung nieder-

5   Best-Practice-Ansätze zur Professionalisierung

geschrieben. Beginnend beim Zimmerbrand im 2. OG über den Verkehrsunfall mit einer eingeklemmten Person bis zu einer Personenrettung von einem Dach mit Drehleiterunterstützung. Als Prüfungskommission fungiert jeweils die Kommandantin/der Kommandant oder die stellvertretende Person, unterstützt durch zwei Zugskommandantinnen/Zugskommandanten, vorzugsweise Führungskräfte der zu prüfenden Personen (▶ Bild 32). Dabei wurden pro Einsatzszenario im Vorfeld sowohl mögliche Plus- als auch Minuspunkte notiert, um der Prüfungskommission die Bewertung zu erleichtern. Allerdings nicht im Sinne eines Punktesystems, sondern eher im Gedanken einer Leistungsprüfung. Der unfallfreie Einsatzerfolg ist das Ziel. Durch diesen Modus konnten bis zu fünf Kandidatinnen/Kandidaten für die jeweiligen Funktionen gleichzeitig geprüft werden. Am Ende des Szenarios wird nach einer kurzen Abstimmungsbesprechung der Führungskräfte den Prüflingen das Ergebnis mitgeteilt. Die neuen Funktionen werden sofort wirksam, d. h. die Mitglieder werden dann auch ab sofort zur Aus- und Weiterbildung in der neuen Funktion eingeteilt.

Bild 32: *Verkehrsunfall mit eingeklemmter Person als Prüfungsszenario für die Auszubildenden (Quelle: Feuerwehr Wels)*

Eine kleine Ausnahme bildet hier nur die Prüfung zum FK-G, hier muss nach einem vorausgegangenen Taktik-Training auch noch ein Prüfungsgespräch mit der Kommandantin/dem Kommandanten erfolgreich abgeschlossen werden. Zusätzlich muss die Kandidatin/der Kandidat vor dem Antreten zur Prüfung eine Projektarbeit schreiben. Dabei soll sie/er sich mit einem aktuellen Thema oder Problem der Feuerwehr, sei es Technik, Ausbildung oder auch Taktik, auseinandersetzen und auch mögliche Lösungswege aufzeigen. Dieses Thema ist im Vorfeld mit der Kommandantin/dem Kommandanten abzustimmen, die Ausarbeitung hat schriftlich zu

5.8 Personalentwicklung und Ausbildung bei der Feuerwehr Wels

erfolgen. Die Schwerpunkte sollten dabei im Sammeln von Informationen, Recherchieren in diversen Fachmedien und Aufzeigen von möglichen Problemlösungen liegen. Grundsätzlich werden mit dieser Projektarbeit seitens der Ausbildungsgruppe zwei Ziele verfolgt. Zum einen wird die Kandidatin/der Kandidat unmittelbar in einen Problemlösungsprozess eines von ihm festgestellten Problems eingebunden, wodurch er eine neue Sichtweise ins Spiel bringt. Zum anderen steigt dadurch auch die Identifikation mit der Feuerwehr, weil sie/er bei »ihrer/seiner« Feuerwehr aktiv bei einer Problemlösung mitarbeiten durfte. Diese beiden Spezifika sollen aber auch verdeutlichen, dass es sich hier um die letzte und höchste Prüfung im Chargenrang handelt.

Geht´s auch rückwärts? – Wie bereits beschrieben, war es durchaus auch ein Ziel des neuen Ausbildungssystems, bis zu einem gewissen Grad eine Qualitätssicherung einzuführen. Neben Rückmeldungen zu den einzelnen Übungen, die durch die Ausbilderinnen/die Ausbilder selbst auf der Anwesenheitsliste in einer eigenen Rubrik gegeben werden können, werden die Kurse auch immer wieder von Offizieren besucht. Damit soll sichergestellt werden, dass die Ausbildung noch immer dem vorgegebenen Ziel folgt, aber auch um entsprechendes Feedback der Auszubildenden zu erhalten, direkt und unmittelbar (▶ Bild 33). Die daraus gewonnenen Erfahrungen münden nicht selten in geringfügigen Adaptierungen der einzelnen Kurse. Die Frage, die sich stellte, war, ob nicht dennoch das gleiche Problem wie im alten System bestand, dass Mitglieder hohe Funktionen erreichen und dort stehen bleiben, obwohl sie nicht mehr »up to date« im Feuerwehrgeschehen waren? Also war klar, dass es neben der Möglichkeit zum Upgrade im Zuge einer Prüfung auch eine Möglichkeit zum Downgrade geben muss. Um hier wirklich auf die Eigenheiten jedes einzelnen Mitglieds Rücksicht nehmen zu können, wurde ein mehrstufiges Verfahren eingeführt. Die erste Ansprechperson für jedes Mitglied sollte die eigene Gruppenkommandantin/der eigene Gruppenkommandant sein. Daher kommt auch ihr/ihm die Aufgabe zu, als Erste/Erster ein Gespräch mit dem Mitglied hinsichtlich seines Engagements bei der Feuerwehr im Allgemeinen und seiner Übungsbeteiligung im Speziellen zu führen. Nach einer entsprechenden Zeitschleife und wenn keine Besserung eintritt, ist ein weiteres Gespräch durch die Zugskommandantin/den Zugskommandanten zu führen. Und erst, wenn auch hier keine Verbesserung der Situation eintritt, kommt das Gespräch auf Kommandantenebene, um eine für alle annehmbare Lösung zu finden. Eskalationen bis zu diesem Punkt sind aber in der Regel nicht erforderlich und bilden eher die seltene Ausnahme.

5 Best-Practice-Ansätze zur Professionalisierung

Bild 33: *Die regelmäßige Einbindung der Feuerwehrangehörigen ist entscheidend bei der Entwicklung des Neukonzepts (Quelle: Feuerwehr Wels)*

Um zu erfahren, wie unsere Mitglieder eigentlich denken und wo sie hinwollen, war es erforderlich mit ihr/ihm zu reden. Aber wann, wie und wer? Da jede Prüfung im Sinne einer neuen Funktion durchaus, bis zu einem gewissen Grad, auch eine Zäsur in der Laufbahn des Mitglieds darstellt, bietet sich vielleicht gerade dieser Zeitpunkt an, um die Vorstellungen des Mitglieds und der Führungskraft abzustimmen. Es wird daher nach jeder Prüfung bzw. Funktionsabnahme ein Fördergespräch mit dem Mitglied durchgeführt. Dieses führt in der Regel die Gruppenkommandantin/der Gruppenkommandant seiner Löschgruppe mit ihr/ihm. Es gibt nur zwei Ausnahmen: Das erste Fördergespräch beim Erhalt der Ausrückberechtigung führt noch die Leiterin/der Leiter der Grundausbildung. Und das letzte Fördergespräch nach der Prüfung zum FK-G führt die Zugskommandantin/der Zugskommandant, da sich ja mit dem erfolgreichen Ablegen der Prüfung auch eine neue potenzielle Kandidatin/ein neuer potenzieller Kandidat als taktische Gruppenkommandantin/taktischer Gruppenkommandant oder auch für noch höhere Funktion gezeigt hat.

Eine zentrale Forderung in unserem neuen Ausbildungssystem war und ist auch die Mitwirkung der Chargen in der Ausbildung. Die Funktionen 1, 2, 3 und 4 werden jeweils durch Chargen FK-T´s oder FK-G´s ausgebildet, die Chargen selbst dann durch Offizierinnen/Offiziere oder spezielle Ausbilderinnen/Ausbilder in Sonderdiensten. Diese Mitwirkung in der Ausbildung durch die Chargen verfolgt zwei Ziele. Einerseits setzen sich die Chargen vor der Übung, die sie halten müssen, sehr intensiv mit der jeweiligen Materie auseinander, um bei der Übung nicht durch Unwissen Schiffbruch zu erleiden. Andererseits muss es aber jeder/jedem Einsatz-Gruppenkommandantin/Einsatz-Gruppenkommandanten zugemutet werden können, Dinge, die sie/er im Einsatz anordnen und überwachen können muss, auch in Friedenszeiten ohne

5.8 Personalentwicklung und Ausbildung bei der Feuerwehr Wels

erhöhten Adrenalinspiegel mit Mannschaften zu üben, wie z. B. den richtigen Einsatz einer Schiebleiter.

Nach den ersten Probeläufen dieses neuen Ausbildungssystems, erhielten wir die Rückmeldung in der Ausbildungsgruppe: »Das funktioniert nicht, wir können das nicht!« Was war passiert? Sie hatten Recht. Wir bilden unsere Mitglieder im Branddienst aus, in der technischen Hilfeleistung, beim Umgang mit gefährlichen Stoffen und möglicherweise sogar als Taucher. Aber haben wir ihnen je beigebracht auszubilden? Es gibt zwar dazu ein Seminar »Ausbildung« an der Landesfeuerwehrschule, aber die dabei zur Verfügung stehenden Kursplätze reichen bei weitem nicht aus. Also haben wir in Zusammenarbeit und in Abstimmung mit einem externen Trainer aus der Erwachsenenbildung eine eigene Trainer-Ausbildung für den Feuerwehrdient kreiert. Ziel der ersten Ausbildungsstufe ist es hier, der Teilnehmerin/dem Teilnehmer (TN) die Werkzeuge an die Hand zu geben, um mit einer Gruppe eine theoretische oder auch praktische Gruppenübung durchführen zu können (▶ Bild 34). Die Inhalte dieser Ausbildung sind somit neben Rhetorik und Gestaltung auch Wissensvermittlung, Lernzyklus, Konfliktmanagement etc. Bei der Gestaltung dieser Ausbildung mit einem Gesamtumfang von 40 Stunden wird auch großer Wert auf die Möglichkeit der begleitenden Umsetzung des Gelernten in die Praxis gelegt. Die zweite Stufe bildet eine weitere Ausbildung, die eher auf Führungskräfte zugeschnitten ist mit Inhalten wie zum Beispiel Interview-Training oder auch das Halten von Reden vor einer größeren Anzahl von Personen.

Bild 34: *Trainerausbildung für Angehörige der Feuerwehr Wels (Quelle: Feuerwehr Wels)*

Zusammenfassend kann gesagt werden, dass bedingt durch die Tatsache, dass die Zeit, die uns das Mitglied zur Verfügung stellt, geringer wird, mit dieser Zeitspende sehr verantwortungsvoll umgegangen werden muss. Die richtige Ausbildung, sowohl was die Quantität als auch die Qualität betrifft, sollte zum richtigen Zeitpunkt stattfinden und keine Ausbildung auf Vorrat sein. Die Feuerwehren und mit ihnen die vorstehenden Organisationen und (Bildungs-)Einrichtungen werden gefordert sein, dafür die Rahmenbedingungen zu schaffen, neue Zeitmodelle (Wochenende, Randzeiten) zu entwickeln, neue Unterrichtsformen zuzulassen (Fern- und Selbststudium, Apps etc.), aber auch externe Ausbildungen anzuerkennen, wenn die Curricula den Anforderungen entsprechen. Schließlich sollte auch noch Zeit für den Einsatz sein…

5.9 Praktische Ausbildungssequenzen für die Feuerwehren Südtirols

Christoph Oberhollenzer – Leiter der Landesfeuerwehrschule und Direktor des Landesverbandes der Freiwilligen Feuerwehren Südtirols

Südtirol, amtlich Autonome Provinz Bozen-Südtirol, ist die nördlichste Provinz Italiens, hat eine Fläche von ca. 7400 km² und rund 530 000 Einwohner. Als autonome Provinz hat Südtirol umfangreiche Selbstverwaltungsrechte und kann unter anderem die Bereiche Zivilschutz und Feuerwehrdienst mit eigenen Gesetzen regeln. Im Jahre 1864 wurde im heutigen Südtirol die erste Freiwillige Feuerwehr in Bruneck gegründet. Es folgten in den darauffolgenden Jahren jene in Meran, Brixen und Bozen. Nach und nach entstanden in allen Städten und Ortschaften Freiwillige Feuerwehren. Heute wird der Feuerwehrdienst in den 116 Gemeinden Südtirols von insgesamt 306 Freiwilligen Feuerwehren mit rund 13 000 aktiven Mitgliedern, der Berufsfeuerwehr Bozen in der Landeshauptstadt Bozen mit rund 140 Berufsfeuerwehrleuten und 3 Betriebsfeuerwehren ausgeübt (▶ Bild 35). Ebenso wie in Österreich und Deutschland gewährleisten die Freiwilligen Feuerwehren in allen Ortschaften einen flächendeckenden Feuerwehrdienst und ermöglichen in allen bewohnten Gebieten einen Ersteinsatz innerhalb von 5 bis höchstens 10 Minuten nach Alarmierung. Die schweren Unwetter im November des Jahres 2019, bei denen weite Gebiete des Landes betroffen und teilweise abgeschnitten waren, haben eindrucksvoll die Leistungsfähigkeit der Freiwilligen Feuerwehren in Südtirol gezeigt. In einer Woche wurden mehr als 3 000 unwetterbedingte Einsätze durchgeführt und dabei standen 273 Freiwillige Feuerwehren mit mehr als 4 000 Freiwilligen Feuerwehrleuten stunden- und tagelang im Einsatz.

5.9 Praktische Ausbildungssequenzen für die Feuerwehren Südtirols

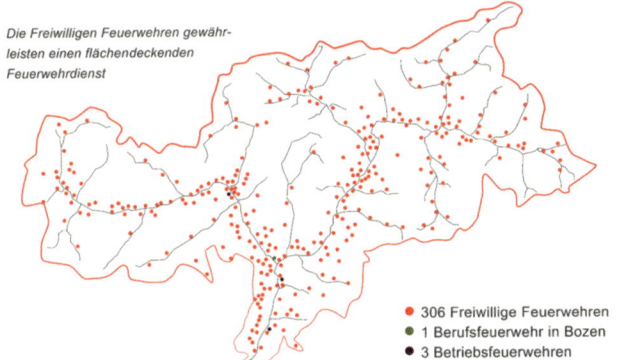

Bild 35: *Das Feuerwehrwesen in Südtirol (Quelle: Landesverband der Freiwilligen Feuerwehren Südtirols)*

Die Freiwilligen Feuerwehren haben sich in neun Bezirksfeuerwehrverbände und den Landesverband der Freiwilligen Feuerwehren Südtirols zusammengeschlossen. Seit seiner Gründung im Jahre 1955 hat sich der Landesverband der Freiwilligen Feuerwehren Südtirols um eine gute Ausbildung seiner Mitglieder bemüht und wurde schließlich im Jahre 1988 von der Landesregierung mit der Führung der Landesfeuerwehrschule beauftragt. In Vilpian, einem Dorf auf halber Strecke zwischen Bozen und Meran, konnte ein geeignetes Gelände für die Ausbildung der Freiwilligen Feuerwehrleute und die Errichtung einer eigenen Landesfeuerwehrschule in Südtirol gefunden werden (▶ Bild 36). Zunächst wurden Gebäude der ehemaligen Brauerei für die Ausbildung adaptiert und genutzt. Die neue Feuerwehrschule Südtirol mit den Übungsanlagen wurde bei laufendem Lehrgangsbetrieb in den Jahren 1992 bis 2002 in zwei Baulosen errichtet. Im Jahre 1995 wurde das heutige Ausbildungskonzept für die Freiwilligen Feuerwehren Südtirols eingeführt, welches die Kategorien Grundausbildung, Fachausbildung, Sonderausbildung und Führungsausbildung vorsieht.

Insgesamt werden derzeit rund 35 verschiedene Lehrgänge mit einer Dauer von ein bis fünf Tagen für die Freiwilligen Feuerwehren angeboten und damit kann der gesamte Ausbildungsbedarf abgedeckt werden. Das Ausbildungskonzept der Landesfeuerwehrschule Südtirol beruht natürlich auch auf Erfahrungen und Konzepten aus Österreich und Deutschland. Es gibt aber im Bereich der Ausbildung folgenden Unterschied: In Südtirol kann die gesamte schulmäßige Ausbildung der Feuerwehrleute einheitlich an der Landesfeuerwehrschule durchgeführt werden. In Österreich und Deutschland ist dies aufgrund der, von einer Feuerwehrschule zu betreuenden, größeren Anzahl an Feuerwehrleuten nicht möglich, sodass die Grundausbildung

5 Best-Practice-Ansätze zur Professionalisierung

Bild 36: *Die Landesfeuerwehrschule Südtirol (Quelle: Christoph Oberhollenzer)*

von der jeweiligen Feuerwehr selbst oder durch Ausbilderinnen/Ausbilder in den Bezirken durchgeführt werden muss. Eine professionelle Ausbildung bei den Lehrgängen kann in Südtirol somit durch qualifizierte hauptamtliche Ausbilderinnen/Ausbilder, die guten Kontakte zu den deutschen und österreichischen Schulen und die in der Feuerwehrschule vorhandenen Übungsmöglichkeiten und spezifischen Übungsanlagen sichergestellt werden. Alle Ausbilderinnen/Ausbilder der Feuerwehrschule sind selbst aktive Feuerwehrmitglieder, können laufend Einsatzerfahrungen sammeln und kennen somit bestens die Realität und Ausbildungsnotwendigkeiten bei den Freiwilligen Feuerwehren.

Zur Ausbildung der Feuerwehrleute gehören neben dem Besuch von Lehrgängen an der Landesfeuerwehrschule, die Übungen und Schulungen bei der Feuerwehr, die Leistungsbewerbe und die Einsätze, bei welchen junge Feuerwehrleute Erfahrungen an der Seite ihrer Kolleginnen/Kollegen sammeln können. Auf eine Einsatzstunde entfallen in Südtirol durchschnittlich zwei bis drei Übungs- und Ausbildungsstunden, und dies zeigt, dass sich die Freiwilligen Feuerwehren intensiv auf den Ernstfall vorbereiten.

Die Durchführung von realistischen Übungen in Betrieben und Gebäuden mit z. B. Einsatz von Nebelmaschinen zur Verrauchung, Vornahme von Löschleitungen, Durchführung der Menschenrettung und sonstiger Maßnahmen wird für die Feuerwehren wegen fast unvermeidbarer Verschmutzung und möglichen Beschädigungen immer schwieriger. Realistische Übungen sind aber für die erfolgreiche Bewäl-

5.9 Praktische Ausbildungssequenzen für die Feuerwehren Südtirols

tigung von Schadensereignissen durch Umsetzung der standardisierten und gelehrten Vorgangsweisen unumgänglich. Durch entsprechende Übungen kann ein hoher Theorie-Praxis-Transfer erzielt und die Motivation bzw. Bereitschaft zum Üben bei den Freiwilligen Feuerwehrleuten, die dafür ja ihre Freizeit aufwenden müssen, hochgehalten werden. Um den Feuerwehren die Möglichkeit zu geben realistische Einsatzübungen durchzuführen und insgesamt die professionelle Durchführung von Übungen zu fördern, wurden bereits im Jahre 2011 an der Landesfeuerwehrschule die sogenannten Trainingstage an Samstagen eingeführt. An, im Lehrgangskalender festgelegten Samstagen, werden am Vormittag jeweils zwei Trainingstermine und zwar von 08.00 bis ca. 10.00 Uhr und von 10.00 bis ca. 12.00 Uhr angeboten. Derzeit werden die Trainings für eine Gruppe oder einen Zug einer Freiwilligen Feuerwehr oder für zwei Gruppen von benachbarten Feuerwehren, eventuell mit Beteiligung von Sonderfahrzeugen wie z. B. einer Drehleiter angeboten. Wesentlich dabei ist, dass die Feuerwehren eigene Fahrzeuge und Ausrüstung einsetzen und Feuerwehrleute von verschiedenen Wehren zusammenarbeiten, die auch im Ereignisfall gemeinsam zum Einsatz kommen. Alle Funktionen wie Gruppenkommandantin/Gruppenkommandant, Maschinistin/Maschinist, Atemschutzgeräteträgerin/Atemschutzgeräteträger usw. müssen besetzt sein und die Feuerwehrleute müssen als Voraussetzung für die Teilnahme die entsprechenden Lehrgänge an der Landesfeuerwehrschule erfolgreich besucht haben. So ist sichergestellt, dass die Teilnehmenden (TN) für ihre Aufgaben ausgebildet sind und bei den Übungen die an der Feuerwehrschule erlernte Feuerwehrtaktik und -technik anwenden können.

Bild 37: *Übungssequenz im Übungstunnel der LFS Südtirol (Quelle: Christoph Oberhollenzer)*

Als Übungsobjekte werden derzeit das Brandübungshaus, das Übungshaus und der Übungstunnel (▶ Bild 37) der Feuerwehrschule genutzt. Das Brandübungshaus mit der gasbefeuerten Brandsimulationsanlage ist ein dreistöckiges Gebäude mit Werkstatt, Lager und Büroräumen im Erdgeschoss und Wohnungen in den Obergeschossen (▶ Bild 38). Das Übungshaus mit Geschäftslokalen, Wohnungen, Lagerräumen und Geschäften im östlichen Teil des Areals der Feuerwehrschule ist innen als Rohbau ausgeführt und mit Stahlmöbeln eingerichtet. In beiden Gebäuden können mit gasbetriebenen Attrappen Brände simuliert und Übungen mit Wasserabgabe durchgeführt werden, ohne dass Schäden entstehen. Der Übungstunnel hat eine Länge von rund 50 m und kann durch die in der Fahrbahn verlegten Schienen und mit vorhandenen Schienenfahrzeugen als Straßen- oder Eisenbahntunnel genutzt werden. Mögliche Übungsszenarien in den Gebäuden sind Brände in den verschiedenen Nutzungseinheiten mit verletzten, vermissten oder eingeschlossenen Personen, Gefahren durch Gasflaschen oder gelagerte gefährliche Stoffe. Im Tunnel können Unfälle bzw. Brände mit Straßen- oder Schienenfahrzeugen simuliert werden.

Für die realistische Darstellung der Schadenslage stehen umfangreiche Mittel wie Gefahrstoffkennzeichnungen, Nebelmaschinen, Übungspuppen, Simulationsboxen für Brandeffekte, elektronische Übungsgasflaschen, gasbetriebene Löschtrainer und pyrotechnische Darstellungsmittel zur Verfügung. Für die Heißausbildung der Atemschutzgeräteträger wird außerdem von der Landesfeuerwehrschule der eintägige Lehrgang »Brandbekämpfung Training« mit intensiven Übungen angeboten.

Bild 38: *Realistische Übungsdarstellung im Brandübungshaus der LFS Südtirol (Quelle: Christoph Oberhollenzer)*

5.9 Praktische Ausbildungssequenzen für die Feuerwehren Südtirols

Die Übungen werden von einer Ausbilderin/einem Ausbilder der Landesfeuerwehrschule und den sogenannten Übungsleiterinnen/Übungsleitern des Bezirkes geleitet. Bei den Übungsleiterinnen/Übungsleitern handelt es sich um ehrenamtlich tätige Funktionäre, Kommandantinnen/Kommandanten oder erfahrene Führungskräfte, die vom jeweiligen Feuerwehrbezirk bestimmt werden. Nach einer entsprechenden Schulung und Einweisung an der Landesfeuerwehrschule haben sie, neben der Anmeldung der interessierten Feuerwehren des Bezirkes zu den Trainingstagen, die Aufgabe die Übungen mit der/dem Ausbilderin/Ausbilder vorzubereiten, zu beobachten und die Nachbesprechung durchzuführen. Durch die Übungsleiterinnen/Übungsleiter kann der Personalaufwand der Feuerwehrschule gering gehalten werden. Vor allem ist dadurch aber eine starke Einbindung der Freiwilligen Feuerwehrleute in diese Form der Ausbildung gegeben. Die übenden Feuerwehrleute kennen die Übungsleiterin/den Übungsleiter ihres Bezirkes persönlich und die Übungsleiterin/der Übungsleiter weiß über Ausrüstung, Ausbildung, Zuständigkeitsbereich, Besonderheiten und Einsatzgeschehen seiner Feuerwehren Bescheid. So können etwaige spezifische örtliche Gegebenheiten bei den Übungen berücksichtigt werden und es sind offene Nachbesprechungen möglich.

Derzeit werden jährlich entsprechend der Anzahl der Feuerwehrbezirke in Südtirol an neun Samstagen Trainingstage angeboten. Die Anmeldung der Feuerwehren erfolgt über die Übungsleiterin/den Übungsleiter der Bezirke, welche einen direkten Bezug zu den Feuerwehren haben und diese somit gezielt auswählen können. Die Übungsleiterinnen/Übungsleiter können auch von den bestehenden Möglichkeiten, das für die gemeldeten Feuerwehren zweckmäßigste Übungsszenario bestimmen. Die an den Übungen beteiligten Feuerwehren müssen die Einsatzbereitschaft in ihrem Pflichtbereich gewährleisten und bei Bedarf über den Landesfeuerwehrverband eine zeitweilige Alarmplanänderung bei der Notrufzentrale veranlassen.

Von der Ausbilderin/Vom Ausbilder der Landesfeuerwehrschule wird das mit den Übungsleiterinnen/Übungsleitern vereinbarte Szenario bereits am Vortag vorbereitet. Am Trainingstag treffen die Feuerwehrleute mit ihren Einsatzfahrzeugen im Schulhof ein. Nach der Aufstellung erfolgt eine Sicherheitseinweisung: Die Führungskräfte sind dafür verantwortlich, dass alle Maßnahmen nach den Ausbildungs- und Unfallverhütungsvorschriften durchgeführt werden. Die Feuerwehr bzw. die übenden taktischen Einheiten werden mit einem Alarmstichwort zum »Einsatz« gerufen. Sie rücken zum vermeintlichen Einsatzort aus und führen dort alle erforderlichen Maßnahmen eigenständig durch. Die Ausbilderinnen/Ausbilder der Feuerwehrschule und die Übungsleiterinnen/Übungsleiter beobachten den Übungsablauf. Sie greifen

5 Best-Practice-Ansätze zur Professionalisierung

Bild 39: *Übungsleiter vom Bezirk und Mitarbeiter der LFS bei der Übungsbeobachtung (Quelle: Christoph Oberhollenzer)*

nur bei gefährlichen Situationen oder eindeutig falschen Annahmen oder Maßnahmen steuernd ein (▶ Bild 39).

Die Nachbesprechung ist im Sinne der Ausbildung der wichtigste Bestandteil der Trainingstage. Der gesamte Übungsverlauf und die Tätigkeiten aller Übungsbeteiligten müssen dabei in Hinblick auf die Anwendung der Einsatzgrundsätze behandelt werden. Bei den Führungskräften werden gemäß Führungsvorgang die Lagefeststellung, Planung und Befehlsgebung und bei den Feuerwehrleuten die schnelle und sichere Ausführung der angeordneten Maßnahmen bewertet. Die Nachbesprechung findet bei den Trainingstagen im Anschluss an die Übung mit Führungskräften und Mannschaft gemeinsam in Form eines Gesprächs statt. Die Nachbesprechung wird dabei grundsätzlich von den Übungsleiterinnen/Übungsleitern des Bezirkes geleitet, die vorher mit der Ausbilderin/dem Ausbilder der Landesfeuerwehrschule die anzuführenden Punkte festgelegt haben.

Angesprochen werden im Sinne der positiven Motivation zunächst alle Maßnahmen, die richtig waren. Um eine Chance zur Verbesserung zu haben, ist es selbstverständlich unumgänglich dabei auch gemachte Fehler und Mängel aufzuzeigen. Dies muss in sachlicher, konstruktiver und kollegialer Form erfolgen. Anregung zur Selbstkritik und zur Vorbringung von Verbesserungsvorschlägen durch die Übungsbeteiligten haben sich dabei bewährt. Offene Gespräche und kameradschaftlicher Umgang miteinander sind wie bereits beschrieben durch die Tatsache, dass die Übungsleiterinnen/Übungsleiter selbst Mitglied einer Freiwilligen Feuerwehr sind und die Teilnehmenden persönlich kennen, gewährleistet.

5.9 Praktische Ausbildungssequenzen für die Feuerwehren Südtirols

Einsatzübungen oder Vollübungen sind eine bewährte Übungsart, um die Leistungsfähigkeit der übenden Einheiten zu überprüfen und zu verbessern. Bei den Trainingstagen an der Landesfeuerwehrschule können dazu die Übungsgebäude, Übungsanlagen und umfangreiche Mittel zur Lagedarstellung der Landesfeuerwehrschule an Samstagen von den Freiwilligen Feuerwehren genutzt werden. Dadurch sind realistische und praxisbezogene Übungen möglich, welche für die Feuerwehren eine Herausforderung und ein besonderes Erlebnis darstellen und die TN motivieren. Die Feuerwehren führen diese Übungen mit den eigenen Fahrzeugen und der eigenen Ausrüstung durch. Die Führungskräfte können mit den ihnen real unterstellten Kräften Führungserfahrungen sammeln und die Mannschaft die effektiv vorhandene Ausrüstung praktisch anwenden. Wesentlich für den Nutzen ist die professionelle Leitung und Nachbesprechung der Übungen (▶ Bild 40).

Bild 40: *Einsatznachbesprechung mit der Einsatzgruppe an einer Samstagsübung*

Die von den Bezirken bestimmten ehrenamtlich tätigen Übungsleiterinnen/Übungsleiter sind selbst erfahrene Führungskräfte einer Freiwilligen Feuerwehr, werden von der Landesfeuerwehrschule für diese Aufgabe ausgebildet und von einer Ausbilderin/ einem Ausbilder der Schule unterstützt. Dadurch ist eine hohe Akzeptanz gegeben und es sind offene, konstruktive Nachbearbeitungen in kollegialer Form und Verbesserungen möglich. Im Rahmen der Trainingstage werden auch Erfahrungen ausgetauscht und die persönlichen Kontakte und die Kameradschaft der Feuerwehrleute mit den Ausbilderinnen/Ausbildern und den Übungsleiterinnen/Übungsleitern gepflegt. Die Trainingstage sind gleichzeitig auch Vorbild für eine Professionalisierung der Übungen bei den Feuerwehren.

5.10 Das Ausbildungskonzept zum DLRG-Strömungsretter

Thilo Künneth – DLRG-Leitung Einsatz/Bundesbeauftragter Strömungsrettung

Über die DLRG

Die Deutsche Lebens-Rettungs-Gesellschaft e. V. (DLRG) ist mit rund 580 000 Mitgliedern und mehr als 1,3 Millionen Förderinnen/Förderer die größte freiwillige Wasserrettungsorganisation der Welt. Seit ihrer Gründung im Jahr 1913 hat sie es sich zur Aufgabe gemacht, Menschen vor dem Ertrinken zu bewahren. Die DLRG ist die Nummer Eins in der Schwimm- und Rettungsschwimmausbildung in Deutschland. Von 1950 bis zum Jahr 2018 hat sie über 22 Millionen Schwimmprüfungen und über viereinhalb Millionen Rettungsschwimmprüfungen abgenommen. Die Rettungsschwimmerinnen und Rettungsschwimmer in ihrer rotgelben Einsatzkleidung haben seit 1950 über 64 000 Menschen vor dem »nassen Tod« zum Teil unter Einsatz ihres eigenen Lebens bewahrt. Jahr für Jahr wachen mehr als 42 000 überwiegend junge Menschen ehrenamtlich über die Sicherheit von Badegästen und Wassersportlern an Küsten, Binnengewässern sowie in Frei- und Hallenbädern. Ihre Jahresbilanz kann sich sehen lassen: Mehr als 2,5 Millionen Wachstunden leisten die Mitglieder der DLRG pro Jahr freiwillig und unentgeltlich.

Bild 41: *Einsatzkräfte der DLRG (Quelle: Thilo Künneth)*

Die Einführung der Strömungsrettung

Neben u. a. dem Wasserrettungsdienst, Bootsdienst und Tauchen gibt es in der DLRG die Strömungsrettung als relativ »junge« Einsatzkomponente, die aufgrund eines Umdenkens nach der großen Überschwemmungskatastrophe an der Elbe 2002 entwickelt wurde. Nach zweijähriger Pilotphase beschloss die DLRG Anfang 2006 ein

5.10 Das Ausbildungskonzept zum DLRG-Strömungsretter

dreistufiges Ausbildungskonzept zur DLRG-Strömungsretter/zum DLRG-Strömungsretter (▶ Bild 42), das damals als Ergänzung zur Wasserretterin/zum Wasserretter vorgesehen war. Angelehnt an den amerikanischen »Swiftwater Rescue Technician« ist die deutsche Strömungsretterin/der deutsche Strömungsretter eine/ein auf stark strömende Gewässer, Wildwasser und Hochwasser spezialisierte Wasserretterin/spezialisierter Wasserretter.

Bild 42: *Strömungsretter der DLRG im Einsatz (Quelle: Thilo Künneth)*

Die DLRG-Strömungsretterin/Der DLRG-Strömungsretter wird grundsätzlich im Team eingesetzt und ist durch eine spezielle Ausrüstung vor den besonderen Gefahren in Flüssen und Überschwemmungsgebieten geschützt. In einem Basislehrgang »DLRG Strömungsretter Stufe 1 (SR 1)« wurden grundlegende Kenntnisse und Fertigkeiten zur Selbst- und Fremdrettung in stark strömenden Gewässern und Überschwemmungsgebieten vermittelt. Die weiterführenden Stufen sollten die Lehrgangsteilnehmenden dann zur Truppführerin/zum Truppführer qualifizieren, technische Inhalte (Seiltechnik/Rettung mit dem Raft) vertiefen und später als Ausbilderin/Ausbilder zur Organisation und Durchführung entsprechender Lehrgänge auf Landesebene qualifizieren.

Bei dieser Weiterbildung für Wasserrettung wurde auf die speziellen – nicht zu verachtenden – Gefahren in schnell fließenden Gewässern, im Wildwasser und in Überflutungsgebieten eingegangen. Die Retterin/Der Retter muss mit der speziellen Ausrüstung trainieren und Rettungstechniken in der Strömung üben (▶ Bild 43). Vor allem aber soll sie/er für Eigensicherung und Selbstschutz bei Einsätzen sensibilisiert werden: Bei einem Unwetter kann ein bislang ruhiger Bach oder Fluss schnell zu einem reißenden Gewässer werden, in dem ein klassischer Einsatz mit dem Motor-

5 Best-Practice-Ansätze zur Professionalisierung

rettungsboot nicht mehr möglich ist. In verschmutzten, mit Treibgut und versteckten Gefahren durchsetztem Gewässer kann (und darf) auch keine Rettungsschwimmerin/kein Rettungsschwimmer nach bisherigen Standards mehr eingesetzt werden!

Bild 43: *Eigensicherung und Sicherungstechniken spielen eine entscheidende Rolle (Quelle: Thilo Künneth)*

Das neue Ausbildungskonzept im Einsatzbereich der DLRG
In den folgenden Jahren wurden Strömungsretterinnen/Strömungsretter immer öfter bei lokalen Einsätzen und in Katastropheneinsätzen bei größeren Überschwemmungen erfolgreich eingesetzt. Die Strömungsrettung hat sich von der anfänglichen »Nischen-Disziplin« zur effizienten Einsatzkomponente entwickelt. Sei es zur Rettung an schnell fließenden Kleinflüssen, bei Absicherungsveranstaltungen an künstlichen Kajak-Strecken, bei Einsätzen an Großflüssen oder im Katastrophenschutz-Verbund bei Hochwasserlagen – die Strömungsretterin/der Strömungsretter ist als Weiterentwicklung der Wasserretterin/des Wasserretters mit spezieller persönlicher Schutzausstattung (PSA) und angepassten Einsatztaktiken mittlerweile unentbehrlich geworden. Das letzte große Hochwasser an der Elbe 2013, das verheerende Unwetter 2016 mit Sturzfluten in Braunsbach und Simbach (Bayern) und das Hochwasser durch Unwetter im Ahrtal 2021 haben gezeigt, dass die Aufstellung der Einsatzkomponente Strömungsrettung als Ergänzung der »klassischen« Wasserrettungseinheiten (Boot/Tauchen) gerechtfertigt und notwendig war. Mit einer Reform der Ausbildungsstruktur im Bereich Einsatz vor nun etwa sechs Jahren, entschloss sich die DLRG alle Einsatz-Lehrgänge strikt zu modularisieren, um Doppelungen in den Ausbildungsinhalten zu vermeiden und damit Ausbildungszeiten einzusparen und die Qualität der Ausbildung zu steigern. Wurde bisher z. B. der Grundknoten »Palstek« jeweils in der Fachausbildung Wasserrettungsdienst, in der Fachausbildung Bootsdienst und im Grundlehrgang zur Einsatztaucherin/zum Einsatztaucher gelehrt, gibt es nun nur ein einziges Ausbildungsmodul mit diesem Lehrinhalt.

5.10 Das Ausbildungskonzept zum DLRG-Strömungsretter

In einem einheitlichen didaktischen Konzept wird jetzt das DLRG-Einsatzpersonal beginnend mit der Basisausbildung Einsatzdienste über spezielle Aufbaumodule zu den jeweiligen Fachausbildungen (wie z. B. Wasserrettungsdienst, Tauchen, Boot oder Strömungsrettung) hingeführt – ohne einzelne Inhalte doppelt oder dreifach vermittelt zu bekommen. Konsequent wird in den aufbauenden Ausbildungen bisher schon gelehrtes Wissen nicht neu vermittelt, sondern dann nur noch vertieft, geübt oder aufbauend verfeinert. Herausgekommen ist mittlerweile eine umfangreiche Sammlung an Ausbildungsvorschriften aller Fachbereiche, die der Ausbilderin/dem Ausbilder einen empfohlenen Mindestzeitansatz, den Ausbildungsinhalt und methodisch-didaktische Hilfen für die Umsetzung geben. Die zugehörigen Prüfungsordnungen regeln dazu die formalen Voraussetzungen und die Prüfungsbedingungen für die einzelnen Ausbildungsmodule.

Von der Basisausbildung zum Ausbilder Strömungsrettung
In der Basisausbildung der DLRG bekommt die zukünftige Einsatzkraft alle Grundlagen für die nachfolgenden Fachausbildungen. Herausgelöst von einer späteren Spezialisierung werden hier die allgemeinen Themengebiete nach handlungsorientierten Gesichtspunkten vermittelt: u. a. Kommunizieren im Einsatz, Einsatzabläufe, Einsatzgebiete, Gefahren erkennen und vermeiden sowie Umgang mit belastenden Ereignissen, rechtliche Rahmenbedingungen und Auftreten in der Öffentlichkeit. Strömungsretterinnen/Strömungsretter sollen in erster Linie Spezialistinnen/Spezialisten für »Oberflächenrettung in schnell fließenden Gewässern und im Hochwasser« sein (▶ Bild 44). Erst in weiterer Ausprägung sollen sie die Befähigung für (komplexe) seiltechnische Evakuierungen erlangen. Für diese speziellen Evakuierungssituationen kann die Strömungsretterin/der Strömungsretter später einen zusätzlichen Ausbildungsgang »Evakuierung« absolvieren. Hier werden dann die komplexeren seiltechnischen Standards entsprechend gründlich ausgebildet. Deshalb wurde 2017 ein mehrstufiges Konzept zur Ausbildung der Strömungsretterin/Strömungsretter eingeführt. Die einzelnen Ausbildungsstufen bilden die notwendigen Fähigkeiten und Fertigkeiten für die Strömungsretterinnen/den Strömungsretter im Einsatz ab. Bewusst wurde in allen Modulen auf einen hohen Praxisanteil mit Vermittlung gewünschter Fertigkeiten bei Minimierung der theoretischen Anteile auf das Notwendigste geachtet.

1. Grundstufe
Es gibt einen Standardweg im Ausbildungsgang von der Grundstufe Strömungsretter 1 (SR1) über die erweiterte Ausbildung als Strömungsretter 2 (SR2) bis zur Führungs- und Ausbilderqualifikation. Hier werden in den zugehörigen Ausbildungsmodulen die notwendigen Fertigkeiten der Strömungsretterin/des Strömungsretters

qualitativ sehr intensiv ausgebildet und nur Grund-Seiltechniken gelehrt. Zur frühzeitigen Ausbildung von Einsatzkräften und auch zur Motivationssteigerung von Jugendlichen wird die Ausbildung zum Strömungsretter schon ab einem Alter von 16 Jahren angeboten. Die gesamte Ausbildung basiert auf der Basisausbildung Einsatzdienste als Eingangsvoraussetzung zum Lehrgang Strömungsretter 1. In ergänzenden Modulen (wie Modul Seiltechnik, Modul Wildwasser, Modul Rafting, Modul Canyoning und Modul Absturzsicherung) kann sich die Strömungsretterin/der Strömungsretter später für spezielle Einsatzsituationen fortbilden oder zum Erlangen höherwertiger Ausbildungsstufen weiterqualifizieren.

2. Techniker-Ausbildung

Besteht der Bedarf im eigenen Einsatzgebiet spezielle Einsatztrupps zur Evakuierung im Hochwasser aufzubauen, gibt es ab der Ausbildungsstufe Strömungsretter 2 die Möglichkeit der modularen Zusatzausbildung bis zur Strömungsretter-Technikerin/ zum Strömungsrettungs-Techniker (SRT) und Ausbilderin/Ausbilder SRT. Hier werden sehr hohe Anforderungen an die Einsatzkraft gestellt, was sich in Ausbildungstiefe und -zeit, in der Prüfungsordnung und der zugehörigen Ausbildungsvorschrift widerspiegelt.

Ein zusätzliches Modul Absturzsicherung wurde analog zur vorhandenen DGUV-Richtlinie eingeführt. Hierdurch erlangt die/der zukünftige Strömungsrettungs-Technikerin/Strömungsrettungs-Techniker (SRT) am Ende eine sehr intensive Ausbildung, die ihr/ihm eine entsprechende Qualifikation und Handhabungssicherheit in der Seiltechnik (u. a. Schrägseilrettung sowie Vertikalrettung zur Evakuierung von Patienten aus Gebäuden in überfluteten Gebieten) geben soll.

Anmerkung:
Auf dem Gebiet der Schrägseil- und Vertikalrettung können schon kleine Fehler zu schweren bis tödlichen Verletzungen führen. Deshalb sehen die neue Prüfungsordnung und die Ausbildungsvorschrift auch eine entsprechend hohe Ausbildungstiefe vor.

5.10 Das Ausbildungskonzept zum DLRG-Strömungsretter

Bild 44: *Wasserrettung (Quelle: Thilo Künneth)*

3. Ausbilder-Ausbildung
Die Ausbilder Strömungsretterin/Der Ausbilder Strömungsretter ist für die Ausbildung der Grundstufe und Erweiterungs- bis Führungsausbildung zuständig. Sie/Er muss selbst die komplette Ausbildung bis zur Truppführerin/zum Truppführer SR durchlaufen haben, eine Ausbilderqualifikation nachweisen und entsprechend erweitertes Wissen und Können der fachlich relevanten Themen besitzen. Sie/Er muss die Grund-Standardverfahren beherrschen und lehren können, sowie sich sicher in sehr schnell fließendem Wasser bewegen können. Erweitert wird die Qualifikation später zum »Ausbilder SRT«, um selbst Seiltechnik- und SRT-Lehrgänge ausbilden zu können. Das Ausbilden von Strömungsretter-Technikerinnen/Strömungsretter-Technikern (SRT) bedarf dabei ein hohes Maß an Verantwortung, Fachkenntnis und praktischer Erfahrung!

4. Multiplikatoren-Ausbildung
Die Aus- und Fortbildung der Ausbilderinnen/Ausbilder Strömungsrettung erfolgt bei der DLRG durch sogenannte »Multiplikatiorinnen/Multiplikatoren«. Es handelt sich hierbei um erfahrene Ausbilderinnen/Ausbilder, die aufgrund zusätzlich erworbener Qualifikation im Auftrag des Bundesverbandes diese Aufgabe wahrnehmen.

Die speziellen Fertigkeiten des Strömungsretters am Beispiel Abseilen
Es war für die Expertinnen/Experten der DLRG anfangs eine Mammutaufgabe die einzelnen Fähigkeiten und Fertigkeiten der Strömungsretterin/des Strömungsretters für die Ausbildungsstufen zu definieren und daraus Lern- bzw. Handlungsziele zu entwickeln. Besonderes Augenmerk wurde von Anfang an auf die seilgestützten Rettungstechniken gelegt, die bei falscher Anwendung – gerade in absturzgefähr-

deten Bereichen – zu schweren bis letalen Unfällen führen können. Der Strömungsretterin/dem Strömungsretter sollte u. a. die Fähigkeit gegeben werden, seilgestützt von oben Zugang zu einer schlecht erreichbaren Unfallstelle zu erlangen. Durch die Anwendung von einfachen Abseiltechniken kann ein Strömungsretter-Trupp z. B. relativ schnell von einer Brücke nach unten zu einer/einem im Hochwasser an einen Brückenpfeiler festgesetzten Patientin/Patienten gelangen, wenn der Zugang mit einem Motorrettungsboot wegen heftiger Strömung nicht möglich ist.

Von Anfang an war die Prämisse der Seiltechniken und insbesondere dem Verfahren Abseilen: »Keep it simple & safe.« Durch die konsequente Nutzung von einfachen Hilfsmitteln (Abseilachter, Standard-Verschlusskarabiner und geprüfte Statikseile) und dem Verzicht auf Spezialgerät, war es möglich, dieses Verfahren schon in der Grundstufe für die Strömungsretterinnen/Strömungsretter zu etablieren. Dabei sollte die Strömungsretterin/der Strömungsretter 1 angeleitet Anker aufbauen sowie sich selbst unter Aufsicht abseilen können und das Ganze im Folgemodul »Seiltechnik« vertiefen. Die Strömungsretterin/Der Strömungsretter 2 muss dann als Truppführerin/Truppführer vor Ort in der Ausbildung fähig sein, Abseilstellen aufzubauen und das Abseilen seiner Mannschaft anzuleiten. Hierzu muss sie/er auch in der Anwendung von einfachen Notverfahren geschult werden. Ein Kern der Ausbildung ist daher auch, die Befähigung zu einer gründlichen Gefährdungsbeurteilung. In der letzten Ausbildungsstufe muss die/der zukünftige Ausbilderin/Ausbilder Strömungsrettung selbst den Aufbau und die Nutzung der Grundseiltechniken sowie das Abseilen inkl. Notverfahren beherrschen und lehren können.

Diese aufeinander aufbauenden Ausbildungsschritte wurden im didaktischen Konzept der Ausbildungsvorschriften mit gestaffelten Lernzielstufen und dazu gehörenden Zeitansätzen für Theorie und Praxis hinterlegt. Erst nach Beendigung eines Moduls mit der entsprechenden Qualifizierung kann die Strömungsretterin/der Strömungsretter die nächste Ausbildungsstufe beginnen. Da das Gesamtkonzept die Doppelung von Ausbildungsinhalten untersagt, muss der jeweilige Lerninhalt immer auf die Vorgängerstufe aufbauen. Den Lehrgangsteilnehmenden werden dadurch Ausbildungszeiten durch unnötige Wiederholungen erspart. Im Gegenzug wird aber auch erwartet, dass die Lehrgangsteilnehmenden ein neues Ausbildungsmodul erst mit entsprechender eigener Qualifikation beginnen. Und diese muss sie/er u. a. durch Üben und Vertiefen der gelernten Fähigkeiten zwischen den Modulen erlangen.

5.10 Das Ausbildungskonzept zum DLRG-Strömungsretter

Um bei dem Beispiel des Abseilens zu bleiben: Selbst das beste Ausbildungskonzept kann nicht gewährleisten, dass eine Einsatzkraft, die nach Teilnahme an dem Grundlehrgang »DLRG Strömungsretter Stufe 1« das Abseilen beaufsichtigt durchführen (»selbstständiges Handeln«) kann, ohne weiteres Training so einfach an einem Lehrgang zur Stufe 2 teilnehmen kann. Dort muss sie/er nicht nur fachlich richtig und selbstständig abseilen können, sondern trägt zudem auch die Verantwortung für andere, die sie/er dabei beaufsichtigen soll. Der Fokus des gesamten Ausbildungsgangs liegt in der konsequent praktischen Vermittlung von Fähigkeiten und Fertigkeiten in der vorgeplanten Reihenfolge unter Berücksichtigung der Eigeninitiative des Weiterbildungswillens der Teilnehmenden (TN). Als Novum im Ausbildungskonzept zur/zum DLRG-Strömungsretterin/DLRG-Strömungsretter wurde zudem konsequent auf theoretische Prüfungen verzichtet. Der Leistungsnachweis in den einzelnen Fachmodulen erfolgt hier nur durch den Nachweis der definierten Fertigkeiten. Die TN sollen im Verlauf des Lehrgangs ausgewählte Fertigkeiten gemäß einer Checkliste nachweisen. Dies geschieht durch Beobachtung der Ausbilderin/des Ausbilders bei selbstständigen Praxismodulen und/oder im Verlauf von Einsatzübungen sowie durch gezieltes Abfragen und Vorführen ausgewählter Übungen (z. B. bestimmten Knoten knüpfen lassen).

Fazit

In den Zeiten knapper werdenden Zeit- und Personalressourcen muss eine moderne Ausbildung zielgerichtet und effektiv gestaltet werden. Die Zeiten von »angestaubten«, unnötigem Hintergrundwissen, mehrfach gleichen Lerninhalten auf verschiedenen Lehrgängen sowie ausufernden Lehrgangszeiten sind vorbei. Wir können als Rettungsorganisation nur noch junge Menschen gewinnen, wenn wir eine entsprechend zielgerichtete, »sinnvolle« Ausbildung in die für das Einsatzgebiet notwendigen Fertigkeiten anbieten. Das neue Ausbildungskonzept zur/zum DLRG-Strömungsretterin/DLRG-Strömungsretter läuft nun seit einigen Jahren und kann als voller Erfolg betrachtet werden. Durch die hohe Praxisorientierung wird es von den Einsatzkräften begeistert und motiviert angenommen.

5 Best-Practice-Ansätze zur Professionalisierung

5.11 Interprofessionelle Simulation in der Notfallsanitäter-Ausbildung

Tanja Hemmi – Sachgebietsleitung Qualitätsmanagement und Hygiene und komm. Stellvertretende Ärztliche Leiterin Rettungsdienst, Berufsfeuerwehr Hamburg
Andreas Fromm – Notfallsanitäter und Medizinpädagoge, Geschäftsführer im Bereich Training, Skillqube

Die Feuerwehr Hamburg und die Asklepios Klinik Wandsbek haben im Jahr 2019 erstmals ein gemeinsames Interprofessionelles Notfalltraining durchgeführt und in den Folgejahren standardmäßig etabliert. Auszubildende der Feuerwehr Hamburg, Ärztinnen/Ärzte und Pflegekräfte haben gemeinsam an verschiedenen Lernstationen die Behandlung von Notfallpatientinnen und -patienten simuliert und die Interprofessionelle Kommunikation und Teamarbeit unter stressigen Bedingungen trainiert.

Komplexität und hoher Zeitdruck: Das sind konstituierende Merkmale von Notfallsituationen. Damit Helfende unter diesen Bedingungen handlungsfähig bleiben, wird nicht nur ein umfangreiches Fachwissen benötigt, sondern auch ausgeprägte soziale und personale (Einsatz-)Kompetenzen. Für die einzelnen Helferinnen und Helfer bedeutet das, die Einsatzsituation analytisch zu betrachten, erforderliche Maßnahmen unter Zeitdruck zu priorisieren und dabei stets den Überblick über das Gesamtereignis aufrecht zu erhalten. Hinzu kommt, dass das Management von Notfallsituationen nur im Team gelingt.

Professionelle Teamarbeit zeichnet sich insbesondere durch eine konsequente Aufgaben- und Rollenverteilung sowie durch eine zielgerichtete und sichere Kommunikation aller Teammitglieder untereinander aus. Teamtrainings in der Aus- und Fortbildung von Einsatzkräften verfolgen das Ziel, ebendiese Einsatzkompetenzen bei Helferinnen und Helfern anzubahnen. Teams, die regelmäßig miteinander trainieren und ihre Arbeit kritisch reflektieren, werden in echten Einsatzsituationen bessere Leistungen erbringen. Die Notfallversorgung ist strukturell jedoch häufig durch sogenannte »Ad-hoc-Teams« geprägt. Das bedeutet, dass Personen, die sich bis zu diesem Einsatz nur vage oder auch gar nicht kannten, nun plötzlich ein Team bilden, um unter Zeitdruck eine komplexe Notfallsituation zu bewältigen. Einsatzkräften, die Teamarbeit und Kommunikation regelmäßig trainieren, wird es auch in dieser Teamkonstellation leichter fallen, professionell miteinander zu arbeiten.

5.11 Interprofessionelle Simulation in der Notfallsanitäter-Ausbildung

Entscheidend für den Einsatzerfolg sind insbesondere auch die Schnittstellensituationen, wenn mehrere (interprofessionelle) Teams in die Versorgungskette eingebunden sind. Das gemeinsame Training von Schnittstellen schafft Verständnis für die Situation der anderen Seite und reduziert Informationsverluste bei der Übergabe bzw. Übernahme.

Das im Jahr 2014 neu geschaffene Berufsbild der Notfallsanitäterin/des Notfallsanitäters hat die bisherige Rettungsassistenten-Ausbildung abgelöst. Die Ausbildung dauert nunmehr drei Jahre und wird an den Lernorten Berufsfachschule, Lehrrettungswache und Krankenhaus durchgeführt. Ausbildungsziel ist es, Auszubildende bei der Entwicklung einer hinreichenden beruflichen Handlungskompetenz in den Dimensionen Fach-, Methoden-, Sozial- und Personalkompetenz zu fördern. Diese, auf den ersten Blick unscheinbare, pädagogische Zielformulierung hat jedoch weitreichende Implikationen auf die Beschaffenheit der Aus- und Fortbildung von Rettungsfachpersonal. Während der Ausbildungsauftrag der Berufsfachschulen sich früher auf die Vermittlung von Fachwissen und Fertigkeiten beschränkte, steht nunmehr auch die planvolle Begleitung bei der Entwicklung von personalen und sozialen Kompetenzen im Fokus.

Um diese pädagogischen Ziele zu erreichen, müssen altbewährte Ausbildungskonzepte neu überdacht werden. Während Fachwissen und Fertigkeiten klassischerweise in, auf die ausbildenden Personen zentrierten, meist frontalen Ausbildungsformaten vermittelt wurden, sind nun kooperative Lernformen besonders gefragt. Die Lehrenden übernehmen hierbei die Rolle der moderierenden Lernbegleiterin/des moderierenden Lernbegleiters. Zur Anbahnung der erforderlichen Einsatzkompetenzen ist im Besonderen die Methode »Simulationstraining« geeignet. Hier bereitet die ausbildende Person eine realistische, aber auch fordernde Praxisübung vor, die dann von einer Gruppe Trainierender bewältigt werden soll. Die Trainierenden sind vor dieser Übung auf die Übungsgeräte sowie die konkrete Einsatzlage einzuweisen. Missverständnisse während der Übung, ausgelöst durch unzureichende Voraberklärung, schmälern den möglichen Lernerfolg. Während der Übung müssen die Trainierenden komplexe Aufgaben unter Zeitdruck bewältigen. Hierbei geraten sie in Stress und machen Fehler. Das zentrale pädagogische Element einer Simulationsübung ist die Nachbesprechung, das sogenannte »Debriefing«. Dabei handelt es sich um eine strukturierte und analysierende Form der Nachbesprechung, die von den ausbildenden Personen moderiert wird. Die Trainierenden reflektieren das Erlebte und leiten im geschützten Rahmen »realitätsstabile« Handlungsstrategien ab, die in das praktische Handeln bei echten Einsätzen integriert werden können. Diese

Vorgehensweise muss klar vom klassischen Feedback der Ausbilderin/des Ausbilders abgegrenzt werden, da die Arbeitsergebnisse eines Debriefings von den Lernenden selbst entwickelt werden.

Im Mittelpunkt der Nachbereitung sollten also vor allem die Aspekte Kommunikation, Teamarbeit und Entscheidungsfindung stehen. Ausbildende und trainierende Personen sollten hierbei stets auf einen wertschätzenden und empathischen Umgang miteinander auf Augenhöhe achten. Müssen Lernende Angst davor haben, mit ihren Fehlern »vorgeführt« zu werden, wird ein reflektives Lernen unterbunden. Wird Simulationstraining ein fester und regelmäßiger Bestandteil in der Aus- und Fortbildung von Einsatzkräften, entwickelt sich bei Lernenden eine Methodenkompetenz. Das bedeutet, dass die Teilnehmenden (TN) solcher Übungen den grundsätzlichen Ablauf immer besser kennenlernen und sich selbst zunehmend zielführender in den Prozess einbringen können. Positive Lernerfahrungen begünstigen diesen Aspekt, insbesondere wenn in der Simulation erlernte Konzepte in echten Einsätzen erfolgreich eingebracht werden konnten.

Am 12. November 2019 führte die Berufsfachschule der Feuerwehr Hamburg für Notfallsanitäterinnen und Notfallsanitäter, gemeinsam mit der Asklepios Klinik Wandsbek erstmalig ein interprofessionelles und berufsgruppenübergreifendes Schockraum- und Intensivtransporttraining durch (▶ Tabelle 2).

Tabelle 2: *Ablaufplanung*

Zeit	Gruppe 1	Gruppe 2	Gruppe 3
bis 07:45 Uhr	Eintreffen NotSan am Eingang zur ZNA		
08:00 – 08:45 Uhr	Begrüßung der Teilnehmenden Einweisung in den Übungsablauf Impulsvortrag: Schockraummanagement KH Wandsbek		
09:00 – 11:00 Uhr	Schockraum	Intensivstation	Rettungswagen
11:00 – 13:00 Uhr	Rettungswagen	Schockraum	Intensivstation
13:00 – 15:00 Uhr	Intensivstation	Rettungswagen	Schockraum
15:00 – 15:30 Uhr	Feedback Verabschiedung (Rückführung der Fahrzeuge und des Materials)		

5.11 Interprofessionelle Simulation in der Notfallsanitäter-Ausbildung

Der Kreis der TN setzte sich aus Auszubildenden zur Notfallsanitäterin/zum Notfallsanitäter in der letzten Phase ihrer dreijährigen Ausbildung sowie ärztlichem und pflegerischem Personal aus den Bereichen Zentrale Notaufnahme (ZNA), Anästhesie, Unfallchirurgie, Innere Medizin, Intensivstation und Radiologie des Krankenhauses zusammen.

Allen TN sollte die Möglichkeit gegeben werden, die Arbeitsrealität der jeweils anderen Berufsgruppen besser kennenzulernen, und die Zusammenarbeit im Bereich der Schnittstelle »Rettungsdienst – Krankenhaus« in realistischer Umgebung zu trainieren. Das Training erfolgte für die Auszubildenden der Feuerwehr im Rotationsprinzip an drei Simulationsstationen:

1. Station »Schockraum«:
   An dieser Lernstation (▶ Bild 45) wurden rettungsdienstliche Einsatzsituationen auf dem Gelände des Krankenhauses, in unmittelbarer Nähe der ZNA, simuliert. Die Fallsimulation wurde mit realistischen Falldarstellern unter Verwendung von Simulationsmonitoreinheiten durchgeführt, auf denen die jeweils aktuellen medizinischen Messwerte dargestellt werden. Nach der Patientenversorgung durch ein Team der Auszubildenden erfolgte die Voranmeldung der/des Patient/Patienten über das »rote Telefon« der Notaufnahme. Die Simulationspatientin/Der Simulationspatient wurde dann mit einem Rettungswagen zur Notaufnahme gefahren und in den realen Schockraum der ZNA verbracht. Dort erfolgte eine strukturierte Übergabe der/des Patient/Patienten an das Schockraumteam, welches sich aus trainierenden Ärztinnen/Ärzten und Pflegekräften des Krankenhauses zusammensetzte. Das Schockraumteam trainierte im Anschluss die weitere Patientenversorgung in der Notaufnahme. Ziel dieser Lerneinheit war es, die Durchführung einer strukturierten Schockraumübergabe sowie die interdisziplinäre und berufsgruppenübergreifende Zusammenarbeit bei der Versorgung von Notfallpatientinnen/Notfallpatienten in Lebensgefahr zu trainieren.

2. Station »Intensivstation«:
   In einem Patientenzimmer der Überwachungseinheit des Krankenhauses wurde die strukturierte Übernahme einer/eines beatmeten Intensivpatientin/Intensivpatienten trainiert. Das Patientenzimmer war zudem mit einem Intensivbeatmungsgerät und Spritzenpumpen ausgestattet. Als Patientin/Patient diente hier eine »Simulationspuppe«, die, wie auf einer Intensivstation üblich, mit diversen Kathetern und Tuben präpariert worden war. Diese Lerneinheit umfasste ein Übergabegespräch zwischen einer Mit-

5 Best-Practice-Ansätze zur Professionalisierung

Bild 45: *Interprofessionelle Kommunikation bei der Übergabe im Schockraum (Quelle: Asklepios Klinik Wandsbek)*

arbeiterin/einem Mitarbeiter der Intensivstation und dem Intensivtransportteam. Im Anschluss wurde die Übernahme und die Umlagerung der/des beatmeten Intensivpatientin/Intensivpatienten simuliert.

3. Station »Rettungswagen«:
In einem Rettungswagen der Feuerwehr Hamburg, der auf dem Krankenhausgelände vorbereitet wurde, konnten Zwischenfälle während einer

5.11 Interprofessionelle Simulation in der Notfallsanitäter-Ausbildung

Intensivverlegung simuliert werden. Die Auszubildenden konnten hier ihre Kompetenzen im adäquaten Management von Zwischenfällen während eines Transportes vertiefen. Ziel war es hier insbesondere, die zuvor in der Ausbildung erlernten Prinzipien der Teamarbeit und Kommunikation unter stressigen Bedingungen abzurufen und auszubauen.

An jeder der drei Stationen führten die anwesenden Trainerinnen/Trainer im Anschluss an die Praxisübung ein strukturiertes Debriefing-Gespräch durch, um die Lernerfolge der Auszubildenden zu reflektieren und zu sichern. Besonders erwähnenswert ist, dass diese Übung parallel zum Regelbetrieb der ZNA stattgefunden hat. Um die Wirksamkeit dieser Maßnahme zu evaluieren, ist im Anschluss ein 360°-Feedback durchgeführt worden. Hierzu wurde sowohl mit Lernenden, als auch mit Lehrenden gesprochen.

Nadine Balk (Notfallsanitäterin): »Am Ende des Schnittstellentrainings schauten wir alle auf einen produktiven und lehrreichen Tag zurück, der nicht nur Missverständnisse ausräumte, sondern vor allem auch den Blickwinkel für die anderen Berufsgruppen schärfte und die Zusammenarbeit intensivierte. Gerade an dem jetzigem Ausbildungszeitpunkt – kurz vor unserem Examen – ermöglichte mir dieses Training ein genaues Abbild meines derzeitigen Wissens. Beeindruckend war für mich das hohe Engagement aller beteiligten Personen, sowie die Möglichkeit, sich auf Augenhöhe auszutauschen. Insbesondere fühle ich mich nun deutlich sicherer, Übergabesituationen im Schockraum des Krankenhauses selber durchzuführen.«

Anne Andag (Notfallsanitäterin): »Das Schockraum- und Intensivtransporttraining mit dem Krankenhaus Wandsbek ist mir sehr positiv in Erinnerung geblieben. Ich hatte den Eindruck, dass sowohl die Feuerwehr Hamburg als auch die Klinik von diesem Training erheblich profitieren konnte. Für mich als Berufsanfängerin kann es ein sehr einschüchterndes Gefühl sein, in einem Schockraum zu stehen und etlichen Leuten, darunter Ärzten und erfahrenem Krankenhauspersonal, einen medizinisch kritischen Patienten zu übergeben. Dies unter so realistischen Bedingungen wie möglichen trainieren zu können, gab uns die Gelegenheit, Sicherheit und wertvolle Tipps seitens des Krankenhauses zu bekommen. Es hat einem aber auch vor Augen geführt, wie weit wir zu dem Zeitpunkt in der Ausbildung schon waren. Sowohl die Klinik als auch wir verwenden mit dem sog. cABCDE-Schema die identische Vorgehensweise bei der Patientenversorgung. Wir sprechen somit dieselbe Sprache. Zwischen den Übungen gab es immer wieder die Gelegenheit, sich miteinander auszutauschen, dies hat dazu geführt, dass man berufsübergreifende Kontakte

5 Best-Practice-Ansätze zur Professionalisierung

knüpfen konnte. Der Tag hat dazu beigetragen, mehr Verständnis zwischen Krankenhaus und Rettungsdienst zu schaffen und die Zusammenarbeit zu optimieren. Am Ende verfolgen wir alle das gleiche Ziel, und zwar die bestmögliche Versorgung der Patienten in unserer Obhut.«

Björn Schmidt (Lehrender der Berufsfachschule): »Durch das Setting der Intensivstation konnten reale Bedingungen für die Simulation einer Verlegung eines intensivpflichtigen kritisch kranken Patienten dargestellt werden. Die Auszubildenden waren so in der Lage, die Komplexität der Situation wahrzunehmen und die Herausforderungen eines Übernahmegespräches, der Teamkommunikation, als auch des Monitorings und der Lagerung eines Intensivpatienten zu erfassen. In kleinen Gruppen konnten sie anhand von Simulationsfällen ihr zuvor erlerntes theoretisches Wissen in die Praxis umsetzen. Hierbei gingen die Auszubildenden strukturiert und lösungsorientiert vor. Im anschließenden Debriefing bekamen sie dann die Möglichkeit, ihr Handeln zu begründen und zu reflektieren. Dies führte zum Hinterfragen des eigenen Handelns und zur Erschließung von neuen Erkenntnissen. Die Simulation »Intensivtransport« fördert die Zusammenarbeit von Intensivpflegekräften und Rettungsdienstfachpersonal und ist ein wichtiger Baustein zur Professionalisierung von Interhospitaltransporten.«

Klaus Stegewerth (Dr. med., Leitender Oberarzt Asklepios Klinik Wandsbek): »Eine kollegiale und reibungslose Zusammenarbeit mit dem Rettungsdienst ist für uns als Notaufnahme besonders wichtig. Gehen bei der Übergabe oder Übernahme von Patienten Informationen verloren, kann das lebensgefährlich sein. Aus diesem Grund üben wir die Arbeit der Teams im Schockraum regelmäßig, jedoch bis zu diesem Training ohne eine direkte Beteiligung des Rettungsdienstes. Die Idee, das Notfalltraining gemeinsam mit der Feuerwehr Hamburg durchzuführen, hat mich sofort überzeugt. Es entstehen unzählige Synergieeffekte. So konnte mein Team nicht nur die Notfallversorgung von Patienten mit lebensgefährlichen Erkrankungen oder Verletzungen trainieren, sondern auch die Arbeitsweisen des Rettungsdienstes intensiver kennenlernen. In den Nachbesprechungen wurde deutlich, dass die Schnittstelle zwischen Rettungsdienst und Notaufnahme nur dann reibungslos zu gestalten ist, wenn man diese auch gemeinsam trainiert. Ich wünsche mir sehr, dass dieses Projekt ein regelhafter Bestandteil unseres Fortbildungsprogramms wird.«

Damit Teamarbeit und Kommunikation in stressigen Bedingungen gelingt, braucht es regelmäßige Simulationstrainings in einer realistischen Umgebung (▶ Bild 46).

5.11 Interprofessionelle Simulation in der Notfallsanitäter-Ausbildung

Lehrende müssen hierfür insbesondere in der Durchführung von Debriefing-Gesprächen geschult sein.

Bild 46: *Moderne Simulationstechnik ermöglicht eine realistische Darstellung der Notfallsituation (Quelle: Asklepios Klinik Wandsbek)*

Bei der Gestaltung von Simulationsübungen sollte insbesondere darauf geachtet werden, dass auch die verschiedenen beteiligten Berufsgruppen partizipieren können. So kann ein gemeinsames Verständnis für Sicht- und Arbeitsweisen geschaffen und die Zusammenarbeit optimiert werden. Das hier beschriebene Training hat diese Ziele aus Sicht aller Beteiligten erreicht und wird zukünftig in dieser Form zwei Mal pro Jahr durchgeführt. Der Ablaufplan wird mit Zeitreserven für Pausen und Wechselzeiten modifiziert, um dynamischer auf Verzögerungen oder längere Laufwege reagieren zu können. Die simulierten Fälle werden eng zwischen Krankenhaus und Feuerwehr abgestimmt, um eine hohe Relevanz des Trainings sicherzustellen. Der Aufwand für Planung und Vorbereitung dieses Trainings war hoch. Die Rückmeldungen der Lernenden zeigen, dass sich diese Arbeit lohnt: Für eine gute Teamarbeit bei der Notfallversorgung.

6 Ein kurzes Resümee

Zum Abschluss unserer Publikation möchten wir der geneigten Leserschaft an dieser Stelle eine Zusammenfassung zu den wesentlichen Inhalten anbieten. Zudem möchten wir abschließend speziell der Frage nachgehen, wie die Ehrenamtsorganisationen der nichtpolizeilichen Gefahrenabwehr und insbesondere deren Angehörige von dieser Publikation und den Best-Practice-Ansätzen profitieren können.

In der Bundesrepublik Deutschland hat sich im Themenfeld des Bevölkerungsschutzes über viele Jahrzehnte ein komplexes integriertes und flächendeckendes Hilfeleistungssystem mit einschlägigen gesetzlichen Grundlagen etabliert, in dem die unterschiedlichen Verwaltungsebenen von Bund, Ländern und Kommunen mit den Feuerwehren, Hilfsorganisationen und der Bundesanstalt Technisches Hilfswerk (THW) zusammenwirken. Während im Bereich der polizeilichen Gefahrenabwehr in Deutschland nahezu ausschließlich hauptberuflich tätige Kräfte ihren Dienst versehen, ist die Situation im Bereich der nichtpolizeilichen Gefahrenabwehr deutlich anders. Neben einem sicher nicht unerheblichen Anteil an hauptamtlichem Personal, stellen in der Masse ehrenamtliche Angehörige der Feuerwehren, der Hilfsorganisationen und des THW das eigentliche Rückgrat der flächendeckenden Gefahrenabwehr dar. Sehr ähnliche Verhältnisse finden sich in den deutschsprachigen Nachbarländern Österreich, der Schweiz und der autonomen Provinz Südtirol.

Blickt man in die Zukunft und fokussiert alleine auf das herausfordernde Thema des Klimawandels mit seinen Erscheinungsformen der Extremwetterereignisse, so ist klar, dass wir als Gesellschaft ohne ein starkes ehrenamtliches Element keinen Erfolg haben werden, eine schlagkräftige, längerfristig durchhaltefähige sowie finanzierbare Gefahrenabwehr aufzustellen. Um dieser besonderen Bedeutung des Ehrenamts in unserer Zivilgesellschaft gerecht zu werden, widmen wir uns in *Kapitel 2* unseres Buches zunächst der Entwicklung und den Motiven für ehrenamtliches Engagement. Dass ehrenamtliches Engagement in der Zivilgesellschaft unverzichtbar geworden ist, lässt sich in Deutschland auch daran erkennen, dass 2013 das »Gesetz zur Stärkung des Ehrenamts« in Kraft getreten ist. Der Gesetzgeber führt dazu aus, dass Bürgerschaftliches Engagement dem Erhalt und der Verbesserung des wirtschaftlichen Wachstums, der gesellschaftlichen Integration, des Wohlstands sowie stabiler demokratischer Strukturen dient. Ebenso wird festgestellt, dass in Zeiten knapper öffentlicher Kassen die Förderung und Stärkung der Zivilgesellschaft umso mehr an Bedeutung gewinnt, da sich die öffentliche Hand wegen der unumgänglichen Haushaltskonsolidierung auf ihre unabweisbar notwendigen Aufgaben konzentrieren wird müssen.

Ehrenamt im Kontext der nichtpolizeilichen Gefahrenabwehr ist ein besonderes Tätigkeitsfeld, da es ein sicherheitsrelevantes Ehrenamt darstellt. Die Angehörigen der Einsatzorganisationen führen vor diesem Hintergrund hoheitliche Tätigkeiten gegenüber der Zivilbevölkerung aus, d. h. vertreten den Staat mit seinem Gewaltmonopol. Insofern blicken wir im Rahmen dieses Buches eingehender in die einschlägigen gesetzlichen Grundlagen, die jeweiligen Organisationen, die nichtpolizeiliche Gefahrenabwehr betreiben sowie deren verfügbares Einsatzpotential. Zudem wird erläutert, warum im Kontext der nichtpolizeilichen Gefahrenabwehr aufgrund gesetzlicher Vorgaben, Vorschriften der Unfallversicherungsträger etc. oder auch einschlägiger richterlicher Rechtsprechung mehr und mehr Professionalisierung Einzug hält und auch halten muss.

Insbesondere die Aus-, Fort- und Weiterbildung in den Einsatzorganisationen der nichtpolizeilichen Gefahrenabwehr ist für die Professionalisierung zentrales sowie erfolgskritisches Handlungsfeld. Entsprechende Bildungsmaßnahmen tragen also dazu bei, dass genügend qualifiziertes, engagiertes und motiviertes Einsatzpersonal im haupt- und ehrenamtlichen Segment zur Verfügung steht. Aus dieser Bedeutsamkeit von Aus-, Fort- und Weiterbildung für die Professionalisierung des Ehrenamts, blicken wir auf die Strukturen der Bildungsanbieter sowie aktuelle Herausforderungen und Tendenzen in diesem Segment im weitesten Sinne.

Die Tätigkeit als Führungs- und Einsatzkraft in einer Organisation der Gefahrenabwehr ist prinzipiell sehr stark vom praktischen Tun geprägt. Gefahrenabwehr ist keine abstrakte akademische Tätigkeit, vielmehr kommt es bei den Einsatz- und Führungskräften in erster Linie auf Handlungskompetenz im konkreten Einsatzfall an. Die »Schräubchenkunde« der letzten Jahre und Jahrzehnte führte zur Theorielastigkeit bei der Vermittlung von Lehrinhalten. Verstärkt gibt es nun den Trend, den Fokus auf das Konzept der Handlungsorientierung und der Kompetenzvermittlung zu legen. Lehrinhalte sollen dabei von unnötigem Ballast befreit werden. Moderne Unterrichtskonzepte wenden sich ab von tradierten Vorstellungen, die das »Bulimie-Lernen« befördert haben. Es lässt sich feststellen, dass Anbieter von Aus-, Fort- und Weiterbildungen in der Gefahrenabwehr und im Bevölkerungsschutz in zunehmendem Maße auf praxis-, handlungs- und kompetenzorientiertes Lernen fokussieren. In diesem Zusammenhang trifft man auch auf Begriffe wie Ermöglichungsdidaktik,

Teilnehmerorientierung, Erfahrungsorientierung, selbstgesteuertes Lernen, Individualisierung, lebenslanges Lernen oder problemorientiertes Lernen.

Es ist also von einem Paradigmenwechsel im Bereich der Aus-, Fort- und Weiterbildung auszugehen. Damit dieser Paradigmenwechsel durchgängig und nachhaltig gelingt, braucht es einerseits kluge, innovative und bedarfsgerechte Bildungskonzepte, mit denen es gelingen kann, gerade im ehrenamtlichen Kontext die Führungs- und Einsatzkräfte mit Handlungskompetenz auszustatten, zu motivieren und auch zu fordern. Und es ist andererseits ebenso notwendig, dass die Erfordernisse für eine Tätigkeit in einer Organisation der Gefahrenabwehr auch noch mit den jeweils eigenen beruflichen und privaten Kontexten vereinbar bleiben. Es lässt sich also feststellen, dass Ehrenamt neben Motivation, auch Zeit braucht, um es auszuüben. Daraus lässt sich ableiten, dass Motivation in der Aus-, Fort- und Weiterbildung nicht verloren gehen darf. Aus-, Fort- und Weiterbildung dürfen andererseits auch keine zu hohe zeitliche Belastung darstellen, müssen aber dennoch so gestaltet sein, dass Handlungskompetenz ausgebildet wird. Vor diesen Herausforderungen stehende Bildungsangebote müssen wissenschaftliche Erkenntnisse in Bezug auf Lernprozesse beim erwachsenen Menschen und didaktische sowie methodische Überlegungen in Einklang bringen.

In den *Kapiteln 3 und 4* wird daher das Lernen von Erwachsenen unter Bezugnahme auf aktuelle Erkenntnisse der Hirnforschung und der sozialkognitiven Lerntheorie nach Bandura thematisiert. Für den Erwerb von Handlungskompetenzen braucht es handlungsorientierte Unterrichtsmethoden, die wiederum auf einer kompetenzorientierten Didaktik basieren. Lernen im Erwachsenenalter muss die individuellen bildungsbiografischen Ressourcen der Bildungsteilnehmenden nutzen. Lernsequenzen mit Handlungsorientierung fördern die Lernmotivation und den Erwerb von Handlungskompetenzen. Anhand wissenschaftlicher Erkenntnisse können daher Empfehlungen für Bildungsveranstaltungen für Erwachsene mit Fokus auf Handlungsorientierung getroffen werden.

Derart gestaltete Aus-, Fort- und Weiterbildungen bilden den wissenschaftlichen Rahmen und das Grundgerüst, in dem sich zukünftige Entwicklungen im Rahmen einer Professionalisierung abspielen. Die in *Kapitel 5* ausgeführten Best-Practice-Beispiele aus ganz unterschiedlichen Einrichtungen, betrachten Rahmenbedingungen, Voraussetzungen und konkrete Ausgestaltungen von Lehr- und Lernarrangements, die den Fokus auf die Ausbildung von Handlungskompetenzen legen. Die im

Rahmen dieses Buches beschriebenen wissenschaftlichen Grundlagen einer handlungsfokussierten Erwachsenenbildung werden dabei eindrucksvoll umgesetzt.

Eine genaue Betrachtung der Best-Practice-Beiträge lässt erkennen, dass fünf Elemente identifiziert werden können, die wir als die **»5 Puzzleteile des Kompetenzerwerbs«** beschreiben. An diesen Elementen kann und sollte Professionalisierung und Exzellenz ansetzen. Anhand der fünf Puzzleteile, die nachstehend näher erläutert werden, lässt sich auch die Frage beantworten, wie Ehrenamtsorganisationen der nichtpolizeilichen Gefahrenabwehr und insbesondere deren Angehörige von der vorliegenden Publikation und den Best-Practice-Ansätzen im Bereich der Aus-, Fort- und Weiterbildung profitieren können.

Das **erste Puzzleteil** einer gelungenen Professionalisierung legt den Fokus auf die Lehrkräfte selbst, weil deren pädagogische und fachliche Ausbildung ganz entscheidend ist, für das Gelingen einer Bildungsveranstaltung. Unterrichtskonzepte auf Papier sind geduldig – letztlich sind es die **Ausbilderinnen und Ausbilder**, die den Fokus auf die Handlungsorientierung sicherstellen. Die Beiträge von *Jochen Böhm* und *Markus Harrer* zeigen musterhaft auf, wie sich einerseits die grundlegende Ausbildung von Lehrkräften an Landesfeuerwehrschulen und Bildungseinrichtungen der Hilfsorganisationen im Rahmen einer professionellen Qualifikation zum Beruf des Fachlehrers darstellen lässt. Ferner finden sich im Beitrag von *Hubert Schaumberger* Hinweise, wie Lehrpersonal regelhaft weiterqualifiziert werden kann. Es ist davon auszugehen, dass gerade auch Ausbilderinnen und Ausbilder in Ehrenamtsorganisationen in einschlägigen Lehrgängen vor dem Hintergrund einer kompetenzorientierten Didaktik mit zahlreichen Hinweisen und Methoden konfrontiert werden, die es ihnen erlauben, auch am Standort der jeweiligen freiwilligen Organisation möglichst handlungsorientierte Lehr- Lernarrangements sowie darauf abgestimmtes Lehrmaterial anzubieten. Es lässt sich damit **zum Ersten** zweifelsfrei festhalten, dass qualifizierte Lehrkräfte bedeutsame Multiplikatoren für handlungskompetente Mitglieder einer Ehrenamtsorganisation sind.

Wie in den wissenschaftlichen Grundlagen in *Kapitel 3 und 4* belegt, trägt als **zweites Puzzleteil** unbestreitbar der **Lernort** entscheidend zu einem guten und nachhaltigen Ausbildungserfolg bei. Idealerweise braucht es Bildungseinrichtungen, in denen Einsatzsituationen am besten im Maßstab 1:1 abgebildet sind und in denen Aus-, Fort- und Weiterbildung quasi wie in der echten Realität stattfindet, aber eben unter kontrollierten und sicheren Bedingungen für die Einsatzkräfte. Die Beiträge von *Roland Ampenberger* und *Alexander Förg* beschreiben zwei sicher wirklich einmalige Einrichtungen mit diversen Übungsanlagen, in denen verschiedenste Einsatzszenarien vom Alltagseinsatz bis zur Großschadenslage in einer bestmöglichen Realität trainiert werden können. Ein besonderer Schwerpunkt der Beiträge liegt in möglichst realistischen und authentischen Lagedarstellungen.

Dass derartige Anlagen in der Regel hochaufwendig, teuer und komplex sind, liegt auf der Hand. Sie können daher auch nicht an beliebig vielen Standorten angeboten werden. Die Angehörigen der Organisationen der Gefahrenabwehr erhalten an den vorgestellten Einrichtungen einerseits eine bestmöglich realitätsnahe Aus-, Fort- und Weiterbildung. Zudem lassen sich aber anhand der Übungsobjekte und der zugehörigen Simulation und Lagedarstellung auch sehr viele Erkenntnisse und Inputs für Bildungsveranstaltungen am Standort oder auf Ebene eines Landkreises ableiten, sei es im Nachbau von Übungsanlagen oder Übungsobjekten oder auch in der möglichst realitätsnahen Darstellung von Einsatzsituationen. Es lässt sich damit **zum Zweiten** zweifelsfrei festhalten, dass die Handlungskompetenz in Aus-, Fort- und Weiterbildungen an diesen handlungsnahen Ausbildungsstätten in besonderem Ausmaß gefördert wird und gerade Ehrenamt in der nichtpolizeilichen Gefahrenabwehr davon profitiert.

Das **dritte Puzzleteil** betont im Rahmen der Professionalisierung im Ehrenamt die Bedeutung und die Rolle der **Organisation und Führungskräfte**. Ehrenamtliche Führungskräfte der nichtpolizeilichen Gefahrenabwehr und die jeweilige Organisation selbst, sind gefordert, Mitglieder zu finden, sie zu qualifizieren, zu motivieren und nachhaltig an die jeweilige Organisation zu binden. Wie in jedem erfolgreichen Unternehmen, braucht es im Grunde klare Konzepte und Strukturen im Rahmen der Personalentwicklung. Eine solche Personalentwicklung im Rahmen der Aus-, Fort- und Weiterbildung beschreibt der Beitrag von *Klaus Tschabuschnig*. Diese Personalentwicklung basiert auf der Ausarbeitung eines Kompetenzkatalogs sowie der Entwicklung von Kompetenzprofilen und einer Kompetenzmatrix. Der Bindung und Gewinnung von ehrenamtlichen Angehörigen in Einsatzorganisationen, widmet sich der Beitrag von *Gerald Schöpfer*. Sein Beitrag verdeutlicht, was neben der Aus-, Fort- und Weiterbildung getan werden muss, um Freiwillige zu interessieren, für die Mitarbeit zu gewinnen, langfristig zu binden und zu qualifizieren. Aus diesen Beiträgen heraus, lässt sich **zum Dritten** zweifelsfrei festhalten, dass Organisationen der nichtpolizeilichen Gefahrenabwehr und ihre Führungskräfte Ehrenamt professionalisieren können, indem durch Vernetzung Kompetenz- und Entwicklungspfade für die jeweiligen Angehörigen in ihrer/seiner Organisation aufgezeigt werden und damit auch die Bindung an das Ehrenamt vertieft wird.

Angehörige der Ehrenamtsorganisationen in der Gefahrenabwehr haben unterschiedlichste Motive bei ihrer jeweiligen Organisation zu sein und sich an Aus-, Fort- und Weiterbildungen zu beteiligen. Das **vierte Puzzleteil** fokussiert daher den **lernenden Menschen**. Wissenshunger in Bezug auf faszinierende Technik und angestrebte Kompetenzerweiterungen dienen dem allem übergeordneten Ziel, anderen Menschen zu helfen. Ehrenamtlich Tätige möchten ihren aktiven Beitrag leisten und übernehmen gerne auch Verantwortung. Der Beitrag von *Roland Weber* beschreibt, wie auch in einer Freiwilligen Feuerwehr das »Fördern und Fordern« im Rahmen der Aus-, Fort- und Weiterbildung aussehen kann und der Nachwuchs und die notwendigen Kompetenzen bei der Feuerwehr gesichert werden können. Es lässt sich also **zum Vierten** zweifelsfrei feststellen, dass Professionalisierung die ehrenamtlich Tätigen in das Ausbildungskonzept aktiv einbindet und individuelle Interessen, Bedürfnisse sowie Kompetenzen und Entwicklungswünsche fokussiert.

Das **fünfte Puzzleteil** im Rahmen der Professionalisierung unterstreicht noch einmal den Fokus auf das Konzept der Handlungsorientierung und Kompetenzvermittlung vor dem Hintergrund einer handlungsorientierten Didaktik. Die Beiträge von *Christoph Oberhollenzer*, *Thilo Künneth* sowie *Tanja Hemmi* und *Andreas Fromm* thematisieren die besondere Bedeutsamkeit von handlungsfokussierten **Konzepten und Methoden**. So werden Ausbildungsmodelle dargestellt, die sich nicht an klassischen Konzepten orientieren und die auch in Zeiten knapper werdender Zeit- und Personalressourcen Aus-, Fort- und Weiterbildungen mit hohem Praxisbezug gewährleisten können. Simulationstrainings als handlungsorientierte Methode sind in den Best-Practice-Beiträgen in besonderem Maße herausgearbeitet. Die erläuterten Modelle und konzeptuellen Umsetzungsvarianten sichern vor dem Hintergrund begrenzter Ressourcen die Professionalisierung des Ehrenamts. Abschließend lässt sich nun **zum Fünften** zweifelsfrei feststellen, dass Professionalisierung im Ehrenamt neben Ideenreichtum in Bezug auf Ausbildungskonzepte und -methoden auch Mut zur Veränderung und Weiterentwicklung sowie Zusammenarbeit mit anderen Organisationen braucht.

Um auch zukünftig eine flächendeckende, hochqualifizierte und hocheffiziente nichtpolizeiliche Gefahrenabwehr zu gewährleisten, sind Ehrenamtsorganisationen unverzichtbar. Das Thema der Aus-, Fort- und Weiterbildung für Führungs- und Einsatzkräfte der nichtpolizeilichen Gefahrenabwehr stellt daher ein absolut zentrales Handlungsfeld dar. Wir hoffen, mit dem vorliegenden Buch einerseits einige generelle Grundlagen rund um eine handlungsorientierte Aus-, Fort- und Weiterbildung gelegt zu haben. Andererseits sollten auch diverse Impulse vorhanden sein, ehrenamtlich Tätige im Bereich der nichtpolizeilichen Gefahrenabwehr so zu professionalisieren, dass bei Führungs- und Einsatzkräften Handlungskompetenz und Handlungssicherheit für den Einsatzfall erzeugt wird.

Literaturverzeichnis

AOK-Bundesverband: Warum ein Ehrenamt glücklich macht. In: Ehrenamt finden: Diese Tätigkeiten gibt es. Online abrufbar unter: https://www.aok.de/pk/magazin/wohlbefinden/motivation/ehrenamt-finden-diese-taetigkeiten-gibt-es/. Letzter Zugriff: 02.10.2022.

Arnold, Rolf/Krämer-Stürzl, Antje/Siebert, Horst: Dozentenleitfaden: Erwachsenenpädagogische Grundlagen für die berufliche Weiterbildung. Berlin: Cornelsen Scriptor, 2011.

Auböck, Ulrike: Rechtliche Rahmenbedingungen für die praktische Ausbildung in Österreich. In: Fesl, Susanne/Auböck, Ulrike (Hg.): (K)Ein Dritter Lernort – Erfahrungen. Best Practice Beispiele und aktuelle Befunde aus Österreich. Nidda: hpsmedia, 2018, S. 38-41.

Bandura, Albert: Lernen am Modell. Ansätze zu einer sozial-kognitiven Lerntheorie. Stuttgart: Klett Verlag, 1976.

Bandura, Albert: Sozial-kognitive Lerntheorie. Stuttgart: Klett-Cotta, 1979.

Bayrisches Rotes Kreuz: Entdecken Sie die Vielfalt des Bayrischen Roten Kreuzes! Online abrufbar unter: https://www.brk.de/rotes-kreuz.html. Letzter Zugriff: 10.05.2023.

Bayrisches Rotes Kreuz-Bezirksverband Schwaben: Schule, Bildung und Beruf. Online abrufbar unter: https://www.bvschwaben.brk.de/angebote/schule-bildung-und-beruf.html. Letzter Zugriff: 11.04.2023.

Bayrisches Rotes Kreuz – Kreisverband Altötting: Berufsfachschule für Notfallsanitäter Burghausen. Online abrufbar unter: https://www.kvaltoetting.brk.de/angebote/berufsfachschule/berufsfachschule-fuer-notfallsanitaeter.html. Letzter Zugriff: 11.04.2023.

Bayerisches Staatsministerium des Innern, für Sport und Integration: Einsatzstatistik 2020 der Feuerwehren in Bayern – Kurzbericht. Online abrufbar unter: https://www.stmi.bayern.de/sus/feuerwehr/datenundfakten/index.php. Letzter Zugriff: 01.11.2022.

Beck, Ulrich: Risikogesellschaft. Berlin: Suhrkamp, 1986.

Beyer, Klaus: Didaktische Prinzipien. Eckpfeiler guten Unterrichts. Ein theoriebasiertes und praxisorientiertes Handbuch in Tabellen für den Unterricht auf der Sekundarstufe II. Baltmannsweiler: Schneider Verlag Hohengehren, 2014.

Bodenmann, Guy/Perrez, Meinrad/Schär, Marcel: Klassische Lerntheorien. Grundlagen und Anwendung in Erziehung und Psychotherapie. Bern: Verlag Hans Huber, 2011.

Bundesanstalt Technisches Hilfswerk: Die Bundesanstalt Technisches Hilfswerk (THW) im Überblick. Online abrufbar unter: https://www.thw.de/SharedDocs/Downloads/DE/Allgemein/thw_ueberlick.pdf?__blob=publicationFile&v=1. Letzter Zugriff: 10.03.2023.

Bundesanzeiger Verlag GmbH: Bundesgesetzblatt. Online abrufbar unter: https://www.bgbl.de/xaver/bgbl/start.xav#__bgbl__%2F%2F*%5B%40attr_id%3D%27I_2022_57_inhaltsverz%27%5D__1714395177968. Letzter Zugriff: 01.10.2022.

Bundesministerium für Arbeit und Soziales/Bundesministerium für Bildung und Forschung (Hrsg.): Wissen Teilen. Zukunft Gestalten. Zusammen Wachsen. Nationale Weiterbildungsstrategie. Online abrufbar unter: https://www.bmbf.de/SharedDocs/Downloads/files/nws_strategiepapier_barrierefrei_de.pdf?__blob=publicationFile&v=2. Letzter Zugriff: 13.04.2023.

Bundesministerium für Bildung und Forschung: Der DQR. Online abrufbar unter: https://www.bmbf.de/bmbf/de/bildung/bildungsforschung/qualifikationsrahmen/qualifikationsrahmen_node.html. Letzter Zugriff: 11.04.2023.

Bundesministerium für Familie, Senioren, Frauen und Jugend: Der deutsche Freiwilligensurvey. Online abrufbar unter: https://www.bmfsfj.de/bmfsfj/themen/engagement-und-gesellschaft/engagement-staerken/freiwilligensurveys/der-deutsche-freiwilligensurvey-100090. Letzter Zugriff: 01.10.2022.

Brandwacht Bayern (2016): Ein halbes Jahrhundert. Frauen in der Feuerwehr. Online abrufbar unter: https://www.brandwacht.bayern.de/mam/archiv/beitraege_pdf/bw_artikel_43_frauen_in_der_feuerwehr__1_.pdf. Letzter Zugriff: 03.10.2022.

Literaturverzeichnis

DLRG: Prüfungsordnung Strömungsrettung »PO10«, Bad Nenndorf: DLRG-Materialstelle, 2024.

Deutsches Institut für Erwachsenenbildung – Leibniz-Zentrum für Lebenslanges Lernen e. V.: Methodik in der Erwachsenenbildung. Es muss nicht immer Gruppenarbeit sein. Online abrufbar unter: https://wb-web.de/wissen/lehren-lernen/methodik-in-der-erwachsenenbildung.html. Letzter Zugriff: 19.01.2021.

Deutscher Bundestag: Entwurf eines Gesetzes zur Entbürokratisierung des Gemeinnützigkeitsrechts (Gemeinnützigkeitsentbürokratisierungsgesetz – GemEntBG). Online abrufbar unter: https://dip.bundestag.de/drucksache/entwurf-eines-gesetzes-zur-entb%C3%BCrokratisierung-des-gemeinn%C3%BCtzigkeitsrechts-gemeinn%C3%BCtzigkeitsentb%C3%BCrokratisierungsgesetz-gementbg/42377. Letzter Zugriff: 01.10.2022.

Deutscher Feuerwehrverband: Erfassung statistischer Daten. Anzahl der Frauen. Online abrufbar unter: https://www.feuerwehrverband.de/presse/statistik/. Letzter Zugriff: 03.10.2022.

Deutsches Rotes Kreuz: Das DRK: Wie wir in Deutschland arbeiten. Online abrufbar unter: https://www.drk.de/fileadmin/user_upload/PDFs/Das_DRK/DRK-Papier_Wie_wir_in_Deutschland_arbeiten_211108_final.pdf. Letzter Zugriff: 01.11.2022.

Deutsches Rotes Kreuz: Die Bergwacht ehrenamtlich – professionell. Online abrufbar unter: https://www.drk.de/mitwirken/ehrenamt/die-bergwacht-ehrenamtlich-professionell/. Letzter Zugriff: 10.03.2023.

DLRG: Die DLRG. Die größte freiwillige Wasserrettungsorganisation der Welt. Online abrufbar unter: https://www.dlrg.de/die-dlrg/. Letzter Zugriff: 11.04.2023.

DRK-Gesetz: Gesetz über das Deutsche Rote Kreuz und andere freiwillige Hilfsgesellschaften im Sinne der Genfer Rotkreuz-Abkommen. Online abrufbar unter: https://www.drk.de/fileadmin/user_upload/PDFs/Das_DRK/DRK-Gesetz/DRK-Gesetz_DE_Gesetz_ueber_das_Deutsche_Rote_Kreuz_und_andere_freiwillige_Hilfsgesellschaften_im_Sinne_der_Genfer_Rotkreuz-Abkommen__DRK-Gesetz_-_DRKG_.pdf. Letzter Zugriff: 01. 11.2022.

Eberhardt, Doris: Theaterpädagogik in der Pflege. Pflegekompetenz durch Theaterarbeit entwickeln. Stuttgart: Thieme, 2005.

Edelmann, Walter/Wittmann, Simone: Lernpsychologie. 7.vollständig überarbeitete Auflage, Weinheim: Beltz Verlag, 2012.

Falk, Juliane: Methoden selbst gesteuerten Lernens für Gesundheits- und Pflegeberufe. Lern- und Arbeitsbuch zur Methodenkompetenz. München: Juventa Verlag, 2010.

Faulstich, Peter/Zeuner, Christine: Erwachsenenbildung. Eine handlungsorientierte Einführung. Weinheim: Juventa, 2006.

Faulstich, Peter/Zeuner, Christine: Erwachsenenbildung. Eine handlungsorientierte Einführung in Theorie, Didaktik und Adressaten. Weinheim: Juventa, 2008.

feuerfakten.de: Geschichte der Feuerwehr. Online abrufbar unter: http://www.feuerfakten.de/geschichte-der-feuerwehr.htm. Letzter Zugriff: 03.10.2022.

Fichtner, Andreas: Lernen für die Praxis: Das Skills-Lab. In: St.Pierre, Micha-el/Breuer, Georg (Hg.): Simulation in der Medizin. Grundlegende Konzepte – Klinische Anwendung. Berlin, Heidelberg: Springer Medizin, 2013.

Fröhlich-Gildhoff, Klaus/Nentwig-Gesemann, Iris/Pietsch, Stefanie: Kompetenzorientierung in der Qualifizierung frühpädagogischer Fachkräfte. Weiterbildungsinitiative Frühpädagogische Fachkräfte (WiFF). München: Verlag Deutsches Jugendinstitut, 2011.

Fromm, Carola: Anleitemethoden des 3. Lernortes – Anleiten in 6 Schritten –. In: Präsentationsüberschrift Regionale Kliniken Holding RKH GmbH. Online abrufbar unter: https://www.ethik-cafe.de/dokumente/Anleitemethoden_des_3_Lernortes-Anleiten_in_6_Schritten.pdf. Letzter Zugriff: 05.02.2021.

Gillen, Julia: Kompetenzorientierung als didaktische Leitkategorie in der beruflichen Bildung – Ansatzpunkte für eine Systematik zur Verknüpfung curricularer und methodischer Aspekte, 2013, Online abrufbar unter: http://www.bwpat.de/ausgabe24/gillen_bwpat24.pdf. Letzter Zugriff: 19.01.2021.

Literaturverzeichnis

Green, Norm/Green, Kathy: Kooperatives Lernen im Klassenraum und im Kollegium: Das Trainingsbuch. Seelze: Kallmeyer, 2005.

Gudjons, Herbert/Traub, Silke: Pädagogisches Grundwissen. Überblick – Kompendium – Studienbuch. Bad Heilbrunn: Klinkhardt, 2012.

Hannaford, Carla: Bewegung, das Tor zum Lernen. Kirchzarten: VAK Verlags GmbH, 2016.

Hattie, John: Visible Learning. A synthesis of over 800 meta-analyses relating to achievement. London: Routledge, 2009.

Hattie, John: Visible Learning for Teachers. Maximizing impact on learning. London: Routledge, 2012.

Hattie, John: Lernen sichtbar machen. Überarbeitete deutschsprachige Ausgabe von »Visible Learning« besorgt von Wolfgang Beywl und Klaus Zierer. Baltmannsweiler: Schneider Verlag Hohengehren GmbH, 2013.

Hegeholz, Dietmar: Praxisorientierte Ausbildungskonzepte in der Pflege – am Beispiel Kontinenzförderung. In: Nussbaumer, Gerda/von Reibnitz Christine (Hrsg.): Innovatives Lehren und Lernen. Konzepte für die Aus- und Weiterbildung von Pflege- und Gesundheitsberufen. Bern: Huber, 2008.

Hegemann, Jan-Erik: 75-jährige Patientin stürzt aus Drehleiterkorb. In: 75-jährige Patientin stürzt aus Drehleiterkorb. In: feuerwehrmagazin.de. Online abrufbar unter: https://www.feuerwehrmagazin.de/nachrichten/news/75-jaehrige-patientin-stuerzt-aus-drehleiterkorb-116641. Letzter Zugriff: 31.03.2023.

Heimgartner, Arno/Anastasiadis, Maria: Entwicklungen und Problemfelder im freiwilligen Engagement. In: Anastasiadis, Maria/Heimgartner, Arno/Kittl-Satran, Helga/Wrentschur, Michael (Hg.): Sozialpädagogisches Wirken. Wien: Lit-Verlag, 2011.

Hericks, Uwe/Kunze, Ingrid: Didaktische Modelle und die Fragen nach den Zielen, Inhalten und Methoden des Lehrens und Lernens. In: Helsper, Werner/Böhme, Jeanette (Hrsg.): Handbuch der Schulforschung. 2. Durchgesehene und erweiterte Auflage. Wiesbaden: VS Verlag für Sozialwissenschaften/GWV Fachverlage GmbH, 2008.

Herzig, Tim/Kruse, Annika: DAS SKILLS-LAB-KONZEPT. Perspektiven auf die vielfältigen Einsatzmöglichkeiten und Chancen in der beruflichen Bildung der Gesundheitsberufe. Online abrufbar unter: https://www.dip.de/fileadmin/data/pdf/material/Skills_Lab_Konzept-_T._Herzig_A._Kruse.pdf. Letzter Zugriff: 05.02.2021.

Hippel, Aiga von/Kulmus, Claudia/Stimm, Maria: Didaktik der Erwachsenen- und Weiterbildung. Paderborn: Verlag Ferdinand Schöningh, 2019.

Hof, Christine: Prinzipien einer handlungsorientierenden Didaktik. In: Knoll, Joachim H. (Hrsg.): Studienbuch Grundlagen der Weiterbildung. Neuwied: Luchterhand, 1999.

Hof, Christine: Von der Wissensvermittlung zur Kompetenzorientierung in der Erwachsenenbildung? Anmerkungen zur scheinbaren Alternative zwischen Kompetenz und Wissen. In: REPORT Literatur- und Forschungsreport Weiterbildung, (49), 2002, S. 80-89.

Hoidn, Sabine: Lernkompetenzen an Hochschulen fördern. Wiesbaden: VS Resarch, 2010.

Jank, Werner/Meyer, Hilbert: Didaktische Modelle. Frankfurt/Main: Cornelsen Verlag, 1991.

Jugendfeuerwehr Hamburg: Plakataktion zur Mitgliederkampagne »Hamburgs junge Heldinnen«. Online abrufbar unter: https://www.jf-hamburg.de/aktuelles/190-plakataktion-zur-mitgliederkampagne-hamburgs-junge-heldinnen. Letzter Zugriff: 11.04.2023.

Kagan, Spencer: Cooperative learning. Kalifornien: Kagan KCL BKCLW San Clemente, 2015.

Karrierebibel: Schlüsselkompetenzen: Diese 4 sind entscheidend. Online abrufbar unter: https://karrierebibel.de/schluesselkompetenzen/. Letzter Zugriff: 30.01.2021.

Karutz, Harald/Mitschke, Thomas: Grundzüge und Handlungsfelder einer »Bevölkerungsschutzpädagogik«. In: Notfallvorsorge 49 (1), 2018a, S. 4-13.

Karutz, Harald/Mitschke, Thomas: Gegenwärtige und zukünftige pädagogische Herausforderungen im Bevölkerungsschutz, 2018b. Online abrufbar unter: https://www.harald-karutz.de/wp-content/uploads/2019/09/Artikel_Bev%C3%B6lkerungsschutzp%C3%A4dagogik_2.pdf. Letzter Zugriff: 11.04.2023.

Literaturverzeichnis

Klafki, Wolfgang: Neue Studien zur Bildungstheorie und Didaktik: Beiträge zur kritisch-konstruktiven Didaktik. Weinheim: Beltz, 1985.

Klein, Jochen/Träbert, Detlef: Wenn es mit dem Lernen nicht klappt: Schluss mit Schulproblemen und Familienstress. Weinheim: Beltz Verlag, 2009.

Konrad, Klaus/Traub, Silke: Kooperatives Lernen: Theorie und Praxis in Schule, Hochschule und Erwachsenenbildung. Baltmannsweiler: Schneider Verlag Hohengehren, 2010.

Künneth, Thilo/Vorderauer, Alfons/Fischer, Peter: Taschenbuch für Wasserretter, 6. Auflage DLRG, Landsberg am Lech: ecomed Verlag, 2023.

Kultusministerkonferenz: Rahmenvereinbarung über die Berufsschule. Online abrufbar unter: https://www.kmk.org/fileadmin/veroeffentlichungen_beschluesse/2015/2015_03_12-RV-Berufsschule.pdf. Letzter Zugriff: 11.04.2023.

Kultusministerkonferenz: Handreichung für die Erarbeitung von Rahmenlehrplänen der Kultusministerkonferenz für den berufsbezogenen Unterricht in der Berufsschule und ihre Abstimmung mit Ausbildungsordnungen des Bundes für anerkannte Ausbildungsberufe. Online abrufbar unter: https://www.kmk.org/fileadmin/veroeffentlichungen_beschluesse/2021/2021_06_17-GEP-Handreichung.pdf. Letzter Zugriff: 11.04.2023.

Landesverband der Freiwilligen Feuerwehren Südtirols. Online abrufbar unter: https://www.lfvbz.it/home.html. Letzter Zugriff: 11.04.2023.

Landsiedel, Stephan: Handlungskompetenz. In: Handlungskompetenz – Definition, Zusammensetzung und Beispiele. Online abrufbar unter: https://www.landsiedel-seminare.de/coaching-welt/wissen/lexikon/handlungskompetenz.html. Letzter Zugriff: 31.01.2021.

Landvoigt, Undine: Leitfaden Allgemeine Didaktik. Ausbildungsskript für die Fachlehrerausbildung in Bayern. Staatsinstitut IV Ansbach, 2015.

Landwehr, Norbert: Der dritte Lernort. In: Goetze, Walter/Gonon, Philipp/Gresele, Anita/Kübler, Silvia/Landolt, Hermann/Landwehr, Norbert/Marty, Res/Renold, Ursu-la/Egger, Peter: Der dritte Lernort. Bildung für die Praxis. Praxis für die Bildung. Bern: h. e. p. Verlag AG, 2002, S. 37-71.

Lara, Anna G./Gerhold, Lars: Bildung im Bevölkerungsschutz. Teil 1: Bildungsatlas Bevölkerungsschutz – strukturelle Merkmale der Bildung im Bevölkerungsschutz. Bundes-amt für Bevölkerungsschutz und Katastrophenhilfe: Eigenverlag, 2020.

Lara, Anna G./Gerhold, Lars/Bornemann, Stefan/Schwedhelm, Elmar/Müller, Jutta: Bildung im Bevölkerungsschutz. Teil 2: Strukturelle und didaktische Merkmale der Aus- und Fortbildung von Führungskräften im Bevölkerungsschutz. Bundesamt für Bevölkerungsschutz und Katastrophenhilfe: Eigenverlag, 2020.

Lefrançois, Guy R.: Psychologie des Lernens. Berlin: Springer, 2014.

Lehner, Martin: Allgemeine Didaktik. Stuttgart: utb, 2009.

Ludwig, Iris/Umbescheidt, Rocco: Dritte Lernortdidaktik in Pflege und Sozialpädagogik aus 10 Jahren Umsetzung, Entwicklung & Schulung in Deutschland, Österreich und der Schweiz. In: Pädagogik der Gesundheitsberufe, 1/2014, S. 30-42.

Maier, Uwe: Lehr-Lernprozesse in der Schule: Studium. Bad Heilbrunn: Verlag Julius Klinkhardt, 2012.

Mamerow, Ruth: Praxisanleitung in der Pflege. 4., aktualisierte Auflage. Berlin Heidelberg: Springer-Verlag, 2013.

Meyer-Hänel, Philipp/Umbescheidt, Rocco: Der Lernbereich Training & Transfer. Antwort auf die Transferproblematik durch den 3. Lernort in der Ausbildung dipl. Pflege-fachfrau/dipl. Pflegefachmann HF. In: Pflegepädagogik 05/2006, S. 276-282.

Mittelbayrische Zeitung: Nach tödlichem Drehleiter-Unfall in Sinzing: Ermittlungen vorläufig eingestellt. Online abrufbar unter: https://www.mittelbayerische.de/lokales/landkreis-regensburg/nach-toedlichem-drehleiter-unfall-in-sinzing-ermittlungen-vorlaeufig-eingestellt-11263238. Letzter Zugriff. 25.05.2023.

Oelke, Uta/Meyer, Hilbert: Didaktik und Methodik für Lehrende in Pflege- und Gesundheitsberufen. Berlin: Cornelsen, 2013.

Literaturverzeichnis

Österreichischer Bundesfeuerwehrverband: Statistik. Online abrufbar unter: https://www.bundes-feuerwehrverband.at/wp-content/uploads/2023/02/Statistik_2022.pdf. Letzter Zugriff: 01.11.2022.

Österreichischer Rundfunk Wien: Ergometerklassen feiern Jubiläum. Online abrufbar unter: https://wien.orf.at/v2/news/stories/2898141/. Letzter Zugriff: 08.08.2018.

Philadelphia Management GmbH: Was macht Unternehmen erfolgreich? Online abrufbar unter: https://www.philadelphia-management.at/unternehmenskultur/. Letzter Zugriff: 13.04.2023.

Reich, Kersten: Cognitive Apprenticeship. Online abrufbar unter: http://methodenpool.uni-koeln.de/download/cognitive_apprenticeship.pdf. Letzter Zugriff: 08.02.2021.

Reischmann, Jost: Kompetenz lehren? Der kompetenzorientierte Ansatz in der Andragogik zwischen Didaktik und Organisationsentwicklung. In: Reischmann, Jost: Andragogik. Beiträge zur Theorie und Didaktik. Augsburg: ZIEL, 2004, S. 153-176.

Reischmann, Jost: The day after tomorrow. Didaktische Überlegungen zur androgogischen Wertschöpfungskette. Online abrufbar unter: https://www.die-bonn.de/doks/reischmann0501.pdf. Letzter Zugriff: 19.01.2021.

Riedl, Alfred: Grundlagen der Didaktik. Stuttgart: Franz Steiner, 2010.

PNP.de: Fahrlässige Tötung? Staatsanwaltschaft Regensburg ermittelt gegen zwei Feuerwehren. Online abrufbar unter: https://www.pnp.de/archiv/0/stadt-und-landkreis-regensburg-oberpfalz/staatsanwaltschaft-regensburg-ermittelt-gegen-zwei-feuerwehren-10324813. Letzter Zugriff: 15.6.2023.

Reuter, Stephanie: Behaviorismus, Kognitivismus, Konstruktivismus. Lehr- und Lerntheorien. Norderstedt: Grin, 2005.

Schermer, Franz J.: Lernen und Gedächtnis. Grundlagen der Psychologie. Band 10, Stuttgart: Verlag W. Kohlhammer, 1991.

Schewior-Popp, Susanne: Lernsituationen planen und gestalten. Handlungsorientierter Unterricht im Lernfeldkontext. 2., aktualisierte Auflage. Stuttgart: Georg Thieme Verlag, 2014.

Schmidt-Hertha, Bernhard: Kompetenzerwerb und Lernen im Alter. Bielefeld: Bertelsmann, 2014.

Schnölzer, Martina: Historische Rekonstruktion der Entwicklung der Sozialen Arbeit in Österreich. Imagebildung/Veränderungen der Wahrnehmung in der Öffentlichkeit als Herausforderung für die Soziale Arbeit. Feldkirchen: unveröffentlichte Diplomarbeit an der Fachhochschule Kärnten, 2009.

Schrader, Josef/Ioannidou, Alexandra: Ziele, Inhalte und Strukturen der Erwachsenenbildung im Spiegel von Programmanalysen. In: Fuhr, Thomas/Gonon, Philipp/Hof, Christiane (Hrsg.): Erwachsenenbildung – Weiterbildung. Handbuch der Erziehungswissenschaft. Stuttgart: utb, 2010, S. 259-269.

Schultz, Jobst-Hendrik/Schönemann, Jochen/Lauber, Heike/Nikendei, Christoph/Herzog, Wolfgang/Jünger, Jana: Einsatz von Simulationspatienten im Kommunikations- und Interaktionstraining für Medizinerinnen und Mediziner (Medi-KIT): Bedarfsanalyse – Training – Perspektiven. In: Gruppendynamik und Organisationsberatung, 38/2007, S. 7-23.

Siebert, Horst: Didaktisches Handeln in der Erwachsenenbildung. Didaktik aus konstruktivistischer Sicht. Neuwied: Luchterhand, 2000.

Siebert, Horst: Didaktisches Handeln in der Erwachsenenbildung. Didaktik aus konstruktivistischer Sicht. Neuwied: Luchterhand, 2003.

Sittner, Elisabeth: »Selbstorganisiertes«, »selbstgesteuertes« und »selbstbestimmtes Lernen«. In: Mayer, Hanna/Sittner, Elisabeth (Hrsg.): Selbstorganisiertes Lernen. Gelebte Konzepte zur aktiven Herstellung von Wissen. Wien: Facultas, 2006.

Stangl, Werner: Cognitive Apprenticeship. Online abrufbar unter: https://lexikon.stangl.eu/225/cognitive-apprenticeship. Letzter Zugriff: 05.02.2021.

Staudinger, Claudia: Skillslabtraining an Pflegeschulen. In: Padua 10(1)/2015, S. 40-47.

Statistisches Bundesamt: Ehrenamt und bürgerschaftliches Engagement. Ergebnisse der Zeitbudgeterhebung 2001/2002. Online abrufbar unter: https://www.destatis.de/DE/Methoden/WISTA-

Literaturverzeichnis

Wirtschaft-und-Statistik/2005/04/ehrenamt-042005.pdf?__blob=publicationFile. Letzter Zugriff: 02.10.2022.

Stieger, Hanspeter: Fachdidaktik für berufliches Praxislernen. In: Fesl, Susanne/Auböck, Ulrike (Hrsg.): (K)Ein Dritter Lernort – Erfahrungen, Best Practice Beispiele und aktuelle Befunde aus Österreich. Nidda: hpsmedia, 2018, S. 92.

Südtiroler Landesverwaltung: Autonome Provinz Bozen: Ehrenamtlich tätige Organisationen. Online abrufbar unter: https://www.provinz.bz.it/familie-soziales-gemeinschaft/dritter-sektor/ehren¬amtliche-organisationen.asp. Letzter Zugriff: 01.10.2022.

Spitzer, Manfred: Lernen. Gehirnforschung und die Schule des Lebens. Heidelberg: Spektrum, 2006.

Spitzer, Manfred: Lernen. Gehirnforschung und die Schule des Lebens. Heidelberg: Spektrum, 2011.

Schwarz, Christian: Herausforderungen an eine moderne Großstadtfeuerwehr. Ausgewählte aktuelle und künftige Themen der Feuerwehr Hamburg. In: Brandschutz. Zeitschrift für das gesamte Feuerwehrwesen, für Rettungsdienst und Umweltschutz. 76. Jg., 11/2022, S. 922-934.

Trudeau, Francois/Shepard, Roy J.: Physical education. school physical activity, school sports and academic performance. Online abrufbar unter: https://www.ncbi.nlm.nih.gov/pubmed/18298849. Letzter Zugriff: 16.09.2018.

Ulrich, Iris/Umbescheidt, Rocco: Dritte Lernortdidaktik in Pflege und Sozialpädagogik. Erfahrungen aus 10 Jahren Umsetzung, Entwicklung & Schulung in Deutschland, Österreich und der Schweiz. In: Pädagogik der Gesundheitsberufe, 1/2014, S. 32-36.

Verein für Soziales Leben e. V.: Ehrenamt Deutschland-org. In: Was ist Ehrenamt? Warum ehrenamtlich? Online abrufbar unter: http://www.ehrenamt-deutschland.org/ehrenamtliche-taetig¬keit/was-ist-ehrenamt-warum.html. Letzter Zugriff: 03.10.2022.

Vester, Frederic: Denken, Lernen, Vergessen. Was geht in unserem Kopf vor, wie lernt das Gehirn, und wann läßt es uns im Stich? München & Co.KG, 2020.

Weber, Agnes: Problem-Based Learning. Ein Handbuch für die Ausbildung auf der Sekundärstufe II und der Tertiärstufe. Bern: hep, 2007.

Weineck, Jürgen (2012): Der Einfluss von Sport und Bewegung auf die zerebrale Leistungsfähigkeit. Nicht Sitzen und »Stucken« bringt die größten Lernfortschritte, sondern die Kombination von Bewegung und Lernen! Online abrufbar unter: https://www.dslv-bayern.de/wp-content/uploads/2015/04/DSLV-NEWS_01_07.pdf. Letzter Zugriff: 03.06.2018.

Weinert, Franz E.: Leistungsmessungen in Schulen. Weinheim: Beltz Verlag, 2001.

Wikipedia: Ehrenamt. Online abrufbar unter: https://de.wikipedia.org/wiki/Ehrenamt. Letzter Zugriff. 30.10.2021.

Wikipedia: Deutsches Rotes Kreuz. Online abrufbar unter: https://de.wikipedia.org/wiki/Deut¬sches_Rotes_Kreuz. Letzter Zugriff: 10.04.2023.

Wikipedia: Europäischer Qualifikationsrahmen. Online abrufbar unter: https://de.wikipedia.org/wiki/Europ%C3%A4ischer_Qualifikationsrahmen. Letzter Zugriff: 10.04.2023.